Edition Fachdidaktiken

Die Reihe ‚Edition Fachdidaktiken' reagiert auf die inter- und multidisziplinär wachsenden Diskurse, die sich in den Schnittmengen fachwissenschaftlicher und erziehungswissenschaftlicher Zusammenhänge verdichten.
Fachdidaktiken stehen mehr und mehr im Dialog und es zeichnen sich innovative und moderne Formen zunehmender Kommunikation und Kooperation ab.
Die Buchreihe will diese Forschungsentwicklung fördern und eine wissenschaftliche Publikationsfläche bieten, auf der Fachdidaktiken aller Disziplinen eine interdisziplinäre Öffnung in fachübergreifenden Arbeitskontexten ermöglichen.

Sarah Huch · Martina Erlemann
(Hrsg.)

Gender & Diversity Studies in MINT meets Naturwissenschaftsdidaktik

Synergien und Impulse für eine gender- & diversitätssensible Forschung und Lehre der Naturwissenschaften

Springer VS

Hrsg.
Sarah Huch
Freie Universität Berlin
Berlin, Deutschland

Martina Erlemann
Freie Universität Berlin
Berlin, Deutschland

ISSN 2524-8677 ISSN 2524-8685 (electronic)
Edition Fachdidaktiken
ISBN 978-3-658-43615-5 ISBN 978-3-658-43616-2 (eBook)
https://doi.org/10.1007/978-3-658-43616-2

Das Lektorat des vorliegenden Sammlbands wurde finanziell unterstützt von der dezentralen Frauenbeauftragten des Fachbereichs Biologie, Chemie, Pharmazie der Freien Universität Berlin, Christine Eßmann-Stern.

Die Deutsche Nationalbibliothek verzeichnet diese Publikation in der Deutschen Nationalbibliografie; detaillierte bibliografische Daten sind im Internet über https://portal.dnb.de abrufbar.

Planung/Lektorat: Stefanie Laux
Springer VS ist ein Imprint der eingetragenen Gesellschaft Springer Fachmedien Wiesbaden GmbH und ist ein Teil von Springer Nature.
Die Anschrift der Gesellschaft ist: Abraham-Lincoln-Str. 46, 65189 Wiesbaden, Germany

Das Papier dieses Produkts ist recycelbar.

Inhaltsverzeichnis

Herausgeber- und Autorenverzeichnis

Über die Herausgeberinnen

Sarah Huch, Dr.in, ist wissenschaftliche Mitarbeiterin und Dozentin für Gender & Diversity in den Naturwissenschaften und Sexuelle Bildung in der Didaktik der Biologie der Freien Universität Berlin. Zusätzlich arbeitet sie als Gender & Diversity Consultant für verschiedene naturwissenschaftliche Sonderforschungsbereiche in Kooperation mit Prof. Dr. Rainer Haag. Lehr- und Forschungsschwerpunkte: Gender, Diversity und intersektionale Perspektiven in der Biologie und den Naturwissenschaftsdidaktiken, geschlechtliche und sexuelle Vielfalt, Sexuelle Bildung, empirische Sozialforschung.

Martina Erlemann, Prof. Dr., ist Professorin für Wissenschafts- und Geschlechtersoziologie am Fachbereich Physik der Freien Universität Berlin, Physikerin und Soziologin. Sie forscht mit Ansätzen der Science & Technology Studies sowie der Feminist Science Studies. Neben der Geschlechterforschung zur Physik hat sie zu Governance von Risikotechnologien und zu Wissenschaftskommunikation gearbeitet. Ihre derzeitigen Forschungsschwerpunkte sind soziale Ungleichheiten in den Fachkulturen der Physik und die Entwicklung neuer Formate partizipativer Wissenschaft.

Autor*innenverzeichnis

Dr. Göde Both Deutsches Zentrum für Hochschul- und Wissenschaftsforschung, Berlin, Deutschland

Dr. Smillo Ebeling Universität Bielefeld, Bielefeld, Deutschland

Prof. Dr. Martina Erlemann Freie Universität Berlin, Berlin, Deutschland

Felicitas Günther Berlin, Deutschland

Simon Herchenbach Deutsche Aidshilfe, Berlin, Deutschland

Dr.in Sarah Huch Freie Universität Berlin, Berlin, Deutschland

Anna Kraher Berlin, Deutschland

Prof. Dr. Anja Lembens Österreichisches Kompetenzzentrum für Didaktik der Chemie, Universität Wien, Wien, Österreich

Prof. Dr. Petra Lucht Technische Universität Berlin, Berlin, Deutschland

Dr. Bärbel Mauß Technische Universität Berlin, Berlin, Deutschland

Prof. Dr. Sabine Oertelt-Prigione Universität Bielefeld, Bielefeld, Deutschland

Prof. Dr. Markus Prechtl Technische Universität Darmstadt, Darmstadt, Deutschland

Dr.in habil., Sigrid Schmitz HU Berlin, Berlin, Deutschland

Prof. Dr. Tanja Tajmel Concordia University, Montreal, Québec, Kanada

Hanna Völkle M.A. Hochschule für Wirtschaft und Recht Berlin, Berlin, Deutschland

Einleitung

Martina Erlemann und Sarah Huch

Gender und dessen Zusammenwirken mit weiteren Diversity-Dimensionen bzw. Differenzkategorien wie etwa soziale Herkunft, eigene Zuwanderungserfahrung oder ein (zugeschriebener) Migrationshintergrund, sexuelle Orientierung sowie Geschlechtsidentität, körperliche Fähigkeiten und der Bildungshintergrund stehen in aktuellen Diskursen an Hochschulen verstärkt im Fokus. Das betrifft auch die Forschung und Lehre der MINT-Fächer, ebenso die hochschulische Lehramtsausbildung für den MINT-Bereich.[1]

In der Forschung wird in den zuletzt 2022 aktualisierten „Forschungsorientierten Gleichstellungs- und Diversitätsstandards“ (FOG) der Deutschen Forschungsgemeinschaft (DFG) gefordert, die Gleichstellung aller Personen in der Wissenschaft, gleich welchen Geschlechts und Alters, welcher Herkunft oder körperlichen Befähigung, zu fördern (DFG 2022). Gender und Diversity auch inhaltlich in Forschungsvorhaben zu integrieren, wird als ein Bestandteil guter wissenschaftlicher Praxis jedoch lediglich empfohlen. Demnach sollen geschlechts- und andere diversitätsbezogene Aspekte in der Begutachtung und Bewertung von Forschungsvorhaben zwar einbezogen werden, allerdings nur,

[1] Das Akronym MINT steht für Mathematik, Informatik, Naturwissenschaft und Technik.

M. Erlemann (✉) · S. Huch
Freie Universität Berlin, Berlin, Deutschland
E-Mail: martina.erlemann@fu-berlin.de

S. Huch
E-Mail: sarah.huch@fu-berlin.de

S. Huch und M. Erlemann (Hrsg.), *Gender & Diversity Studies in MINT meets Naturwissenschaftsdidaktik*, Edition Fachdidaktiken,
https://doi.org/10.1007/978-3-658-43616-2_1

wenn sie inhaltlich oder methodisch von Bedeutung sind (DFG 2020). Ob insbesondere Forschende der Naturwissenschaften und Gutachter*innen zu dem Schluss kommen, dass dies der Fall ist, hängt maßgeblich davon ab, wie offen, intensiv und differenziert sie sich im Vorfeld mit der Relevanz von Gender und anderen Diversity-Dimensionen in den Epistemologien, Methoden und Theoriebildungen der Naturwissenschaften beschäftigen konnten. Nichtsdestotrotz werden Forschende durch die FOG implizit dazu aufgefordert, sich mit der Bedeutung von Gender und Diversity auf der Ebene der forschenden Personen ebenso auseinanderzusetzen wie auf der Ebene der Forschungsinhalte.

Als Indikator guter Lehre gelten inzwischen weithin Ansätze, die Gender- und Diversity-Aspekte nicht nur in Methodik und Didaktik, sondern auch in ihren fachspezifischen Lehrinhalten berücksichtigen. Zudem verankern immer mehr Hochschulen die Förderung von Gender- und Diversity-Kompetenzen von Lehrenden wie von Studierenden als fachübergreifendes Querschnittsziel.

Das stellt Lehrende und Forschende der Naturwissenschaften sowie die jeweiligen Fachdidaktiken vor komplexe Aufgaben. Es wirft auch Fragen auf: Welche inhaltliche Relevanz haben Gender- und Diversity-Aspekte in Fachkultur und Forschung, im Wissenschaftsverständnis und in den Inhalten der Naturwissenschaften? Wie strukturieren Geschlecht andere soziale Differenzkategorien die Forschung? Wie können Lehrende auf die Bedürfnisse einer heterogenen Studierendenschaft eingehen? Mit anderen Worten: Wie können Gender- und Diversity-Aspekte sowie -Konzepte stärker in die fachspezifischen Lehrinhalte integriert werden?

Das Forschungsfeld, in dem Forschung zu Gender und Diversity für die MINT-Fächer betrieben wird, firmiert unter verschiedenen Namen. Einige Forscher*innen bezeichnen das Feld als Gender & MINT (vgl. den Beitrag von Both et al. in diesem Band), andere als intersektionale Gender Studies in MINT (vgl. den Beitrag von Lucht) oder auch feministische Naturwissenschafts- und Technikforschung bzw. Feminist Science & Technology Studies (vgl. den Beitrag von Erlemann). Wir möchten an dieser Stelle nicht auf die Feinheiten der verschiedenen Schwerpunktsetzungen und theoretischen Fundierungen eingehen, die mit diesen Bezeichnungen transportiert werden. Es sei jedoch kurz auf einige sie vereinende Einsichten hingewiesen: Geschlecht ist keine „natürliche Tatsache", die in genau zwei eindeutig erkennbaren Ausprägungen, männlich und weiblich, vorkommt und ein eindeutiges unveränderliches Merkmal von Menschen darstellt. Definitionen von Geschlecht sind vielmehr historisch gewachsen und damit veränderlich; sie sind sozial und kulturell bedingt und wirken auf soziale Gefüge zurück. Zuschreibungen von Geschlecht stellen hierarchische soziale Ordnungen her. Indem sie eine vermeintlich objektive Begründung dieser Ordnungen liefern, erhalten sie diese mit aufrecht. Geschlecht ist nicht isoliert wirksam, sondern mit anderen sozialen Differenzkategorien wie etwa Bildungsherkunft, körperliche Befähigung, kulturelle Herkunft, sexuelle Orientierung. Betrachtet werden muss also das Ineinandergreifen der Differenzen bzw. Diversity-Dimensionen.

Forschung zu Gender und Diversity in den Naturwissenschaften analysiert einerseits, wie diese Kategorien in naturwissenschaftlichen Arbeitszusammenhängen, Fachkulturen sowie Praktiken zur Wirkung kommen und damit soziale Ungleichheiten in den Naturwissenschaften aufrechterhalten. Sie untersucht, wie kulturelle Vorannahmen über Gender und andere soziale Markierungen die Inhalte der dort erzeugten Wissensbestände beeinflussen und wie insbesondere in den Naturwissenschaften produzierte Wissensbestände unter anderem über Geschlecht auf soziale Ordnungen zurückwirken, indem sie diese Hierarchien ‚naturalisieren', also als natürlich gegeben definieren.

Die Forschung geht dabei über das rein Analytisch-Deskriptive hinaus, indem sie wichtige Impulse dafür liefert, wie Gleichstellung und Chancengerechtigkeit in den Naturwissenschaften erreicht werden können und wie gegen die Marginalisierung unterrepräsentierter sozialer Gruppen vorgegangen werden kann. Die Integration der Erkenntnisse dieses Forschungsfeldes und seiner spezifischen Forschungsperspektiven in die Forschungsinhalte der MINT-Fächer und ihrer hochschulischen Curricula verdeutlicht auch, wie Gender und andere Differenzkategorien auf soziale Strukturen und in den Fachkulturen der Naturwissenschaften wirken. Durch diese Sichtbarkeit werden sie diskutierbar und veränderbar, was zur Herstellung von mehr Chancengerechtigkeit beiträgt. Dies kann naturwissenschaftliche Forschung auch inhaltlich bereichern, wenn etwa klar wird, inwiefern unreflektierte soziale und kulturelle Vorannahmen über Geschlecht und weitere soziale Markierungen die Festlegung von Forschungsfragen und -methoden sowie Dateninterpretationen beeinflussen (können). Die Förderung einer solchen Reflexionskompetenz, speziell hinsichtlich Gender und Diversity, sollte auch schon in den hochschulischen Ausbildungswegen, die in Forschungstätigkeiten in den MINT-Disziplinen führen, berücksichtigt werden. Durch ihre Integration in die Curricula könnten diese Kompetenzen schon früh an zukünftige Forschende vermittelt werden. Wichtig sind diese Kompetenzen auch für Lehramtsstudierende. In Schule und Unterricht sind soziale Ungleichheiten und alltägliche Diskriminierungserfahrungen von Schüler*innen und Lehrenden aufgrund sozialer Differenzkategorien wie Geschlecht und/oder sexuelle Identität und/oder (zugeschriebener) Migrationshintergrund vielfach belegt.

Eine gender- und diversitysensible Bildungspraxis zielt darauf, ein Verständnis für die Konstruktionsprozesse hierarchischer sozialer Unterscheidungen in Lehr- und Lernkontexten zu entwickeln. Dabei geht es zum einen darum, den Blick auf die Vielfalt der Lernenden zu richten und zu reflektieren, wie gesellschaftlich wirksame Differenzkategorien das eigene Lehrhandeln beeinflussen. Das erfordert eine Auseinandersetzung mit dem eigenen Eingebundensein in gesellschaftliche Machtverhältnisse – mit der eigenen Position, mit Privilegien oder Benachteiligungen. Notwendig ist ein Bewusstsein für die damit verbundenen eigenen Handlungsmuster und Zuschreibungen, die möglicherweise Ausschlüsse bewirken oder Ungleichheit verfestigen. Denn ein entscheidender Teil fachdidaktischer Professionalität ist es, ein lernförderliches und damit diskriminierungsarmes Klima zu schaffen, in dem sich die Lernenden in ihrer Gesamtpersönlichkeit respektiert fühlen und frei entfalten können. Methodik und Didaktik sollen diesem Anspruch gerecht werden. Zum anderen fokussiert eine gender- und diversitysensible wie -bewusste Fachdidaktik auf die fachspezifischen Lehrinhalte. In den Blick genommen werden etwa die Strukturierung naturwissenschaftlicher Forschung durch gesellschaftliche Geschlechterideologien oder koloniale Einschreibungen. Dafür ist eine macht- und diskriminierungskritische Analyse der fachspezifischen Wissensbestände und Lehrmaterialien zentral. Wege eröffnen hier die Einsichten und Ansätze der Gender und Diversity Studies in MINT. Inwiefern diese gewinnbringend in die Fachdidaktiken integriert werden können, möchte dieser Sammelband exemplarisch beleuchten.

Gender- und diversitysensible Ausrichtungen der Fachdidaktiken sind nicht nur gefragt, sondern auch durch bildungspolitische Programme und Curricula bundesweit gefordert (KMK und HRK 2015, S. 2). Ebenso stellen Gender- und Diversity-Kompetenzen verbindlich zu vermittelnde und zentrale Schlüsselqualifikationen der Lehramtsausbildung für den MINT-Bereich dar. Die Realisierung dieser Vorgaben hinkt hinterher. Das liegt auch daran, dass sie theoretisch nicht hinreichend umrissen und empirisch wenig beforscht sind. Gender- und Diversity systematisch in die Fachdidaktiken einzubeziehen, steht in den meisten Naturwissenschaften noch aus, ebenso wie deren Einbeziehung bei der Professionalisierung der Lehramtsstudierenden. Hierzu möchte der Sammelband einen Beitrag leisten. Er stellt aktuelle Entwicklungen vor und beleuchtet, wie Gender- und Diversity-Aspekte bereits heute in der Konzeption und der Analyse von Bildungsprozessen in den MINT-Fächern mitgedacht werden (können). Er liefert praxisorientierte Impulse, naturwissenschaftsfachdidaktische Ausrichtungen in Bezug auf ihre Inhalte, Methoden und Zielsetzungen zu reflektieren und gegebenenfalls neu zu denken. Konkrete Möglichkeiten und Umsetzungsvorschläge, wie beispielsweise eine Gender- und Diversity-Kompetenzen vermittelnde Lehrer*innenbildung in der Chemie und Biologie aussehen kann, werden aus den Erfahrungen in den Fachdidaktiken heraus und auf Basis empirischer Erhebungen formuliert.

Ein zentrales Anliegen dieses Sammelbandes ist damit, Forschungsansätze und -ergebnisse der Gender und Diversity Studies in MINT aufzugreifen und dadurch Anregungen zu geben, wie Lehre sowie Forschung der Naturwissenschaften von deren Erkenntnissen profitieren kann. Umgekehrt können Gender und Diversity Studies in MINT Anregungen aus den hier präsentierten reichhaltigen (Lehr-)Praxiserfahrungen und Umsetzungsperspektiven, die die gender- und diversitysensiblen Naturwissenschaftsdidaktiken einbringen, aufgreifen.

Entstehung und Konzeption des Sammelbandes

Der Sammelband knüpft an den Erfolg der interdisziplinären Vortragsreihe „Gender und Diversity in der Lehre der Naturwissenschaften: Ansätze, Forschung und Umsetzung" im Sommersemester 2019 an der Freien Universität Berlin im Fachbereich Biologie, Chemie und Pharmazie an. Um gemeinsam mit Forschenden, Lehrenden und Studierenden der Naturwissenschaften Einblicke zu gewinnen, auf welchen Ebenen Gender- und Diversity-Aspekte in den naturwissenschaftlichen Fachkulturen und deren Lehre relevant sind, konzipierte Sarah Huch als wissenschaftliche Koordinatorin für Gender und Diversity im Fachbereich Biologie, Chemie, Pharmazie diese gutbesuchte Vortragsreihe. Intention war es, einen breiten Dialog anzuregen und das Potenzial der Berücksichtigung einer geschlechter- sowie diversityorientierten Perspektive in der naturwissenschaftlichen Forschung und Lehre aufzuzeigen. Die disziplinär vielfältigen Beiträge der Wissenschaftler*innen etwa aus Biologie, Medizin, Feminist Studies in Science, Technology and Society sowie der Didaktik der Hochschullehre boten mit den anschließenden Diskussionsrunden einen Raum, Konstruktionsprozesse hierarchischer sozialer Unterscheidungen in naturwissenschaftlichen Kontexten zu analysieren. Die gemeinsame Reflexion, praxisrelevante Erkenntnisse sowie Best-Practice-Beispiele aus der Lehre ermutigten zu einer gender- und diversityorientierten Ausrichtung der (eigenen) Forschung und Lehre. Dadurch und auch durch die medial gute Resonanz inspiriert, war es uns ein Anliegen, diese Vortragsreihe zu dokumentieren. Um die Synergieeffekte durch ein Zusammenführen der Ansätze sowie Wissensbestände der Gender und Diversity Studies in MINT mit den gender- und diversityausgerichteten Naturwissenschaftsdidaktiken zu fördern, entschieden wir uns dazu, den Band durch einzelne Beiträge, denen kein Vortrag in der Reihe zugrunde lag, zu erweitern.

Der Sammelband bringt verschiedene Forschungsrichtungen zusammen, die sich mit Gender und Diversity in den MINT-Fächern im breitesten Sinne beschäftigen. Die einzelnen Beiträge zeigen die Relevanz sowie die Wirkung von Gender- und anderen Diversity-Dimensionen aus unterschiedlichen Blickwinkeln. Wenngleich die Mehrzahl der Beiträge auf Geschlecht fokussiert, geschieht dies in der Regel aus einem intersektionalen Verständnis heraus. Damit spiegelt sich in dem Band die derzeitige Forschungssituation: Wächst auch kontinuierlich die Zahl der Forschungen, die sich explizit mit Rassismus, sozialer Herkunft, körperlicher Befähigung und kolonialem Erbe in den Naturwissenschaften auseinandersetzen, steht bei dem Großteil die Kategorie Geschlecht im Zentrum. Hier ist also noch viel Forschungsarbeit zu leisten.

Im Band sind zudem eine ganze Reihe von natur- und technikwissenschaftlichen Disziplinen vertreten: Biologie, Chemie, Informatik und Physik sowie medizinische Forschung. Auch werden in den Beiträgen Gender- und Diversity-Dimensionen bzw. Differenzkategorien auf verschiedenen Ebenen von Forschung, Lehre und Praxis der Naturwissenschaften und der Medizin diskutiert: der naturwissenschaftlichen und medizinischen Forschung, der universitären Ausbildung für angehende Forschende der Naturwissenschaften, der hochschulischen Ausbildung von Lehrkräften für den naturwissenschaftlichen Unterricht sowie der klinischen Praxis im Falle der Medizin.

Die verschiedenen disziplinären Herkünfte und (akademischen) Selbstverortungen der Autor*innen bringen mitunter unterschiedliche Konzeptualisierungen von Geschlecht bzw. Gender und der anderen Diversity-Dimensionen bzw. Differenzkategorien mit sich. Um diesen, zum Teil disziplinär begründeten Unterschieden Rechnung zu tragen, haben wir den Autor*innen Raum gegeben für ihre jeweils fach- und domänenspezifischen Definitionsarbeiten und Konzeptualisierungen von Geschlecht bzw. Gender und/oder Diversität bzw. Diversity. Die unterschiedliche Wortwahl wurde nicht vereinheitlicht, da sie in der Regel mit dem jeweiligen epistemologischen Rahmen verbunden ist. Dadurch kommt auch die Variationsbreite wissenschaftstheoretischer und praxisorientierter Verständnisse zu Geschlecht, Diversity und sozialen Ungleichheiten zum Ausdruck. Ebenso haben wir die fachspezifische Positionierung sowie die konkrete Form geschlechterinklusiver und diskriminierungskritischer Sprache den Autor*innen überlassen, gleichwohl der Gebrauch geschlechterinklusiver und diskriminierungskritischer Sprache prinzipiell für uns Voraussetzung war.

Wie oben bereits angedeutet, hat Diversity je nach fachlich-theoretischer Perspektive unterschiedliche Bedeutungen, auch werden Begriffe wie Diversität und Vielfalt sowohl synonym dazu verwendet als auch davon unterschieden. So steht etwa in der Biologie Diversität (englisch *diversity*) vornehmlich für Artenvielfalt. Im fachdidaktischen Diskurs der Biologie im Kontext Kompetenzförderung und auch in den Erziehungswissenschaften steht Diversity für (wertgeschätzte) Vielfalt; forschungsseitig werden hierbei die Verschränkungen von Identitäten und Zugehörigkeiten mit sozialen Konstruktionsprozessen und gesellschaftlichen Ungleichheitsstrukturen in den Blick genommen.

Auch das, was unter Gender bzw. Geschlecht verstanden wird, ist nicht einheitlich. Feministische Naturwissenschaftsforscher*innen, wie sie auch in diesem Band vertreten sind, und einige der fachdidaktisch verwurzelten Beiträge legen oftmals Konzepte von Geschlecht zugrunde, die den geistes- und sozialwissenschaftlich geprägten Gender Studies nahestehen. Körperliche und soziokulturelle Aspekte von Geschlecht werden als soziokulturell vernetzt angenommen. Als Ergebnis von Bedeutungszuschreibungen und performativen (Körper-)Praktiken verändern sie sich in Ort und Zeit und nehmen verschiedenste Ausprägungen an. Dies spiegelt sich im Gebrauch des Begriffs „Geschlecht", der eine Verschränkung von sogenanntem biologischen und soziokulturellen Geschlecht vermittelt. Das heißt, Geschlecht wird weder als determiniert aufgefasst noch essenzialisiert gedacht. In der Gendermedizin wird dagegen biologisches Geschlecht von soziokulturellem Geschlecht recht trennscharf unterschieden; wobei das biologische Geschlecht durch drei verschiedene Dimensionen definiert wird.

Zu den Beiträgen

Der Band gliedert sich in zwei Teile. Im **ersten Teil** werden Gender und Diversity in natur- und technikwissenschaftlicher Forschung und Medizin aus verschiedenen Blickwinkeln beleuchtet.

Den Auftakt bildet der Beitrag von Petra Lucht. Sie führt in das Forschungsgebiet der Gender und Diversity Studies in MINT ein und unterstreicht die Bedeutung eines transdisziplinären Forschungsansatzes, der sich auch für die MINT-Forschung als fruchtbar erweisen kann. Sie diskutiert die durch die verschiedenen Forschungsperspektiven geprägte Binnenstrukturierung des Feldes, die das Forschungsfeld beeinflussenden Paradigmen der Geschlechterforschung sowie ihre Theoriebildungslinien. Anhand von Beispielen aus ihrer Lehr- und Forschungspraxis illustriert Lucht, wie konkrete transdisziplinäre Forschung zu Gender und Diversity in MINT aussehen kann.

Martina Erlemann zeichnet die Entwicklung der Fachkulturforschung als Teilbereich der Gender Studies in MINT am Beispiel der Forschung zur Fachkultur der Physik nach. Dabei diskutiert sie die verschiedenen Ausgestaltungen des Fachkulturbegriffs, wie sie in der Wissenschafts- und Hochschulforschung, der Frauen- und Geschlechterforschung sowie den Bildungswissenschaften entwickelt wurden. Sie plädiert im Beitrag für eine intersektionale Ausrichtung der Fachkulturforschung, die auch Wissensinhalte als Teil der Fachkultur begreift, und die zum Abbau sozialer Ungleichheiten in den Naturwissenschaften beitragen kann.

Einen Ausschnitt aus der Forschung, wie soziale und kulturelle Vorstellungen von Gender biologische Theoriebildung mit beeinflusst haben, liefert Bärbel Mauß anhand der Theoriebildung zur Homosexualität. Sie zeichnet nach, wie die biowissenschaftliche Theorieentwicklung von kulturellen Einschreibungen über Geschlecht und geschlechtliche Orientierung beeinflusst werden, nämlich wie sich heteronormative Grundmuster, Heterosexualität und Zweigeschlechtlichkeit, in biowissenschaftliche Theorieentwicklungen einschreiben. Sie analysiert dazu (Geschlechter-)Narrative der 1980er bis Anfang 2010er Jahre in biowissenschaftlichen Publikationsorganen mehrerer miteinander verwobener biowissenschaftlicher Felder.

Abgeschlossen wird der erste Teil durch einen Beitrag von Sabine Oertelt-Prigione. Sie bietet eine Einführung in Konzepte und Methoden der Gendermedizin. Dabei diskutiert sie die Anforderungen, die sich in der medizinischen Forschung und klinischen Versorgung stellen, will man sich von der Orientierung am männlichen Körper als Norm lösen und die Integration von Gendermedizin bewirken. Zu diesen zählt insbesondere die Überwindung von allzu binären Ansätzen von Geschlecht in der medizinischen Forschung. Zur Illustration führt sie eine Vielzahl von konkreten Studienergebnissen aus der Gendermedizin an.

Im **zweiten Teil** des Bandes werden aktuelle Ansätze vorgestellt, wie Gender und Diversity in die naturwissenschaftliche Hochschullehre und die naturwissenschaftlichen Fachdidaktiken Eingang finden. Beleuchtet wird, welche Relevanz diese Konzepte speziell in den naturwissenschaftlichen Fachdidaktiken haben. Ansätze zur Integration von Gender- und Diversity-Konzepten in die universitäre Lehramtsausbildung werden ebenso vorgestellt wie Ansätze zur Initiierung von Bildungsprozessen hinsichtlich Geschlecht, sexueller Identität und Herkunft im Unterricht.

Der erste Beitrag von Göde Both, Smillo Ebeling, Felicitas Günther, Simon Herchenbach, Anna Kraher und Sigrid Schmitz setzt fachübergreifend an. Im Forschungsgebiet Gender & MINT verankert und praxiserfahren, beleuchten die Autor*innen, wie dessen Einsichten, Ansätze und Wissensbestände in die (digitale) Lehre der MINT-Fächer und der MINT-Lehramtsausbildung integriert werden können. Der Beitrag lädt ein, die Open Educational Resources des Portals GenderingMINTdigital und die konzeptionellen Überlegungen hinter den Lerneinheiten zur Förderung von Gender- und Diversity-Kompetenzen kennenzulernen. Darüber hinaus ermöglicht er, von den Erfahrungen beim Aufbau des Portals zu lernen.

Die drei folgenden Beiträge stellen jeweils spezifische naturwissenschaftliche Fachdidaktiken in den Vordergrund: Biologie (Sarah Huch), Chemie (Anja Lembens und Markus Prechtl) sowie Physik (Tanja Tajmel). Sie erörtern Möglichkeiten für die Gestaltung einer gender- und diversitysensiblen Fachdidaktik, unter anderem mit Fokus auf die Professionalisierung von angehenden Lehrer*innen. So gibt Sarah Huch in ihrem Beitrag Einblicke in ein laufendes Forschungsprojekt zu Gender- und Diversity-Perspektiven von Biologielehramtsstudierenden. Daraus leitet sie Impulse für eine gender- und diversityorientierte Biologiedidaktik und die Konzeption von Angeboten zur Lehrer*innenprofessionalisierung ab. Für das Lehramtsstudium im Fach Chemie stellen Anja Lembens und Markus Prechtl bereits erprobte Konzepte zur Förderung von Genderkompetenzen dar, die zur inhaltlichen Implementierung in die universitäre Lehramtsausbildung einladen. Tanja Tajmel setzt sich in ihrem Beitrag mit sozialer Diversität und Migration in der Physikdidaktik auseinander und betrachtet diskursanalytisch Prozesse der Differenzbildung im Kontext der Fachkultur. Ziel dabei ist, kritisch-reflexive und diversitätsfreundliche Ansätze vor allem in der Lehrer*innenbildung einzubringen. Der letzte Beitrag von Hanna Völkle zeigt praxisorientiert, wie Unconscious Bias (unbewusste Wahrnehmungsverzerrungen und Vorurteile) zu diskriminierenden Strukturen und zur Diskriminierung von Personen in der Wissenschaft führen. Abschließende Handlungsempfehlungen erläutern, wie diese in der Lehre verringert werden können.

Danksagung

Zur Realisierung der Vortragsreihe hat die dezentrale Frauenbeauftragte des Fachbereichs Biologie, Chemie, Pharmazie der Freien Universität Berlin Christine Eßmann-Stern mit ihrer Förderung maßgeblich beigetragen, wir sind ihr dafür sehr verbunden. Auch den Mitarbeitenden der Fachbereichsverwaltung Biologie, Chemie, Pharmazie möchten wir für die Unterstützung danken. Sehr zu schätzen gewusst haben wir das das sorgfältige und fachlich versierte Lektorat von Barbara Driesen.

Die Erstellung des Sammelbands fiel in die Hochzeit der Corona-Pandemie. Nur eingeschränkt durchführbare Forschungsarbeiten und andere pandemiebedingte Herausforderungen mussten von allen gemeistert werden; so konnten auch die Etappen zwischen der Vortragsreihe und dem Erscheinen des Sammelbandes nur verzögert realisiert werden. Dies erforderte Geduld. Wir sind insbesondere den Autor*innen, aber auch allen anderen an der Entstehung des Sammelbands Beteiligten sehr dankbar für ihr Verständnis und die Bereitschaft, bei dem Zeitplan mitzugehen. Ohne ihre engagierte und produktive Mitarbeit wäre dieser Sammelband nicht möglich gewesen.

Ein herzlicher Dank geht auch an den VS Springer Verlag, insbesondere an Stefanie Laux und Daniel Hawig, die mit der nötigen Flexibilität zum Gelingen des Bandes beigetragen haben.

Literatur

DFG (Deutsche Forschungsgemeinschaft). 2020. *Geschlecht und Vielfältigkeit. Bedeutung für Forschungsvorhaben*. Stellungnahme des Senats der DFG. Bonn: Deutsche Forschungsgemeinschaft.

DFG (Deutsche Forschungsgemeinschaft). 2022. *Die Forschungsorientierten Gleichstellungs- und Diversitätsstandards – Zusammenfassung und Empfehlungen 2022*. Bonn: Deutsche Forschungsgemeinschaft.

KMK und HRK (Hochschulrektorenkonferenz und Kultusministerkonferenz). 2015. *Lehrerbildung für eine Schule der Vielfalt. Gemeinsame Empfehlung von Hochschulrektorenkonferenz und Kultusministerkonferenz*. Beschluss der Kultusministerkonferenz vom 12.3.2015 und Beschluss der Hochschulrektorenkonferenz vom 18.3.2015. https://www.kmk.org/fileadmin/Dateien/veroeffentlichungen_beschluesse/2015/2015_03_12-Schule-der-Vielfalt.pdf. Zugegriffen: 20. Dezember 2022.

Martina Erlemann, Prof. Dr., ist Professorin für Wissenschafts- und Geschlechtersoziologie am Fachbereich Physik der Freien Universität Berlin, Physikerin und Soziologin. Sie forscht mit Ansätzen der Science & Technology Studies sowie der Feminist Science Studies. Neben der Geschlechterforschung zur Physik hat sie zur Governance von Risikotechnologien und zur Wissenschaftskommunikation gearbeitet. Ihre derzeitigen Forschungsschwerpunkte sind soziale Ungleichheiten in den Fachkulturen der Physik und die Entwicklung neuer Formate partizipativer Wissenschaft.

Sarah Huch, Dr.in, ist wissenschaftliche Mitarbeiterin und Dozentin für Gender & Diversity in den Naturwissenschaften und Sexuelle Bildung in der Didaktik der Biologie der Freien Universität Berlin. Zusätzlich arbeitet sie als Gender & Diversity Consultant für verschiedene naturwissenschaftliche Sonderforschungsbereiche in Kooperation mit Prof. Dr. Rainer Haag. Lehr- und Forschungsschwerpunkte: Gender, Diversity und intersektionale Perspektiven in der Biologie und den Naturwissenschaftsdidaktiken, geschlechtliche und sexuelle Vielfalt, Sexuelle Bildung, empirische Sozialforschung.

Gender und Diversity in naturwissenschaftlicher Forschung und Medizin

Transdisziplinäre Forschung zu <gender> in Naturwissenschaft, Technologie und Gesellschaft

Petra Lucht

Meinen Beitrag[1] über Geschlechterforschung in Wissenschaft und Technik möchte ich mit dem Bild einer Schildkröte, die aus einer mit Wasser gefüllten Glaskugel springt, beginnen. Das Bild eines solchen Sprungs dient mir als Einstieg, um zu vermitteln, wie unmöglich es zunächst mitunter erscheint, Geschlechterforschung zu und in den Natur- und Technikwissenschaften umzusetzen und dabei zugleich die Auswirkungen der hier betriebenen Forschung auf die Gesellschaft, insbesondere auf Technologien, zu analysieren. Zugleich hoffe ich, dass dieses Bild motiviert, quer zu denken, um eine Integration von Geschlechterdimensionen in Forschung und Entwicklung von Naturwissenschaft, Technologie und Gesellschaft sowie an deren Schnittstellen mitzugestalten und in konkrete Projekte umzusetzen. (Abb. 1)

In einem ersten Schritt ist es erforderlich, den Kontext der eigenen Disziplin zu verlassen und so eine Distanz zum etablierten Fachwissen einzunehmen. Mein Beitrag ist eine Einladung, den Sprung aus der eigenen Glaskugel zu wagen – sei es aus den Natur- und Technikwissenschaften heraus, sei es aus den Gender

P. Lucht (✉)
Technische Universität Berlin, Berlin, Deutschland
E-Mail: petra.lucht@tu-berlin.de

[1] Dieser Beitrag beruht auf einer überarbeiteten Fassung meines Vortrags „Zur Relevanz von Gender und Diversity – Einführung in die Geschlechterforschung zu Natur- und Technikwissenschaften", den ich im Sommersemester 2019 in der Ringvorlesung „Gender und Diversity in der Lehre der Naturwissenschaften: Ansätze, Forschung und Umsetzung" am Fachbereich Biologie, Chemie, Pharmazie der Freien Universität Berlin gehalten habe. Er stellt zugleich eine übersetzte, überarbeitete und gekürzte Fassung von Lucht (2021) dar.

S. Huch und M. Erlemann (Hrsg.), *Gender & Diversity Studies in MINT meets Naturwissenschaftsdidaktik,* Edition Fachdidaktiken,
https://doi.org/10.1007/978-3-658-43616-2_2

Abb. 1 Schildkröte aus einer Glaskugel springend. (Quelle: gettyimages, „Turtle jumping out of fish bowl“, Lizenznr.: 108.223.287, lizenzfrei.)

Studies heraus. Ein solcher Perspektivwechsel trägt dazu bei, dass in den Natur- und Technikwissenschaften bzw. in den Gender Studies Kompetenzen erworben werden, die dazu befähigen, partielle Perspektivübernahmen umzusetzen und in das eigene Lehr- oder Forschungsvorhaben zu integrieren. Inter- und transdisziplinäre Forschung zu <gender>[2] in Natur- und Technikwissenschaften kann insbesondere dann sukzessive und nachhaltig verankert werden, wenn Kompetenzen für diese Perspektivübernahmen zudem nicht nur individuell, sondern

[2] Die Hyperlink-Schreibweise signalisiert, dass ich den Begriff <gender> im Anschluss an Walgenbach (2007) als interdependente Kategorie fasse, womit ich an die intersektionalen Gender Studies anschließe. Der Begriff *intersectionality* (Intersektionalität) wurde von Crenshaw (1989) für den US-amerikanischen Kontext anlässlich von Verschränkungen sozialer Ungleichheiten von <race>, <class> und <gender> geprägt (vgl. Abschn. 1.2 in diesem Beitrag).

strukturell und fächerübergreifend in den Institutionen der Wissenschaft verankert und ermöglicht werden.

Im ersten Teil dieses Beitrags werden drei Rahmungen skizziert, die meines Erachtens erforderlich sind, um eine systematisierende Forschungsprogrammatik für die Geschlechterforschung zu Natur- und Technikwissenschaften entwickeln zu können. Diese Rahmungen ermöglichen es, <gender> im Hinblick auf historische, soziale und kulturelle Konstitutionsprozesse wissenschaftlich zu untersuchen. Die Ergebnisse dieser Untersuchungen zeigen somit auf, inwiefern <gender> nicht pre-existent, unveränderlich oder ‚naturhaft' ist. Ich ordne die vielfältigen und multidisziplinären Perspektiven der Geschlechterforschung folgenden Rahmungen zu: erstens einer Taxonomie für Forschungsperspektiven, die innerhalb der Geschlechterforschung zu und in den Natur- und Technikwissenschaften umgesetzt werden; zweitens den Paradigmen und der Theoriebildung der Geschlechterforschung sowie drittens mehreren Ausfassungen von Transdisziplinarität. Im zweiten Teil meines Beitrags stelle ich exemplarisch Lehr- und Forschungsprojekte zur Untersuchung von <gender> in den Natur- und Technikwissenschaften vor. Diese Fallbeispiele illustrieren die im ersten Teil des Beitrags erläuterte Taxonomie der Geschlechterforschung zu Natur-, Technik- und Planungswissenschaften und der zugehörigen drei Forschungsperspektiven, die in diesem Forschungsfeld auch breit aufgenommen worden ist: (a) Untersuchungen professioneller Fachkulturen in MINT, (b) Analysen von Fachwissen bzw. Epistemen in MINT und (c) Forschungen zu Artefakten, Innovationen sowie Anwendungen, die in bzw. von MINT-Fächern entwickelt werden. Diese Fallbeispiele sollen zugleich demonstrieren, welche Ergebnisse mit einer nachhaltigen strukturellen Verankerung der intersektionalen Gender Studies in der Lehre in MINT-Fächern erzielt werden können, denn die angeführten Lehrforschungsprojekte sind Abschlussarbeiten des neu etablierten und innovativen Zertifikatsstudienprogramms Gender Pro MINT[3] an der Technischen Universität Berlin (TU Berlin). Erarbeitet wurden diese somit von der Zielgruppe dieses Studienprogramms: Student*innen in natur-, technik- und planungswissenschaftlichen Disziplinen. Die ebenfalls im zweiten Teil vorgestellten Forschungsprojekte sind Beispiele für Drittmittelprojektförderung und für Forschungen von Promovierenden und Postdocs im neuen Fachgebiet Gender in MINT und Planung /

[3] Das Zertifikatsstudienprogramm Gender Pro MINT wurde von Bärbel Mauß (Mauß 2017) konzipiert und an der TU Berlin realisiert, wo sie es seit dem Start im Jahr 2012 auch koordiniert. Das Studienprogramm wird vom Zentrum für Interdisziplinäre Frauen- und Geschlechterforschung (ZIFG) der TU Berlin exklusiv für Student*innen der MINT-Fächer und der Planungswissenschaften angeboten (vgl. Lucht und Mauß 2015). Weitere Informationen: https://www.tu.berlin/zifg/genderpromint.

Feminist Studies in Science, Technology and Society[4] an der TU Berlin. Im Fazit dieses Beitrags stelle ich zum einen die Konsequenzen dar, die transdisziplinäres als transformatives Wissen zeitigt, das von einer Integration von intersektionalen Gender Studies in MINT inspiriert ist. Zum anderen gehe ich auf dessen Implikationen und jeweilige Relevanz ein.

1 Taxonomien - Paradigmen - Transdisziplinarität

1.1 Taxonomien: Forschung zu <gender> in Naturwissenschaft, Technik und Gesellschaft

Eine der Wegbereiterinnen der Erforschung von Gender und Naturwissenschaft, Evelyn Fox Keller, schlug vor, drei Forschungsperspektiven voneinander zu unterscheiden (Keller 1995): erstens die Untersuchung der Beteiligung von Frauen* an den Naturwissenschaften, zweitens eine kritische Betrachtung dessen, wie <gender> naturwissenschaftlich konzipiert und untersucht wird, und drittens Forschung, die der leitenden Fragestellung nachgeht, wie <gender> implizit und explizit in naturwissenschaftliche Erkenntnisprozesse eingebettet wird.

Bis heute prägen ähnliche Unterscheidungen im Bereich Gender und Naturwissenschaft nicht nur die Forschung, sondern auch Politik und Gleichstellungsmaßnahmen: Das Erreichen von Geschlechtergerechtigkeit in Naturwissenschaft und Technologien auf der einen Seite und die Erforschung von <gender> in den Fachinhalten in Naturwissenschaft und Technik sowie deren Anwendungen auf der anderen Seite, werden als gänzlich unterschiedliche Ziele betrachtet. Erstere führen zu Strategien, die auf die Verwirklichung der Geschlechtergerechtigkeit bzw. Chancengleichheit in den professionellen Fachkulturen für die beteiligten Akteur*innen abzielen, also auf professionelle Teilhabe marginalisierter sozialer Gruppen an MINT. Letztere untersuchen – unabhängig von den an den MINT-Professionen beteiligten Akteur*innen –, wie <gender> durch historische, soziale und kulturelle Prozesse konfiguriert wird, die gleichzeitig die Entwicklung von Naturwissenschaft und Technologien sowie deren mögliche Wissensgehalte und Anwendungen mitgestalteten und nach wie vor mitgestalten. Diese beiden unterschiedlichen Ausrichtungen von Forschung im Bereich <gender> und Wissenschaft sind zugleich jedoch wie Zwillingsschwestern miteinander verbunden:

[4] Seit August 2017 habe ich die neu eingerichtete Universitätsprofessur Gender in MINT und Planung /Feminist Studies in Science, Technology and Society (Feminist STS) am ZIFG der TU Berlin inne. Weitere Informationen: https://www.tu.berlin/zifg/sts-gender.

Die Erforschung von <gender> in Fachkulturen in MINT-Fächern lässt sich in Gleichstellungspolitik überführen. Untersuchungen von <gender> in Bezug auf das Fachwissen in MINT sowie auf Artefakte, Innovationen und Anwendungen von Natur- und Technikwissenschaften tragen demgegenüber zu Reflexionen und Veränderungen von historischen, sozialen und kontextbezogenen Manifestationen von <gender> sowohl in der Wissenschaft als auch in der Gesellschaft bei.

Im deutschsprachigen Kontext finden sich die von Keller (1995) skizzierten Taxonomien – mit Abwandlungen – wieder: Seit den 1970er Jahren hat sich die Frauen- und Geschlechterforschung im deutschsprachigen, akademischen Kontext vor allem in den Bereichen der Sozial- und Geisteswissenschaften entwickelt sowie in den Fachdisziplinen von Geschichtswissenschaft, Soziologie, Pädagogik, Literaturwissenschaft, Psychologie, Theologie, Medienwissenschaften und Wirtschaftswissenschaften (vgl. Becker und Kortendieck 2010). Demgegenüber hat die Frauen- und Geschlechterforschung im Bereich von Naturwissenschaft, Technologie und Gesellschaft noch nicht den Status einer akademischen Disziplin erreicht – weder als Teilbereich in den Geistes- und Sozialwissenschaften, noch als Teilbereich in Natur- und Technikwissenschaften, Mathematik oder Ingenieurwissenschaften. Diese mangelnde Etablierung als wissenschaftliche Fachdisziplin spiegelt sich u. a. im Handbuch der Frauen- und Geschlechterforschung: Während die zweite Auflage (Becker und Kortendiek 2010) mehrere Beiträge zur Erforschung von Gender in MINT-Fächern wie Physik (Götschel 2010), Informatik (Bath et al. 2010), Mathematik (Blunck und Pieper-Seier 2010), Biologie (Palm 2010), Chemie (Bauer 2010), Technikwissenschaften (Paulitz 2010) und Ingenieurwesen (Ihsen 2010) enthält, finden sich in der jüngsten Auflage des Handbuchs deutlich weniger Artikel über die Forschung zum Thema <gender> in MINT (Kortendiek et al. 2019).

In diesen Handbuch-Beiträgen zeigen deren Autor*innen – trotz der nach wie vor bestehenden marginalen Position als akademisches Feld – die Konturen des akademischen Fachs Geschlechterforschung in Naturwissenschaft und Technik auf, wie es auf der Grundlage zahlreicher Forschungsbeiträge und Fallbeispiele etabliert wurde. Vor allem die folgenden Forschungsperspektiven werden – auf einzelne MINT-Fächer bezogen – resümiert:

(a) Forschung zu Frauen* und zu – aufgrund von Geschlechtszugehörigkeit – marginalisierten sozialen Gruppen in den Natur- und Technikwissenschaften,
(b) Forschung zu Fachwissen und Epistemen in Natur- und Technikwissenschaften im Hinblick auf <gender> sowie
(c) Forschung zu Artefakten, Innovationen und Anwendungen, die im Zusammenhang mit <gender> in Naturwissenschaften und Technologien stehen.

Forschung zur Situation von Frauen* und zu – aufgrund von Geschlechtszugehörigkeit – marginalisierten sozialen Gruppen untersucht deren historische und aktuelle Situation in den MINT-Fächern. Zu diesem Arbeitsfeld gehören z. B. Untersuchungen historischer Biografien sowie der Regelungen und Bedingungen hinsichtlich des Zugangs zu wissenschaftlich-technischen Berufen. Diese Forschung umfasst zudem Untersuchungen von Sozialisationsprozessen sowie verbreiteter, mithin geschlechterstereotyper Bilder der MINT-Fächer. Gefragt wird danach, wie die verschiedenen MINT-Fächer hinsichtlich der hier vertretenen Geschlechterstereotype u. a. in Lehrplänen, Didaktik oder Pädagogik dargestellt werden.

Eine zweite übergreifende Perspektive, die in den Rezeptionen des Forschungsfelds hervorgehoben wird, widmet sich der Herstellung von Wissen in Natur- und Technikwissenschaften und wie dieses mit impliziten sowie expliziten Konnotationen und Kodifizierungen von <gender> verknüpft ist. Prominente Fallstudien finden sich in der Biologie (vgl. Rezensionen von Keller 1995; Palm 2010 sowie Konferenzbeiträge in Palm et al. 2018). Für die Naturwissenschaften, in denen es nicht um Organismen geht, sondern um unbelebte Materie, liegt eine geringere Anzahl solcher Analysen vor. Ein Argument hierfür ist, dass explizite Vorstellungen von <gender> nicht Teil des Selbstverständnisses von Disziplinen wie der Physik oder der Chemie sind (Keller 1995; Götschel 2010). In der Physik liegen Fallbeispiele u. a. für die Hochenergiephysik (Traweek 1992) und die Thermodynamik (Heinsohn 2005) vor. Für die Chemie fragen Buchholz (2006) und Weller (2006) zunächst, ob es mit <gender> konnotierte Schwerpunktsetzungen in der chemischen Forschung gibt. In einem zweiten Schritt untersuchen sie deren (möglichen) Einfluss darauf, dass Themenfelder in der Chemie weniger oder stärker erforscht sind, so etwa auch im Hinblick auf die Entstehung von Forschungslücken in der chemischen Umweltforschung.

Die dritte Forschungsperspektive verfolgt das Ziel, implizite und explizite Einschreibungen von geschlechtsbezogenen Stereotypen in technische Artefakte, Innovationen und Anwendungen zu analysieren. Auf dieser Basis entstehen diskriminierungskritische Reflexionen sowie geschlechtergerechte Gestaltungen von Artefakten, Innovationen und Anwendungen.

Relevant sind diese drei kritisch-reflexiven Forschungsperspektiven und Fallbeispiele deshalb, weil sie aufzeigen, wie geschlechtskonnotierte und geschlechtskodierte Aspekte in Fachkulturen, Fachwissen und in Anwendungen der Natur- und Technikwissenschaften den Elfenbeinturm verlassen und in gesellschaftliche Praxen, Diskurse und auch juridische Systeme integriert werden. So kommt es dazu, dass Forschungsergebnisse, einschließlich impliziter und expliziter Konnotationen und Kodifizierungen von <gender>, den Alltag prägen. Eingehende

Analysen und Beschreibungen dessen für den deutschsprachigen Kontext sind im Handbuch der Frauen- und Geschlechterstudien zu finden (Becker und Kortendiek 2010; Kortendiek et al. 2019); für die Untersuchung anderer Länder verweise ich exemplarisch auf Keller (1995), Riley et al. (2009), Schiebinger (1999, 2004) sowie Wajcman (2004). Prominente Fallstudien aus dem Feld wurden zudem von Schiebinger und Klinge (2013) in der Anthologie „Gendered Innovations" zusammengeführt. Mit „Gendered Innovations" existiert nun zudem ein Modell, mit dem Maßstäbe für eine Integration intersektionaler Geschlechterforschung in MINT für Forschungsförderung durch die Europäische Union gesetzt werden (Schiebinger 2011).

1.2 Koexistierende Paradigmen der Geschlechterforschung

Seit ihren Anfängen Mitte des zwanzigsten Jahrhunderts veränderten sich die paradigmatischen Forschungsperspektiven der Gender Studies, neue kamen hinzu, einige wurden zeitweise auch nahezu aufgegeben. In der aktuellen Forschungslandschaft koexistieren verschiedene Paradigmen und ermöglichen, sich auf soziale Ungleichheiten im Zusammenhang mit jeweils spezifischen Geschlechterkonzepten zu konzentrieren. Im Folgenden skizziere ich, ohne Vollständigkeit zu beanspruchen, einige der prägenden Paradigmen der Geschlechterforschung, um ihre Potenziale hinsichtlich der Analyse von geschlechtsbezogener sozialer Ungleichheit aufzuzeigen.

Durch die zweite Frauenbewegung des zwanzigsten Jahrhunderts etablierte sich zunächst die Frauen- und Geschlechterforschung sukzessive an den Hochschulen. Richtungsweisend für die Anfänge dieser Institutionalisierung in den 1970er und 1980er Jahren war etwa der Forschungsansatz von Maria Mies. Mit ihren „methodischen Postulaten zur Frauenforschung" (Mies 1983) forderte sie einen epistemologischen Wandel, der durch „Forschung von Frauen mit Frauen und für Frauen" erzielt werden könne. Eine der ersten Verschiebungen der Paradigmen führte zur Etablierung von Forschung zu Geschlechterverhältnissen: <gender> wurde zunehmend als Ergebnis von relationalen und flexibilisierten Beziehungen zwischen ‚Weiblichkeit' und ‚Männlichkeit' analysiert.

Mit diesem Wandel in den 1980er Jahren gewann auch die Unterscheidung zwischen biologischem Geschlecht und sozialem Geschlecht an Bedeutung. Es erwies sich als produktiv, die Ausgestaltung von <gender> in historischen, gesellschaftlichen und kulturellen Zusammenhängen zu analysieren, ohne die Ausgestaltung dieser soziokulturellen Kategorie auf eine biologisch oder medizinisch definierte Kategorie <gender> zurückzuführen oder mit einer solchen in

Beziehung zu setzen. In den 1990er Jahren wurde auch dieses Forschungsparadigma zunehmend infrage gestellt und kritisiert. In einem für diese Verschiebung zentralen Werk, in „Unbehagen der Geschlechter" („Gender Trouble" 1990), stellte Judith Butler die Unterscheidung zwischen biologischem und sozialem Geschlecht ganz grundsätzlich infrage. Die Konstruktion von <gender>, sowohl als ‚biologisches Geschlecht' als auch als ‚soziales Geschlecht', so Butler, stelle vielmehr ein Resultat von Heteronormativität dar und es sei also diese, die analysiert werden müsse. In der Folge dieses Ansatzes gewannen interaktionistische Ansätze in der Forschung an Einfluss. Diese untersuchen Doing Gender als performative Praktiken, die heteronormative Diskurse, juridische Systeme und gesellschaftliche Strukturen stabilisieren. Jüngst wird dieses Verständnis von <gender> auch in nationalen Gesetzgebungen manifestiert. Dass ‚biologisches' <gender> und ‚soziales' <gender> nicht binär strukturiert sind, ist seither zunehmend anerkannt und in der gesellschaftlichen Praxis sichtbar geworden. So wurde in Deutschland eine „dritte Option" etabliert, wodurch sowohl „Intersexualität" als auch „Transgender" in der Gesetzgebung verankert wurden (Bundesverfassungsgericht 2017).

Eine weitere bedeutsame Erweiterung der paradigmatischen Forschungsperspektiven fand in der deutschsprachigen Geschlechterforschung im ersten Jahrzehnt des einundzwanzigsten Jahrhunderts statt, nämlich die sukzessive Integration von Intergeschlechtlichkeit. Den Begriff prägte Kimberlé Crenshaw (1989). Ausgangspunkt der Entwicklung dieses Konzepts war der Schwarze Feminismus. Crenshaw untersuchte hierfür juristische Prozesse im Zusammenhang mit der Minderheitenförderung *(affirmative action)* in den 1980er Jahren in den USA. Auf der Grundlage dieser Analysen schlug sie vor, Diskriminierung von Schwarzen Frauen als ein Aufeinandertreffen von zwei Formen von Diskriminierung, von Sexismus und Rassismus, zu analysieren. Die Metapher einer Straßenkreuzung – im Englischen *intersection* – verwendet Crenshaw, um darauf hinzuweisen, dass Sexismus und Rassismus weder als unabhängig voneinander noch als kumulativ analysiert werden sollten. Vielmehr überkreuzen bzw. verschränken sich diese beiden Formen von Diskriminierung, sodass Schwarze Frauen strukturelle Diskriminierung sowohl im Hinblick auf <race> als auch auf <gender> erfahren.

Die Integration von Intersektionalität bzw. intersektional orientierten Gender Studies in den deutschsprachigen Kontext wurde um die Wende zum einundzwanzigsten Jahrhundert teilweise heftig diskutiert. Dabei wurde gefragt, inwieweit Intersektionalität als ein neues Paradigma zu verstehen sei, und ob das im US-Kontext entwickelte Konzept auf den deutschen Kontext übertragbar sei (Knapp

2005). So prüfte etwa Katharina Walgenbach (2007) die Passung des intersektionalen Ansatzes für den deutschsprachigen Kontext. Sie skizziert einen Rahmen für den Transfer von Intersektionalität in den deutschsprachigen Diskurs in Gender Studies. Hierfür bezieht Walgenbach die Historie verschiedener Frauenbewegungen in Deutschland und Debatten zu intersektionalen Ansätzen mit ein. Auf diese Arbeiten aufbauend, schlägt Walgenbach vor, <gender> als interdependente und nicht als intersektionale Kategorie zu fassen. Mit dem Konzept von Interdependenz fokussiert sie auf die „wechselseitige Abhängigkeit sozialer Kategorien" und auf „inner-kategoriale Interdependenz" (Walgenbach 2007, S. 61). Schließlich kommt sie zu dem Schluss, dass <gender> als interdependente Kategorie für jedes Forschungsprojekt neu gefunden werden muss. Das verlange das gleichzeitige Erdenken einer Architektur, die als analytisches Werkzeug dazu diene, <gender> zu untersuchen. An den Vorschlag Walgenbachs, <gender> als interdependente wie heterogene Kategorie zu untersuchen, schließe ich mich in meiner aktuellen Forschung an. Dabei verfolge ich das Ziel, die Forschungsperspektive der intersektional ausgerichteten Gender Studies zu Naturwissenschaft und Technik weiterzuentwickeln.

In jüngerer Zeit ist ein weiterer Ansatz der Gender Studies in Naturwissenschaft und Technik wichtig geworden. Dieser ursprünglich aus den USA stammende New Materialism bzw. Neue Materialismus wurde etwa in die neueste Auflage des „Handbuchs interdisziplinäre Geschlechterforschung" aufgenommen (Kallmeyer 2019). Zudem wurden Forschungsarbeiten, die diesem Ansatz zugehörig sind, auf einer Tagung der Fachgesellschaft Geschlechterstudien e. V. prominent vorgestellt (Palm et al. 2018). Weitere Forschungsansätze in den Gender Studies konzentrieren sich darauf, globale Machtstrukturen zu untersuchen. Hierzu rechne ich die Forschungsperspektiven des Ökofeminismus (vgl. u. a. Bauhardt 2019) und des Postkolonialismus (vgl. u. a. Winkel 2019).

1.3 Transdisziplinäre Forschung zu <gender> in Naturwissenschaft, Technologie und Gesellschaft

In meinem Beitrag beziehe ich mich auf drei ausgewählte Bedeutungen von Transdisziplinarität, um die Relevanz einer solchen Geschlechterforschung zu Naturwissenschaft, Technologie und Gesellschaft herauszustellen.

Die erste Bedeutung von Transdisziplinarität ist auf Überschreitungen von Disziplinen zwischen den „Two Cultures" (Snow 2001 [1959]) der Wissenschaften ausgerichtet. Gemeint sind hier einerseits die Kulturen und Paradigmen der Natur- und Technikwissenschaften, andererseits die Kulturen und Paradigmen, die zu den Geistes-, Sozial- und den Literaturwissenschaften gehören. Historisch entwickelte und etablierte sich die Geschlechterforschung vorrangig als Teil Letzterer. Bis dato mangelt es jedoch an einer systematischen Integration der Geschlechterforschung in alle Fachkulturen der Wissenschaften, in besonders eklatanter Weise fehlt eine Etablierung der Geschlechterforschung in den MINT-Fächern. Auch wenn Geschlechtergerechtigkeit in Wissenschaft, Technologie und Gesellschaft eine zunehmend wichtige Rolle spielt, werden in den MINT-Fächern zwar Gleichstellungsmaßnahmen umgesetzt, eine systematische Integration der Geschlechterforschung in die Fachinhalte und in die Anforderungen an MINT-Anwendungen konnte bislang jedoch nur in ersten Ansätzen erreicht werden.

Eine zweite Bedeutung von Transdisziplinarität, die für Forschung und Lehre der Geschlechterforschung in MINT wichtig ist, bezieht sich auf die „großen Herausforderungen“, vor denen die Welt steht (Hadorn et al. 2008). Dazu gehören etwa Globalisierung, Nachhaltigkeit, Digitalisierung und der Klimawandel. Transdisziplinäre Forschung, die zu Lösungen für diese Herausforderungen beitragen möchte, überschreitet systematisch die Grenzen zwischen Wissenschaft und gesellschaftlicher Praxis. Hierfür bedarf es der Entwicklung eines Repertoires an Methoden und Theorien.

Diese ersten beiden Bedeutungen von Transdisziplinarität erfordern die Integration einer Reihe von Paradigmen in Wissenschaft und Technik, die in bestimmten Fachdisziplinen entwickelt worden sind. Grenzüberschreitungen zwischen der multiparadigmatischen Geschlechterforschung einerseits und Natur- sowie Technikwissenschaften andererseits stellen ein umfassendes Arbeitsprogramm dar. Eine konsequente Umsetzung transdisziplinärer Forschung und Entwicklung, die Perspektiven der intersektionalen Geschlechterforschung einschließt, könnte zu transformativem Wissen über gesellschaftliche Problemlagen führen. Ein solches Wissen bezieht die geschlechterbezogenen Dimensionen von gesellschaftlichen Problemlagen und der großen Herausforderungen, für die Lösungen gesucht werden, ein.

Zugunsten der Weiterentwicklung und Etablierung des wissenschaftlichen Feldes der intersektionalen Gender Studies, die sich mit Natur-, Technikwissenschaften und Gesellschaft befassen, möchte ich für eine dritte Bedeutung von Transdisziplinarität plädieren, die an Hark (2005) anschließt. Hier wird für eine Transdisziplinarität im Hinblick auf Geschlechterforschung argumentiert, die *transreflexiv* vorgeht. Damit ist gemeint, dass forschungsbasierte Reflexionen und disziplinäre Quergänge dazu beitragen, dass sedimentiertes, temporäres, durch institutionelles Vergessen reduziertes disziplinäres Wissen der Geschlechterforschung kontinuierlich zu überdenken und so innerhalb der Disziplingrenzen zu transformieren ist (Hark 2005, S. 383 im Anschluss an Douglas 1991). Für die Geschlechterforschung bedeutet dies, dass Transdisziplinarität zuvorderst ein „wissenschaftshistorisches und -theoretisches Arbeitsprinzip“ (Hark 2014, S. 198) darstellt. Als solches richtet es in kritisch-reflexiver und transformativ-oppositioneller Absicht Fragen an die Konstituierung von Disziplinen und von disziplinärem Wissen, um so zu einer fortschreitenden Disziplinwerdung beizutragen, die kontinuierlich in neue Formierungen der Disziplin überführt wird. Es handelt sich „um ein Arbeitsprogramm: die immer noch ausstehende Archäologie des vergeschlechtlichten und vergeschlechtlichenden Wissens“ (Hark 2005, S. 388 f.) zu untersuchen und kontinuierlich zu transformieren. Für die Disziplinwerdung der intersektionalen Gender Studies zu MINT impliziert ein solches Verständnis von Transdisziplinarität, dass die Natur- und Technikwissenschaften systematisch und umfassend hinsichtlich ihrer Beiträge zu vergeschlechtlichtem und zu vergeschlechtlichendem Wissen und dessen Anwendungen analysiert, reflektiert und gegebenenfalls oppositionell transformiert werden müssen.

2 Transdisziplinäre, intersektionale Gender Studies – Fallbeispiele

Im Anschluss an Winner (1980) und die Adaption Winners durch Bath (2009) formuliere ich die folgenden Leitfragen für Forschungsprojekte und die Lehrforschung in den intersektionalen Gender Studies in Bezug auf Untersuchungen von <gender> in MINT (Lucht, 2014, 2017, 2018):

1. Welche Formationen intersektionaler Geschlechterpolitik von (a) professionellen Fachkulturen, von (b) Fachwissen und Epistemen sowie von (c) technischen Artefakten, Innovationen und Anwendungen in MINT können aufgezeigt werden und wie kann in diese interveniert werden?
2. Wie und in welchem Umfang sind vergeschlechtlichende (a) professionelle Fachkulturen, (b) Fachwissen und Episteme und (c) technische Artefakte, Innovationen und Anwendungen in MINT miteinander verflochten? Wie können diese Verflechtungen im Hinblick auf <gender> erforscht und wie entflochten werden?

Abb. 2 verweist auf diese Forschungsleitfragen und die Programmatik der Forschungsschwerpunkte und Orientierung für die intersektionalen Gender Studies in MINT. Es werden also drei Perspektiven in Forschung und Lehre fokussiert:

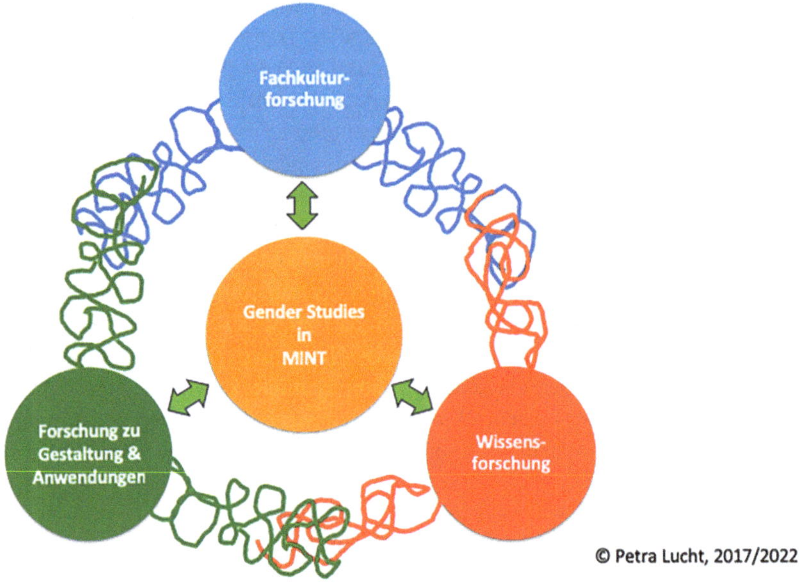

Abb. 2 Forschungsperspektiven der Gender Studies in MINT. (Quelle: eigene Darstellung)

(a) Fachkulturen in Naturwissenschaften und Technik, (b) Fachwissen und Episteme im Hinblick auf <gender> und (c) technische Artefakte, Innovationen und Anwendungen im Hinblick auf <gender>. Es werden transdisziplinäre Ansätze der Geschlechterforschung in Natur- und Technikwissenschaften und Gesellschaft entwickelt, die auf eine geschlechtergerechte und diversitätsgerechte Alltagswelt in einer globalisierten, pluralistischen Gesellschaft zielen. Im Folgenden präsentiere ich exemplarisch ausgewählte Projekte aus der forschungsbasierten Lehre (2.1) und der Forschung (2.2), die an dem von mir vertretenen Fachgebiet Gender in MINT und Planung an der TU Berlin erarbeitet worden sind.

2.1 Forschungsbasierte Lehrprojekte im Studienprogramm Gender Pro MINT der TU Berlin

Die nachfolgend skizzierten Beispiele für forschungsbasierte Lehrprojekte beziehen sich auf Untersuchungen von (a) Fachkulturen in MINT, (b) Fachwissen und Episteme in MINT sowie (c) technische Artefakte, Innovationen und Anwendungen.[5]

2.1.1 Fachkulturen in MINT

In den letzten Jahrzehnten wurden zahlreiche Maßnahmen ergriffen, um strukturelle Hindernisse für Frauen* in den MINT-Fächern und Planungswissenschaften abzubauen. Jedoch gelten nach wie vor zahlreiche Konventionen, die nicht formal, sondern informell und damit häufig unbemerkt, die alltägliche Praxis konstituieren. Das betrifft etwa ungeschriebene Regeln, wie die Zugehörigkeit zu einer akademischen Disziplin oder zu einem professionellen Feld erreicht werden kann. Diese informellen Charakteristika sind kennzeichnend für die Fachkultur eines MINT-Fachs. Um das Fortbestehen sozialer Ungleichheit in den MINT-Fächern zu untersuchen, ist es daher notwendig, solche informellen Mechanismen von In- und Exklusion und somit die Fachkultur eines MINT-Faches zu untersuchen. Die beiden folgenden Lehrforschungsprojekte im Bereich der Ingenieurwissenschaften und im städtischen Gartenbau nehmen diese Forschungsperspektive ein.

Die Arbeitswelt von Ingenieur*innen im Maschinenbau ist nach wie vor eine männlich kodierte Domäne. Lisa Henrichs, eine Maschinenbaustudentin, analysierte in ihrer Bachelorarbeit ihre Erfahrungen in einem mittelständischen Unternehmen, in welchem sie die Qualitätssicherung von Materialien am Prüfstand untersuchte. Henrichs (2015) zeigte im Anschluss an Faulkner (2008) auf, wie multiple Formen von Männlichkeiten die alltägliche Berufspraxis in diesem Umfeld prägen. Die Autorin reflektierte dies retrospektiv anhand von Interviews und teilnehmender Beobachtung, wobei sie praxisorientierte und theorieorientierte Typisierungen von Berufsidentitäten im Ingenieurwesen herausarbeitete. Der Qualitätssicherung im Ingenieurwesen wies Henrichs (2015) eine „vergleichsweise geschlechtsneutrale" Identität zu. Insgesamt plädierte sie für Veränderungen in der symbolischen Strukturierung von ‚Weiblichkeit' und ‚Männlichkeit' im Kontext des Ingenieurwesens, um in diesem Berufsfeld Geschlechtergerechtigkeit zu verwirklichen.

„Sind Gärten geschlechtskodierte und queere Orte?" fragte Toni Karge (2016) in seiner Diplomarbeit in der Stadt- und Raumplanung. Er untersuchte die Alltagspraxen eines städtischen Gartenprojektes und fand heraus, dass tradierte geschlechtergetrennte Aufgabenbereiche im Laufe der Entwicklung des Projekts

[5] Diese Lehrforschungsprojekte wurden in Projektmodulen des Zertifikatsstudienprogramms Gender Pro MINT (GPM) im Zeitraum 2013 bis 2015 an der TU Berlin erarbeitet (vgl. Lucht 2014, 2017, 2018; Lucht und Mauß 2015).

etabliert wurden. Zugleich interpretierte Karge (2015, S. 22) die Konzeption des Gartenprojekts als „Gemeinschafts- und Pachtgarten" als Überschreitung der klassischen geschlechtsbezogenen Arbeitsteilung in Produktion und Reproduktion. Dies deutet darauf hin, dass sich Re-Traditionalisierung und Ent-Traditionalisierung geschlechtsbezogener gesellschaftlicher Ordnung gleichzeitig vollziehen können. Diese Gleichzeitigkeit könnte ermöglichen, binär strukturierte gesellschaftliche Geschlechtertrennungen, wie etwa in Produktions- und Reproduktionssphäre, in Richtung geschlechtergerechterer Gesellschaftsstrukturen zu verändern.

2.1.2 Wissen zu <gender> in Technik- und Planungswissenschaften

Intersektionale Gender Studies, die sich mit dem Fachwissen in den Natur-, Technik- und Planungswissenschaften befassen, verdeutlichen, dass, obwohl dualistisch kodiertes Fachwissen historisch und kontextbezogen flexibel organisiert ist, dualistisch kodierte geschlechtsbezogene Ordnungen in wiederkehrender Weise unter Bezugnahme auf dieses Fachwissen legitimiert werden. Im Folgenden werden einige Untersuchungen dieses Feldes vorgestellt (vgl. auch Lucht und Paulitz 2008).

Max Metzger und Franziska Kaiser (2015) analysierten den Dokumentarfilm „Thin Ice" über die Klimawissenschaften. Ihre Ergebnisse zeigen einen Umbruch: Zwar zeigt die mediale Darstellung der beteiligten Wissenschaftler*innen, Laboratorien, Alltagspraktiken, Erzählungen und Naturvorstellungen eine binär gemischt-geschlechtliche Scientific Community. Zugleich wird das durch Modellierungen abgesicherte Fachwissen, also die fachwissenschaftliche, epistemische Autorität, ausschließlich von männlich zugeordneten Klimaforscher*innen in Einzelinterviews vermittelt und repräsentiert. Fachwissen in den Klimawissenschaften wird in diesem Dokumentarfilm somit männlich kodiert (Metzger und Kaiser 2015, S. 37 f.).

Wie ist es möglich, (geschlechts-)stereotype Vorstellungen von Kindheit im (städtischen) Planungsprozess nicht zu reifizieren? In einer Masterarbeit in der Landschaftsarchitektur ging Regina Otters (2015) dieser Frage am Beispiel von Naturerfahrungsräumen (NER) für Kinder in der Stadt nach. Auf Grundlage ihrer Ergebnisse entwickelt sie ein offenes wie partizipatives Raumgestaltungskonzept. Otter weist darauf hin, dass NER-Konzepte keine epistemischen Reflexionen der Konzepte von Raum, Natur und Kindheit – sowie von deren Verschränkungen – beinhalten. Infolgedessen finde die soziale Bedingtheit dieser Konzepte keinen

Eingang in die Darstellung von NER-Konzepten. Vielmehr reifiziere der ahistorische und somit quasi ‚naturhafte' Einsatz dieser Konzepte in der Konzeption von NER Geschlechterstereotype hinsichtlich Kindheit und Natur.

Melanie Irrgang (2014, 2015) untersuchte die Vergeschlechtlichung von Gewaltkonzepten in der Entwicklung von Algorithmen in der semantischen Suche, einem Teilbereich der Informatik. Sie verdeutlicht die technischen Möglichkeiten und Grenzen einer solchen Technologie und zeigt auf, wie geschlechtskodierte Gewaltkonzepte in die Software-Entwicklung für die semantische Suche einbezogen werden. Irrgang resümiert (2015, S. 32):

> [Das] Gewaltkonzept der Informatik [ist] stark geprägt [...] von der eher homosozialen, „männlichen" Gruppe der Entwickler*innen und deren Gewalterfahrungen. So werden insbesondere männliche Täter-Opfer-Kontexte in kriegsähnlichen Settings reproduziert, während häusliche Gewalt, die mehrheitlich Frauen widerfährt, unsichtbar bleibt. Gewalt wird außerdem auf physische Gewalt reduziert [...]. Ausgeschlossen werden [...] verbale oder strukturelle Formen von Gewalt, sowie [...] sexualisierte oder psychologische Gewalt und Vernachlässigung [...].

Dies ist ein Beispiel für einen technologischen Entwicklungsprozess, bei dem geschlechterkodierte Konzepte in technische Innovationen eingeschrieben werden. Würde diese Innovation sich durchsetzen, so würden die eingeschriebenen geschlechterbezogenen Gewaltkonzepte über längere Zeiträume hinweg stabilisiert und so einer gesellschaftlichen und politischen Auseinandersetzung mit Gewaltkonzepten entzogen.

Gemeinsam ist den hier beispielhaft vorgestellten Forschungen die Auseinandersetzung mit Vorstellungen von <gender>, die mit Fachwissen in den MINT-Fächern und Planungswissenschaften verwoben werden und über längere Zeit hinweg und wiederholt in Fachdiskursen, öffentlichen Diskursen und in Alltagspraxen ‚aufgerufen' werden. Die beschriebenen Verflechtungen von <gender> mit den Fachinhalten in MINT tragen dazu bei, dass das geschlechterbezogene Alltagswissen zu <gender> als ahistorisch gültig erscheint und entpolitisierend wirkt. Kontextbezogene und historisch kontingente Geschlechterpolitik wird auf diese Weise implizit in das Fachwissen der MINT-Fächer und der Planungswissenschaften eingeschrieben und damit der gesellschaftlichen wie auch der politischen Auseinandersetzung entzogen.

2.1.3 Technologische Anwendungen und Entwicklungen

Die folgenden Fallstudien aus der Lehrforschung zeigen, wie geschlechtsbezogene Stereotype in technologische Anwendungen und in die Raumplanung eingewoben werden. Die Bearbeiter*innen dieser Projekte unterbreiten Vorschläge dafür, wie geschlechtergerechte Vielfalt für den Einsatz und die Aneignung von Technologien und Räumen ermöglicht werden könnte.

Mareike Okrafka analysierte ein bereits abgeschlossenes Studienprojekt in der Medizintechnik, das zum Ziel hatte, dynamische Sitzschalen für Rollstühle zu entwickeln, die von zerebralparetisch gelähmten Kindern genutzt werden. Okrafka (2015) entwickelte in Bezug auf dieses Projekt unter anderem die folgenden Fragen für die retrospektive Reflexion dieses Studienprojekts: Wie kam es dazu, dass Patient*innen nicht – wie anfangs geplant und beabsichtigt – an der Entwicklung der Technologie beteiligt wurden? Werden die Nutzer*innen der Technologie durch diese mehr Autonomie gewinnen?

Die beiden Fragen waren leitend, um die Entwicklung dieser technologischen Anwendung aus Geschlechter- und Diversitätsperspektiven retrospektiv zu reflektieren.

Die Gestaltung von Spielplätzen untersuchte Anne Miersch (2015) in einer interdisziplinären Masterarbeit in der Landschaftsarchitektur und in den Gender Studies. Anhand eines Vergleichs von Berliner Spielplatz-Gestaltungen der 1950er und der 2000er Jahre konnte Miersch herausarbeiten, in welchem Ausmaß Spiel- und Sportbereiche in den 1950er Jahren von stereotypen wie binären Geschlechterkonzepten geprägt waren. Bei gegenwärtigen Spielplatzkonzepten zeigte sich überraschenderweise keine grundlegende Veränderung, da diese – teilweise auch wegen Berücksichtigung der Gender-Mainstreaming-Vorgaben – nach wie vor binär konzipiert werden. Miersch plädiert angesichts dessen für „gender_vielfaltsgerechte“ Gestaltungen in der Stadtplanung (vgl. Miersch 2015, S. 30) und entwickelt ein Konzept für einen queer-feministisch inspirierten Spielplatz: „Performanz – Die Travestie des Platzes“.

In Bezug auf diese Lehrforschungsprojekte möchte ich im Anschluss an Miersch (2015) für „gender_vielfaltsgerechte“ Ansätze in den Natur-, Technik- und Planungswissenschaften plädieren.

2.2 Forschungsprojekte

Im Folgenden führe ich exemplarisch Fallbeispiele aus der Forschung an meinem Fachgebiet Gender in MINT und Planung an der TU Berlin an, die aufzeigen, wie Ansätze der intersektionalen Gender Studies in MINT konkret umgesetzt werden können.

Intersektionen von Ethnizität, Geschlecht und sexueller Identität in der Fachkultur Physik

Franziska Kaiser und Andrea Bossmann erforschen in zwei Promotionsvorhaben die Fachkultur der Physik mit dem Ziel, die Fachkulturforschung zur Physik in den Gender Studies intersektional zu erweitern. Ihr Projekt „Intersektionen von Ethnizität, Geschlecht und sexueller Identität: Fallstudien zur Untersuchung der Kultur der Physik in Deutschland"[6] besteht aus zwei Teilprojekten, die Ansätze aus der Hochschul-, Geschlechter- und Migrationsforschung sowie den Queer Studies miteinander verbinden. Kaiser untersucht Diskriminierungen in der Physik in Bezug auf Herkunft. Sie konzentriert sich mit ihrer Studie auf Physikerinnen* mit Migrationserfahrung. Andrea Bossmann untersucht die Erfahrungen von sich als queer identifizierenden Physiker*innen.

Untersuchungen des Fachwissens in MINT und Planung

In der Masterarbeit „Semantics of the Gendered Body in the IOC's Medical Commission between 1967 and 1972" untersuchte Émilie Filion-Donato (2019) die Entscheidungsfindungsprozesse des Internationalen Olympischen Komitees (IOC) zur Überprüfung des <gender> von Sportler*innen.[7] Hier wird die Bestimmung von <gender> in Bezug auf verschiedene Klassifikationen des Körpers in Biomedizin und Sozialwissenschaften historisch kontextualisiert. Die Forschung geht epistemologischen Fragen nach und untersucht, wie Entscheidungen angesichts von Zweifeln getroffen werden.

Wissen zu Relationalität wird von Sahra Dornick vor dem Hintergrund inter- und transdisziplinärer Forschungsansätze untersucht. Dornick arbeitet an Projekten zu Nachhaltigkeit, Care und Diversität[8] und stützt sich hierfür auf Ansätze aus Literatur, Soziologie, Kunst, Gender Studies, Postcolonial Studies sowie den Natur- und Technikwissenschaften. Intendiert ist, neue Perspektiven für Kohabitation und Möglichkeiten alternativer Seinsweisen zu eröffnen (vgl. Dornick 2019; Dornick et al. 2021).

Untersuchungen von technischen Artefakten und Technikentwicklungen

Schließen möchte ich in diesen Abschnitt zu Beispielen von Forschungsprojekten an meinem Fachgebiet mit dem Hinweis auf ein aktuelles Forschungsprojekt, das

---

[6] Dieses Projekt wurde gefördert durch das Doktorandenprogramm der TU Berlin (10/2019–03/2020). Weitere Hinweise zum Projekt: www.tu.berlin/zifg/sts-gender.

[7] Zu betreuten Qualifikationsarbeiten siehe https://www.tu.berlin/zifg/sts-gender/forschung/promotionsprojekte-und-studienabschlussarbeiten.

[8] Siehe Website Sahra Dornick: www.tu.berlin/zifg/dornick.

zur Weiterentwicklung von Online-Tools für Lernende und Lehrende im Bildungskontext beitragen wird. In einem vom BMBF geförderten Verbundprojekt wird der Frage nachgegangen, wie Online-Tools für die Lehre in der dualen Pflegeausbildung so entwickelt werden können, dass sie den Bedarfen und Erfordernissen einer heterogenen Zielgruppe – Lehrer*innen in Pflegeschulen, an der Pflegeausbildung beteiligte Praxisanleiter*innen und Pflegeschüler*innen – gerecht werden. Dieses inter- und transdisziplinäre, praxisnahe Projekt hat zum Ziel, in der Pflegeausbildung digitale Kompetenzen zukünftiger Pfleger*innen zu befördern. An dem zugehörigen Verbundprojekt „Digitale Akademie Pflege 4.0 (DAPF 4.0): Digitale Kompetenzen für die generalistische Pflege(aus)bildung“[9] sind Pflegeschulen, die Hochschule für Wirtschaft und Recht Berlin sowie die TU Berlin beteiligt. Dem am Fachgebiet Gender in MINT und Planung angesiedelten Teilprojekt ist eine formative Evaluation des Verbundprojekts anvertraut worden. Dafür wird ein Evaluationstool entwickelt, das der Bewertung von Blended-Learning-Lehr/Lerneinheiten hinsichtlich der Heterogenität von Lernenden und Lehrenden dient.

3 Fazit

Im ersten Teil dieses Beitrags (Abschn. 1) habe ich Rahmungen skizziert, die Ausgangs- und Bezugspunkte für eine Programmatik von intersektionalen Gender Studies in MINT bilden können: erstens eine seit den 1990er Jahren etablierte Taxonomie für Forschung zu <gender> in Naturwissenschaft, Technik und Gesellschaft (Abschn. 1.1), zweitens koexistierende Paradigmen der Geschlechterforschung (Abschn. 1.2) und drittens analytische Konzepte für transdisziplinäre Forschung zu <gender> in Naturwissenschaft, Technologie und Gesellschaft (Abschn. 1.3). Zu den für diesen Beitrag umrissenen Forschungsparadigmen der Geschlechterforschung (Abschn. 1.2) gehörten die Frauenforschung, Gender Studies, Queer Studies, Intersektionalität, New Materialism/Neuer Materialismus,

[9] Das Verbundprojekt DAPF 4.0 wird gefördert durch das Bundesministerium für Bildung und Forschung (BMBF) in der Förderlinie „Digitale Medien in der Berufsbildung in den Gesundheitsberufen (DigiMed)“ (05/2020–04/2023) (FKZ: 01PG20004). Partner des Verbundprojekts „Digitale Akademie Pflege 4.0 (DAPF 4.0): Digitale Kompetenzen für die allgemeine Pflege(aus)bildung“ sind das FrauenComputerZentrumBerlin e. V. (FCZB e. V.) (Koordination), die Hochschule für Wirtschaft und Recht Berlin (Prof. Dr. Heike Wiesner) und verschiedene Pflegeschulen in Berlin und Potsdam. Weitere Angaben zum BMBF-Projekt DAPF 4.0: https://www.tu.berlin/forschen/digitale-akademie-pflege-40

Ökofeminismus und Postcolonial Studies. Diese Ansätze zeigen, dass <gender> keine vorgegebene Entität ist. Vielmehr ist <gender> als hergestellt zu verstehen. <gender> manifestiert sich somit als kontextbezogenes, temporäres Ergebnis historischer, sozialer und politischer Vorgänge, deren Untersuchung sich die Geschlechterforschung widmet. Ebenfalls im ersten Teil dieses Beitrags (Abschn. 1.3) habe ich mich auf drei Bedeutungen von Transdisziplinarität bezogen. Die erste versteht transdisziplinäre Forschung als Überschreitung der disziplinären Grenzen zwischen den *two cultures* der Wissenschaften; die zweite fasst transdisziplinäre Forschung als eine problemorientierte Bearbeitung der großen gesellschaftlichen Herausforderungen auf, die eine Überschreitung von Grenzen zwischen Wissenschaft und Praxis erforderlich macht an. Die dritte Deutung sieht Transdisziplinarität als einen ‚transreflexiven' Prozess an, der die fortschreitende Disziplinwerdung der Geschlechterforschung ermöglicht.

Trotz einer Konstituierung von paradigmatischen analytischen Perspektiven der Gender Studies zu und in MINT im Verlauf der letzten fünf Jahrzehnte wird dieses wissenschaftliche Feld institutionell – wenn überhaupt – nach wie vor zumeist außerhalb der MINT-Fachbereiche angesiedelt. Dies trägt zu einem eklatanten Mangel von Perspektiven der Geschlechterforschung in Forschung und Lehre in MINT bei. In gleichem Maße fehlen diese paradigmatischen Perspektiven der Gender Studies in MINT auch in den Lösungsansätzen für gesellschaftliche Herausforderungen wie Digitalisierung, Globalisierung und Klimawandel: Auch hier wird <gender> – werden intersektionale Gender Studies in MINT – kaum einbezogen. Im zweiten Teil dieses Beitrags habe ich Beispiele für Lehrforschungsprojekte (Abschn. 2.1) und für Forschungsprojekte (Abschn. 2.2) zur Untersuchung von <gender> in Naturwissenschaft, Technologie und Gesellschaft vorgestellt, die an meinem Fachgebiet Gender in MINT und Planung / Feminist Studies in Science, Technology and Society (Feminist STS) an der TU Berlin durchgeführt wurden.

Warum ist es wichtig, Geschlechterforschung in die Lehrpläne sowie in Forschung und Entwicklung der MINT-Fächer und Planungsdisziplinen aufzunehmen? Analysen von <gender> in MINT ermöglichen es, die Herstellung von <gender> in MINT sowie die Verflechtung von <gender> in MINT mit Alltagswissen und Alltagspraxen im Hinblick auf die Ausgestaltung des gesellschaftlichen Lebens zu reflektieren und gegebenenfalls zu verändern. In einem ersten und umfassenden Schritt ist es notwendig, forschungsbasiertes Fachwissen der intersektionalen Gender Studies zu Natur- und Technikwissenschaften in die Curricula der MINT-Fächer und Planungsdisziplinen zu integrieren. So könnten zukünftige Naturwissenschaftler*innen und Ingenieur*innen dazu befähigt werden, die Fachkulturen in MINT und Planung, das Fachwissen in Naturwissenschaft und Technik sowie die Entwicklung von Artefakten, Innovationen und Anwendungen im Lichte der intersektionalen Geschlechterforschung zu betrachten. Nicht zuletzt ist es von hoher Relevanz, transdisziplinäre Antworten auf die aktuellen gesellschaftlichen Herausforderungen zu suchen und diese Antworten so auszugestalten, dass die mit diesen Antworten einhergehenden Lösungsansätze geschlechter- und diversitätsgerecht sind. Dies könnte – zumindest potenziell – zu einer sozial gerechteren Gestaltung von Gegenwart und Zukunft beitragen.

Literatur

Bath, C. 2009. De-Gendering informatischer Artefakte. Grundlagen einer kritisch-feministischen Technikgestaltung. Universität Bremen. https://media.suub.uni-bremen.de/bitstream/elib/360/1/00102741-1.pdf. Zugegriffen: 22.3.2023.

Bath, C., H. Schelhowe, und H. Wiesner. 2010. Informatik: Geschlechteraspekte einer technischen Disziplin. In *Handbuch Frauen- und Geschlechterforschung*, 3. Aufl., Hrsg. R. Becker und B. Kortendiek, 829–841. Wiesbaden: VS-Verlag für Sozialwissenschaften. DOI: https://doi.org/ 10.1007/ 978-3-531-91972-0_99.

Bauer, R. 2010. Chemie: Das Geschlecht des Labors – Geschlechterverhältnisse und -vorstellungen in chemischen Verbindungen und Reaktionen. In *Handbuch Frauen- und Geschlechterforschung*, 3. Aufl., Hrsg. R. Becker und B. Kortendiek, 860–866. Wiesbaden: VS-Verlag für Sozialwissenschaften. DOI: https://doi.org/10.1007/978-3-531-91972-0_102.

Bauhardt, C. 2019. Ökofeminismus und Queer Ecologies: feministische Analyse gesellschaftlicher Naturverhältnisse. In *Handbuch Interdisziplinäre Geschlechterforschung*, Hrsg. B. Kortendiek, B. Riegraf und K. Sabisch, 467–477. Wiesbaden: Springer VS. DOI: https://doi.org/10.1007/978-3-658-12500-4_159-3.

Becker, R., & Kortendiek, B. (Hrsg.). 2010. Handbuch Frauen- und Geschlechterforschung, 3. Aufl. Wiesbaden: VS-Verlag für Sozialwissenschaften. https://doi.org/10.1007/978-3-531-91972-0

Blunck, A., und I. Pieper-Seier. 2010. Mathematik: Genderforschung auf schwierigem Terrain. In *Handbuch Frauen- und Geschlechterforschung,* 3. Aufl., Hrsg. R. Becker und B. Kortendiek, 820–828. Wiesbaden: VS-Verlag für Sozialwissenschaften.

Buchholz, K. 2006. Genderrelevanz und Genderaspekte von Chemikalienpolitik. In *Geschlechterforschung und Naturwissenschaften. Einführung in ein komplexes Wechselspiel*, Hrsg. S. Ebeling und S. Schmitz, 141–160. Wiesbaden: VS Verlag für Sozialwissenschaften.

Bundesverfassungsgericht. 2017. Beschluss des Ersten Senats vom 10. Oktober 2017–1 BvR 2019/16, Rn. 1–69. http://www.bverfg.de/e/rs20171010_1bvr201916. Zugegriffen: 14.6.2020.

Butler, J. 1990. *Gender Trouble. Feminism and the Subversion of Identity.* New York: Routledge.

COST Action IS1307 New Materialism: Networking European Scholarship on 'How Matter Comes to Matter'. https://newmaterialism.eu/. Zugegriffen: 22.3.2023.

Crenshaw, K. 1989. Demarginalizing the Intersection of Race and Sex: A Black Feminist Critique of Antidiscrimination Doctrine, Feminist Theory and Antiracist Politics. *The University of Chicago Legal Forum* 1989(1): 139–167. http://chicagounbound.uchicago.edu/uclf/vol1989/iss1/8. Zugegriffen: 25.3.2023.

Deutscher Ingenieurinnenbund e.V. 2015. *Die Ingenieurin* 114 (2015/3), Schwerpunkt „Gender Pro MINT".

Dietze, G., E. Haschemi Yekani, und B. Michaelis. 2007. Checks and Balances. Zum Verhältnis von Intersektionalität und Queer Theory. In *Gender als interdependente Kategorie. Neue Perspektiven auf Intersektionalität, Diversität und Heterogenität*, Hrsg. K. Walgenbach, G. Dietze, A. Hornscheidt und K. Palm, 107–139. Opladen und Farmington Hills: Barbara Budrich.

Dornick, S. 2019. Auf dem Weg zur utopischen Gesellschaft – Relationalität bei Judith Butler, Sara Ahmed und Édouard Glissant. *Femina Politica – Zeitschrift für feministische Politikwissenschaft* 28(1): 46–58. DOI: https://doi.org/10.3224/feminapolitica.v28i1.04.

Dornick, S., J. Schütze, J. Stepczynski, und H. Wiesner. 2021. On Caring Bits and Digital Snacks – Doing Participatory Research within the Care Sector in Times of Crisis. EDULEARN21 Proceedings. 13th International Conference on Education and New Learning Technologies, 5–6 July, 2021, Online Conference, 7100–7108. https://library.iated.org/view/DORNICK2021ONC. Zugegriffen: 5.12.2022.

Faulkner, W. 2008. The Gender(s) of 'Real' Engineers. Journeys Around the Technical / Social Dualism. In *Recodierungen des Wissens. Stand und Perspektiven der Geschlechterforschung in Naturwissenschaften und Technik*, Hrsg. P. Lucht und T. Paulitz, 141–155. Frankfurt a.M.: Campus.

Filion-Donato, É. 2019. *Semantics of the Gendered Body at the IOC's Medical Commission between 1967 and 1972.* Masterarbeit an der Université de Montréal, Unité académique: Département de sociologie, Faculté des arts et des sciences. https://papyrus.bib.umontreal.ca/xmlui/bitstream/handle/1866/25428/Filion_Donato_Emilie_2019_Memoire.pdf?sequence=4. Zugegriffen: 5.12.2022.

Gildemeister, R. und A. Wetterer. 1992. Wie Geschlechter gemacht werden. Die soziale Konstruktion der Zweigeschlechtlichkeit und ihre Reifizierung in der Frauenforschung. In *TraditionenBrüche. Entwicklungen feministischer Theorie*, Hrsg. G.-A. Knapp und A. Wetterer, 201–254. Freiburg i.Br.: Kore.

Götschel, H. 2010. Physik: Gender goes Physical – Geschlechterverhältnisse, Geschlechtervorstellungen und die Erscheinungen der unbelebten Natur. In *Handbuch Frauen- und Geschlechterforschung*, 3. Aufl., Hrsg. R. Becker und B. Kortendiek, 842-850. Wiesbaden: VS-Verlag für Sozialwissenschaften.

Gutiérrez Rodríguez, E. 2011. Intersektionalität oder Wie nicht über Rassismus sprechen. In *Intersektionalität revisited. Empirische, theoretische und methodische Erkundungen*, Hrsg. S. Hess, N. Langreiter und E. Timm, 77–100. Bielefeld: transcript.

Hark, S. 2005. *Dissidente Partizipation. Eine Diskursgeschichte des Feminismus.* Frankfurt a.M.: Suhrkamp.

Hark, S. 2014. Transreflexionen: Transformation von Wissenschaft – intersektionaler Feminismus – transdisziplinärer Beziehungssinn. In Wider die Gleichheitsrhetorik. Soziologische Analysen – theoretische Interventionen. Texte für Angelika Wetterer. Hrsg. G. Malli, S. Sackl-Sharif, 195–206. Münster: Westfälisches Dampfboot.

Heinsohn, D. 2005. *Physikalisches Wissen im Geschlechterdiskurs. Thermodynamik und Frauenstudium um 1900*. Frankfurt a.M. und New York: Campus.

Henrichs, L. 2015. Auf dem Prüfstand. Eine retrospektive Genderanalyse der Qualitätssicherung. *Die Ingenieurin* 114 (2015/3), Schwerpunkt „Gender Pro MINT“: 25–27.

Hirsch Hadorn, G., H. Hoffmann-Riem, S. Biber-Klemm, W. Grossenbacher-Mansuy, D. Joye, C. Pohl, U. Wiesmann, und E. Zemp. 2008. The Emergence of Transdisciplinarity as a Form of Research. In *Handbook of Transdisciplinary Research*, Hrsg. dies., 19–39. Springer Netherlands. DOI: https://doi.org/10.1007/978-1-4020-6699-3_26.

Ihsen, S. 2010. Ingenieurinnen. Frauen in einer Männerdomäne. In *Handbuch Frauen- und Geschlechterforschung*, 3. Aufl., Hrsg. R. Becker und B. Kortendiek, 799–805. Wiesbaden: VS-Verlag für Sozialwissenschaften. DOI: https://doi.org/10.1007/978-3-531-91972-0_96.

Irrgang, M. 2014. Was ist Gewalt und wie heißt er? Semantische Gewalterkennung aus Sicht der Gender Studies. In *Gender-UseIT. HCI, Usability und UX unter Gendergesichtspunkten*, Hrsg. N. Marsden und U. Kemp, 113–123. München und Berlin: De Gruyter Oldenbourg. DOI: https://doi.org/10.1515/9783110363227.

Irrgang, M. 2015. Schöne neue Welt. Gewalt widerfährt nur noch ‚Männern'. *Die Ingenieurin* 114 (2015/3), Schwerpunkt „Gender Pro MINT“: 32–33.

Kallmeyer, M. 2019. New Materialism: neue Materialitätskonzepte für die Gender Studies. In *Handbuch Interdisziplinäre Geschlechterforschung Geschlecht und Gesellschaft*, Hrsg. B. Kortendiek, B. Riegraf und K. Sabisch, 437–446. DOI: https://doi.org/10.1007/978-3-658-12496-0_40.

Karge, T. 2015. Hat Gartenarbeit ein Geschlecht? Genderaspekte urbaner Gemeinschaftsgärten. *Die Ingenieurin* 114 (2015/3), Schwerpunkt „Gender Pro MINT“: 20–22.

Karge, T. 2016. Neue Urbane Landwirtschaft. Eine theoretische Verortung und Akteursanalyse der Initiative Himmelbeet im Berliner Wedding. In *Arbeitshefte des Instituts für Stadt und Regionalplanung der Technischen Universität Berlin (79)*. Diplomarbeit. Berlin: Universitätsverlag der TU Berlin. DOI: 10.14279/depositonce-4913.

Keller, E.F. 1995. The Origin, History, and Politics of the Subject Called 'Gender and Science'. A First Person Account. *In Handbook of Science and Technology Studies*, Hrsg. S. Jasanoff, G.E. Markle, J.C. Petersen und T. Pinch, 80–94. Thousand Oaks, London und New Delhi: Sage. DOI: https://doi.org/10.4135/9781412990127.n4.

Knapp, G.-A. 2005. Intersectionality – ein neues Paradigma feministischer Theorie? Zur transatlantischen Reise von ‚Race, Class, Gender'. *Feministische Studien* 23(1): 68–81.

Kortendiek, B., Riegraf, B., & Sabisch, K. (Hrsg.). 2019. Handbuch Interdisziplinäre Geschlechterforschung, Wiesbaden: Springer VS. https://doi.org/10.1007/978-3-658-125 00-4.

Kubes, T. 2019. New Materialist Perspectives on Sex Robots. A Feminist Dystopia / Utopia? *Social Sciences* 8(8): 224. DOI: https://doi.org/10.3390/socsci8080224.

Lucht, P. 2014. Usability und Intersektionalitätsforschung – Produktive Dialoge. In *Gender-UseIT. HCI, Usability und UX unter Gendergesichtspunkten*, Hrsg. N. Marsden und U.

Kempf, 37–52. München und Berlin: De Gruyter Oldenbourg. DOI: https://doi.org/10.1515/9783110363227.37.

Lucht, P. 2017. Integration intersektionaler Gender Studies in MINT – Praxisprojekte im Zertifikatsstudienprogramm Gender Pro MINT der Technische Universität Berlin. In *reboot ING. Handbuch Gender-Lehre in den Ingenieurwissenschaften*, Hrsg. C. Bath, G. Both, P. Lucht, B. Mauß und K. Palm, 207–233. Berlin: LIT.

Lucht, P. 2018. Interventionen in Geschlechterpolitiken von Fachkulturen, Epistemen und Artefakten der Natur-, Technik- und Planungswissenschaften. Fallbeispiele aus der Lehrforschung. *Open Gender Journal* 2. DOI: https://doi.org/10.17169/ogj.2018.22.

Lucht, P. 2021. Transdisciplinary Research on 'Gender' in Science, Technology, and Society. In *The Human Rights Approach to STEM*, Hrsg. T. Tajmel, K. Starl und S. Spintig, 147–167. Münster und New York: Waxmann.

Lucht, P., und B. Mauß. 2015. Teaching Research-Based Gender Competencies in STEM. The Study Program GENDER PRO MINT at the Technische Universität Berlin. Proceedings of the Annual Conference of the European Society for Engineering Education, SEFI Annual Conference 2015, Diversity in Engineering Education: Facing New Trends in Engineering, 29.6.–2.7.2015, Orléans. https://www.sefi.be/wp-content/uploads/2017/09/57493-P.-LUCHT.pdf. Zugegriffen: 04.10.2023.

Lucht, P., und T. Paulitz. 2008. Recodierungen des Wissens. Zu Flexibilität und Stabilität von natur- und technikwissenschaftlichem Wissen – Eine Einleitung. In *Recodierungen des Wissens. Stand und Perspektiven der Geschlechterforschung in Naturwissenschaften und Technik*, Hrsg. P. Lucht und T. Paulitz, 11–27. Frankfurt a.M.: Campus.

Margherita-von-Brentano-Zentrum. 2020. Portal „Datensammlungen Geschlechterforschung". Freie Universität Berlin. https://www.mvbz.org/genderprofessuren. Zugegriffen: 22.1.2020.

Maaß, S., C. Draude, C., und K. Wajda. 2014. Gender-/Diversity-Aspekte in der Informatikforschung. Das GERD-Modell. In *Gender-UseIT. HCI, Usability und UX unter Gendergesichtspunkten*, Hrsg. N. Marsden und U. Kempf, 67–77. München und Berlin: De Gruyter Oldenbourg. DOI: https://doi.org/10.1515/9783110363227.

Mauß, B. 2017. Forschungsbasierte Gender Studies Lehre für Studierende der Technikwissenschaften an der TU Berlin im Rahmen des Studienangebotes GENDER PRO MINT. In *reboot ING. Handbuch Gender-Lehre in den Ingenieurwissenschaften*, Hrsg. C. Bath, G. Both, P. Lucht, B. Mauß und K. Palm, 275–290. Münster: LIT.

McRobbie, A. 2010. *Top Girls. Feminismus und der Aufstieg des neoliberalen Geschlechterregimes*. Wiesbaden: VS-Verlag für Sozialwissenschaften.

Metzger, M., und F. Kaiser 2015. ‚Thin Ice'. Gender in den Klimawissenschaften. *Die Ingenieurin* 114 (2015/3), Schwerpunkt „Gender Pro MINT": 37–40.

Mies, M. 1983. Towards a Methodology for Feminist Research. In *Theories of Women's Studies*, Hrsg. G. Bowles und R. Duelli Klein, 117–139. Boston: Routledge and Kegan Paul.

Miersch, A. 2015. Spielplätze – Räume mit oder jenseits von Geschlechtszuschreibungen. Für all die CARAS. Die Ingenieurin 114 (2015/3), Schwerpunkt „Gender Pro MINT": 29–32.

Okrafka, M. 2015. Varus, wo ist meine Zielgruppe? *Die Ingenieurin* 114 (2015/3), Schwerpunkt „Gender Pro MINT": 18–19.

Otters, R. 2015. Raum, Kindheit, Natur. Was lehren sogenannte ‚Naturerfahrungsräume'? *Die Ingenieurin* 114 (2015/3), Schwerpunkt „Gender Pro MINT": 33–36.

Palm, K. 2010. Biologie: Geschlechterforschung zwischen Reflektion und Intervention. In *Handbuch Frauen- und Geschlechterforschung*, 3. Aufl., Hrsg. R. Becker und B. Kortendiek, 851–859. Wiesbaden: VS-Verlag für Sozialwissenschaften.

Palm, K., G. Jähnert, S. Völker, S. Grenz, K. Palm, und G. Jähnert. 2018. *Materialität/en und Geschlecht: Beiträge zur 6. Jahrestagung der Fachgesellschaft Geschlechterstudien e.V.* Berlin: Selbstverlag. DOI: https://doi.org/10.25595/461.

Paulitz, T. 2010. Technikwissenschaften. Geschlecht in Strukturen, Praxen und Wissensformationen der Ingenieurdisziplinen und technischen Fachkulturen. In *Handbuch Frauen- und Geschlechterforschung*, 3. Aufl. Hrsg. R. Becker und B. Kortendiek, 787–798. Wiesbaden: VS-Verlag für Sozialwissenschaften. DOI: https://doi.org/10.1007/978-3-531-91972-0_95.

Gender in MINT und Planung / Feminist Studies in Science, Technology und Society. 2019. Quo vadis Feminist STS? Genealogien, Herausforderungen und Visionen feministischer Wissenschafts- und Technikforschung 2019.

Riley, D., Pawley, A. L., Tucker, J., und Catalano, G. D. 2009. Feminisms in Engineering Education: Transformative Possibilities. *The National Women's Studies Association Journal* 21(2): 21–40.

Schiebinger, L. 1999. *Has Feminism Changed Science?* Cambridge, Massachusetts: Harvard University Press.

Schiebinger, L. 2004. *Plants and Empire: Colonial Bioprospecting in the Atlantic World.* Cambridge, Massachusetts: Harvard University Press.

Schiebinger, L. 2011. Gendered Innovations in Science, Health & Medicine, Engineering, and Environment. http://genderedinnovations.stanford.edu/. Zugegriffen: 14.6.2023.

Schiebinger, L., und I. Klinge, Hrsg. 2013. Gendered Innovations. How Gender Analysis Contributes to Research. Luxembourg: Publications Office of the European Union. https://genderedinnovations.stanford.edu/Gendered%20Innovations.pdf. Zugegriffen: 25.3.2023.

Schultz, M., und M. Seedorf. 2016. The Loop Ensemble. Open Source Instruments for Teaching Electronic Music in the Classroom. Proceedings of the 13th Sound & Music Computing Conference, Hamburg, Germany 31.8.–3.9.2016: 422–426. http://www.georghajdu.de/computermusicnotation/wopre/wp-content/up-loads/smc/SMC2016_proceedings_final-2.pdf. Zugegriffen: 27.9.2016.

Snow, C.P. 2001 [1959]. *The Two Cultures.* London: Cambridge University Press.

Traweek, S. 1992. *Beamtimes and Lifetimes: The world of high energy physicists.* Cambridge und London: Harvard University Press.

Wajcman, J. 2004. *TechnoFeminism.* Cambridge Malden, Massachusetts: Polity Press.

Walgenbach, K. 2007. Gender als interdependente Kategorie. In *Gender als interdependente Kategorie. Neue Perspektiven auf Intersektionalität, Diversität und Heterogenität*, Hrsg. K. Walgenbach, G. Dietze, A. Hornscheidt und K. Palm: 23–64. Opladen und Farmington Hills: Barbara Budrich.

Weller, I. 2006. Geschlechterforschung in der Chemie. Spurensuche in der Welt der Stoffe. In *Geschlechterforschung und Naturwissenschaften. Einführung in ein komplexes Wechselspiel*, Hrsg. S. Ebeling und S. Schmitz, 117–137. Wiesbaden: VS Verlag für Sozialwissenschaften.

Winkel, H. 2019. Postkolonialismus: Geschlecht als koloniale Wissenskategorie und die weiße Geschlechterforschung. In *Handbuch Interdisziplinäre Geschlechterforschung*, Hrsg. B. Kortendiek, B. Riegraf und K. Sabisch. Wiesbaden: Springer VS. DOI: https://doi.org/10.1007/978-3-658-12500-4_36-1.

Winner, L. 1980. Do Artifacts Have Politics? *Daedalus* 109(1), Modern Technology: Problem or Opportunity?: 121–136.

Petra Lucht, Prof. Dr., hat die Universitätsprofessur Gender in MINT und Planung / Feminist Studies in Science, Technology and Society an der Technischen Universität Berlin inne, sowie aktuell die Gastprofessur Science of science mit einem Schwerpunkt auf Fragen zu Gender und Diversity am Fachbereich Biologie, Chemie, Pharmazie an der Freien Universität Berlin. Ihre Schwerpunkte in der Geschlechter- und Diversitätsforschung zu Natur- und Technikwissenschaften sind Untersuchungen von Fachkulturen, von Wissen sowie von Anwendungen und Innovationen.

Von der Hochschulforschung zu den Feminist STS. Perspektiven für eine feministische Fachkulturforschung am Beispiel Physik

Martina Erlemann

1 Einführung

Gender Studies in MINT – auch als feministische Naturwissenschafts- und Technikforschung bezeichnet – sind eine nun schon seit über vier Jahrzehnten bestehende, lebendige, sich ständig weiterentwickelnde und ausdifferenzierende Forschungsrichtung (vgl. Lucht in diesem Band). Trotzdem sind sie noch nicht nachhaltig in den natur- und technikwissenschaftlichen Fächern verankert. Das betrifft sowohl ihre institutionelle Einbettung in die Forschungsagenden der Natur- und Technikwissenschaften als auch die Integration ihrer Wissensbestände in die Curricula dieser Fächer (vgl. Both et al. in diesem Band).[1] Aus meiner Perspektive ergibt sich daraus ein erstes von zwei langfristigen Zielen der Gender Studies in MINT: Es gilt, ihre Forschungsansätze und -resultate in die Lehre und Forschung der MINT-Fächer einzubringen, sie also in deren Curricula zu verankern. Zugleich gilt es, die Fragen des Forschungsfeldes Gender Studies in MINT in die Forschungsagenden der MINT-Fächer einfließen zu lassen. Davon profitieren nicht zuletzt die Natur- und Technikwissenschaften selbst. Es stellt ihre Lehre und Forschung auf eine breitere (trans- und inter-)disziplinäre Basis. Damit können sie besser zur Bewältigung akuter gesellschaftlicher Herausforderungen beitragen und sich hierfür als „ver/antwortlich“ (vgl. Bath 2017, S. 203; Bath et al. 2017b, S. 16) verstehen.

[1] Über Strategien und Umsetzungsmöglichkeiten zur Integration von Gender Studies in MINT in die Lehre siehe Bath et al. 2017a.

M. Erlemann (✉)
Freie Universität Berlin, Berlin, Deutschland
E-Mail: martina.erlemann@fu-berlin.de

S. Huch und M. Erlemann (Hrsg.), *Gender & Diversity Studies in MINT meets Naturwissenschaftsdidaktik*, Edition Fachdidaktiken,
https://doi.org/10.1007/978-3-658-43616-2_3

Das zweite langfristige Ziel ist ein Kulturwandel in den MINT-Fächern, der den nach wie vor bestehenden sozialen Ungleichheiten bezüglich Mitgestaltung und Karrierechancen in diesen Fächern entgegenwirkt und zu mehr sozialer Gerechtigkeit führt. Dazu trägt auch die oben erwähnte inhaltliche Einbeziehung der Gender Studies in MINT in die Natur- und Technikwissenschaften bei.

Ein Kulturwandel in MINT-Fächern wird seit einigen Jahren auch von politikberatenden Organen gefordert (GWK 2019, S. 11; Wissenschaftsrat 2012, 2014). Auch in einigen naturwissenschaftlichen Fächern wird der Bedarf nach einem Wandel der Fachkulturen immer breiter diskutiert, so etwa in der Physik (Sekuła et al. 2018; Archer et al. 2013; Bossmann 2018; Vaupel 2018). Dabei verengt sich die Debatte in der Physik zum Teil auf die Notwendigkeit, weiblichen Nachwuchs „anzuwerben“ (vgl. Erlemann 2018a).[2]

In der Forschung zu den Ursachen der anhaltenden sozialen Ungleichheit in den Wissenschaften ist inzwischen weithin sichtbar geworden, dass ein Großteil sowohl der Geschlechterungleichheiten als auch der Benachteiligungen von anderen marginalisierten Gruppen, darunter beispielsweise Black, Indigenous and People of Colour (BIPoC) und Personen nicht-akademischer Bildungsherkunft, in den Kulturen der Wissenschaften begründet sind.[3] Sie entstehen und reproduzieren sich durch komplexe Prozesse informeller Ausschlüsse aus der jeweiligen Wissenschafts- und Forschungscommunity. Um soziale Gerechtigkeit in den Natur- und Technikwissenschaften herzustellen, reicht es daher nicht aus, Frauen[4] und weitere benachteiligte Gruppen im Rahmen von Outreach-Maßnahmen anzuwerben und sie über gleichstellungsfördernde Maßnahmen in ihren Karrieren zu unterstützen. Solange derartige Maßnahmen nur als „Add-ons“ (vgl. Traweek 2020) zum eigentlichen Forschungs- und Lehrbetrieb eingerichtet werden, eine kritische Reflexion der Fachkulturen mit ihren Forschungsinhalten, -praktiken und Gefügen des sozialen Miteinanders aber fehlt, wird ein Kulturwandel, wenn überhaupt, nur sehr langsam in Bewegung gesetzt werden können.

Ein kritisches Überdenken der eigenen Forschungspraxis in den Natur- und Technikwissenschaften hinsichtlich deren Wirkung auf soziale Ungleichheiten öffnet den Raum für einen sukzessiven Kulturwandel. Dabei geht es nicht

---

[2] Im Vergleich zu Sharon Traweeks Befund über das Selbstverständnis der US-Hochenergiephysik der 1980er Jahre als einer „culture of no culture“ (Traweek 1988, S. 162), ist die Einsicht, dass eine Fachkultur der Physik existiert und zumindest theoretisch veränderbar ist, bereits ein erster Kulturwandel.

[3] Dies gilt nicht nur für die Natur- und Technikwissenschaften, sondern fächerübergreifend (vgl. Laufenberg et al. 2018a; Beaufaÿs et al. 2012; Beaufaÿs und Krais 2005).

[4] Mit dem Begriff „Frauen“ sind hier alle Personen gemeint, die sich mit einem weiblichen Geschlecht identifizieren.

nur um ein kritisches Hinterfragen des sozialen Miteinanders der Forschenden, der vorherrschenden Praktiken des Förderns und Anerkennens von Leistung und Kompetenz, sondern auch um eine Reflexion der Wissensbestände, von Forschungsfragen und deren Prämissen, der methodischen Ansätze und deren Umsetzung in wissenserzeugende Praktiken. Eine auf den Wissensbeständen der Gender Studies in MINT basierende Untersuchung der Praxis der Natur- und Technikwissenschaften kann aufdecken, inwiefern diese Disziplinen historisch an der Begründung, der Legitimation und dem Fortbestehen gesellschaftlicher Ungleichheiten mitgewirkt haben und immer noch mitwirken. Sie kann Perspektiven eröffnen, wie Forschungsagenden erweitert und dahingehend verändert werden können, dass sie bestehende soziale Ungleichheiten nicht fortschreiben, sondern vielmehr zu Überlegungen anregen, ob und wie „technowissenschaftliche Forschung und Entwicklung zu einer geschlechtergerechten Gesellschaft“ (Ernst 2013, S. 245), beziehungsweise breiter gefasst, zu sozialer Gerechtigkeit beitragen kann (vgl. Lucht in diesem Band; Bath et al. 2017a). In der Untersuchung von natur- und technikwissenschaftlichen Kulturen kann so zweierlei verbunden werden: erstens, soziale Ungleichheiten zu erkennen, zu analysieren und Perspektiven zu ihrer Überwindung aufzuzeigen sowie, zweitens, zur Integration von Gender- und Diversity-Aspekten in die Forschungsinhalte anzuregen.

Inwieweit Forschung, die sich mit den (Fach-)Kulturen der Natur- und Technikwissenschaften beschäftigt, dazu in der Lage ist, zur Integration von Gender- und Diversity-Aspekten in die Inhalte der Natur- oder Technikwissenschaften anzuregen oder zumindest den Blick dafür zu sensibilisieren, hängt entscheidend davon ab, was die Forschenden unter dem Begriff der „Kultur“ einer Wissenschaft verstehen und welche Aspekte in der untersuchten natur- oder technikwissenschaftlichen (Fach-)Kultur als erforschenswert und untersuchbar angesehen werden.[5] Schon die Verwendung verschiedener Begrifflichkeiten, mit denen (Fachkultur-)Forschende arbeiten, weist auf eine ganze Bandbreite von Ansätzen und auf verschiedene, sich aber auch überschneidende Forschungsziele hin: In der Forschungsliteratur wird von Fachkulturen und akademischen Kulturen, von Hochschulkulturen, Wissenschaftskulturen, Wissenskulturen und epistemischen Kulturen gesprochen. Damit verbunden sind unterschiedliche Auffassungen davon, was unter einer „Kultur“ einer Natur- und Technikwissenschaft zu subsumieren sei bzw. ausgeblendet wird. Diese verschiedenen Definitionen begründen sich bis zu einem gewissen Grad in der jeweiligen disziplinären

[5] Diese Forschungen stammen oftmals, aber bei Weitem nicht ausschließlich, aus sozial- und kulturwissenschaftlichen Bereichen und interdisziplinären Forschungsfeldern wie etwa den Science and Technology Studies sowie den Gender Studies in MINT.

Herkunft der Forschenden, die eine (Fach-)Kultur untersuchen, spiegeln aber ebenso unterschiedliche Forschungsinteressen wider. Fokussieren die einen, meist unter der Bezeichnung „Fachkulturforschung", auf eine Erforschung der sozialen Räume, in denen Natur- und Technikwissenschaftler*innen ihre Laufbahn bestreiten, und lassen die wissenserzeugende Prozesse und Forschungsinhalte meist außen vor, so stehen für andere, insbesondere für Vertreter*innen der Science and Technology Studies, gerade diese Prozesse im Zentrum und werden als konstitutiv für Kulturen der Wissenschaften angesehen. Allerdings wird die Frage nach sozialen Ungleichheiten und deren Entstehen hier eher vernachlässigt.

Die feministische Naturwissenschafts- und Technikforschung kritisiert an der ersten Gruppe die Ausblendung der wissenserzeugenden Prozesse aus der Analyse von (Fach-)Kulturen: Es verenge den Blick, die Kultur einer Wissenschaft auf das soziale Miteinander der (Natur- und Technik-)Wissenschaftler*innen zu beschränken und die von jenen entwickelten Forschungsinhalte und -praktiken sowie die erzeugten Wissensbestände nicht in die Analyse einzubeziehen. Gleichermaßen unvollständig sei jedoch ein Kulturbegriff für Wissenschaften, der die Entstehung von natur- und technikwissenschaftlichem Wissen als sozialen Prozess begreift, sich jedoch nicht dafür interessiert, dass in diesen Prozessen soziale Ungleichheiten erzeugt und aufrechterhalten werden können.

Ich teile diesen Befund und plädiere für einen integrativen Ansatz einer feministisch ausgerichteten Fachkulturforschung. Dieser sollte sowohl soziale Prozesse unter den natur- und technikwissenschaftlichen Forschenden als auch natur- und technikwissenschaftliche Wissensproduktion als Untersuchungsgegenstand einbeziehen. Eine solche im intersektionalen Sinne feministische Fachkulturforschung ist darüber hinaus nicht nur deskriptiv-analytisch ausgerichtet, sondern lotet aus, inwiefern kulturelle Veränderungen der wissenschaftlichen Disziplin und ihrer Forschungsagenden im Hinblick auf soziale Gerechtigkeit angestoßen werden können. Dieser Ansatz der Fachkulturforschung ist für die Natur- und Technikwissenschaften gewinnbringend, da er erlaubt, Wissenschaften für eine Reflexion ihrer Wissensbestände und ihrer wissensproduzierenden Praktiken im Hinblick auf ihre möglichen Wirkungen auf soziale Ungleichheiten zu öffnen.

Insbesondere für die Physik, auf deren Beforschung mein eigener Schwerpunkt liegt, wie auch für einige andere Natur- und Technikwissenschaften, sind weiße, männlich gelesene Forschende bei Weitem in der Überzahl. Es sollte daher nicht erstaunen, dass die Kulturen dieser Wissenschaften maßgeblich von dieser sozialen Gruppe bestimmt werden. Für die Physik bestätigen das Befunde der feministisch ausgerichteten Fachkulturforschung.[6] Eine feministisch ausgerichtete Fachkulturforschung ist daher gerade für die physikalischen Wissenschaften wichtig, da ihre Befunde und Einsichten Anstöße zu Interventionen liefern, welche soziale Gerechtigkeit befördern können.

In diesem Beitrag werde ich eine Auswahl an aus meiner Perspektive zentralen Forschungsansätzen sowie Forschungslinien ausleuchten, die natur- und technikwissenschaftliche und insbesondere die physikalischen Kulturen untersucht haben. Dabei werde ich ihre Verdienste, aber auch ihre aus meiner Sicht blinden Flecken diskutieren. Einige dieser Ansätze definieren ihren Kulturbegriff und explizieren, inwiefern sie Wissenschaft als Kultur begreifen. In anderen Ansätzen wird eine explizite Definition eines Kulturbegriffs bezogen auf Wissenschaft gar nicht vorgenommen oder es wird gar nicht mit einem Kulturbegriff operiert. Trotzdem leisten auch diese Forschungen, denen ein weniger integrativer Ansatz von der Kultur einer Wissenschaft zugrunde liegt,[7] wichtige Beiträge zur Ausleuchtung von physikalischen und anderen naturwissenschaftlichen Kulturen. Das gilt etwa für einige intersektionale Ansätze, deren Verdienst darin besteht, die Herstellung von sozialer Ungleichheit sehr viel breiter zu erfassen als auf Geschlecht fokussierte Ansätze.

2 Wissenschaften als Kulturen – Ansätze aus der Wissenschafts- und Hochschulforschung

Anders als man vielleicht erwarten könnte, gibt es durchaus unterschiedliche Auslegungen, was die Kultur einer akademischen Disziplin ausmacht und was nicht. So unterscheiden sich auch die Schwerpunktsetzungen und Zugänge zum Kulturbegriff der jeweiligen Wissenschaft und verweisen auf die verschiedenen Forschungsziele derer, die sie anwenden. Diese Unterschiede möchte ich, um Komplexität zu reduzieren, entlang von zwei Achsen diskutieren. Zum einen hinsichtlich der Frage, ob auch wissensproduzierende Praktiken als Teil der Kultur aufgefasst und mituntersucht werden. Zum anderen beleuchte ich die Zugänge und Konzepte daraufhin, ob sie sich für die Herstellung von Machtverhältnissen und sozialen Ungleichheiten in den Kulturen der Wissenschaften interessieren.

[6] Siehe dazu u. a. Traweek (1988), Hasse und Trentemøller (2008), Danielsson (2012), Pettersson (2011) sowie Erlemann (2018b). Für einen breiteren Überblick über die Geschlechterforschung zur Physik siehe etwa Götschel 2011.

[7] Ein integrativer Ansatz meint hier die Einbeziehung von sozialen Prozessen UND Wissensproduktion als gleichwertige Aspekte einer (Fach-)Kultur, die in der Untersuchung berücksichtigt werden.

2.1 Ansätze aus der Hochschulforschung

Angeregt von der Beobachtung, dass jedes akademische Fach an der Universität eine „kleine Welt" (Clark 1987) für sich ist, wurden in der Wissenschafts- und Hochschulforschung mehrere Ansätze entwickelt, um wissenschaftliche Disziplinen im Hinblick auf die Unterschiedlichkeit ihrer (Fach-)Kulturen zu vergleichen. Gemeinsam ist diesen Ansätzen, dass sie die „Kulturen" als jeweils spezifisch für wissenschaftliche Disziplinen begreifen.

Schon in den 1980ern hat Tony Becher im Anschluss an Clifford Geertz einen kulturanthropologischen Rahmen vorgeschlagen, in dem Disziplinen als akademische Stämme („tribes") betrachtet werden, die unterschiedliche akademische Territorien („territories") besetzen (Becher 1989). Die Angehörigen akademischer Fächer bilden demzufolge sowohl epistemologische als auch soziale Gemeinschaften, „as having recognizable identities and particular cultural attributes" (ebd., S. 22).

Becher verortet seine Studien an der Grenze zwischen Wissenschafts- und Hochschulforschung. Er untersucht die Merkmale akademischer Disziplinen mithilfe von Interviews mit bereits im Feld anerkannten Wissenschaftler*innen verschiedener Disziplinen. Diese befragt er sowohl nach kognitiven und epistemologischen Charakteristika ihrer Fächer als auch nach ihrem sozialen Umgang miteinander. Zu den kognitiven und epistemologischen Charakteristika zählt er die Funktion von Theorien und die Erwartungen an deren Anschlussfähigkeit im Fach, die Generalisierbarkeit von empirischen Befunden und welche Schlussfolgerungen aus Befunden gezogen werden können sollen und auch, welche Rolle Modellbildung und Quantifizierbarkeit spielen. Bei den sozialen Aspekten geht es ihm um typische Handlungs- und Interaktionsweisen, die die wissenschaftliche Laufbahn vorantreiben, um Formen von und Kriterien für wissenschaftliche Anerkennung, um Muster der Netzwerkbildung, um geteilte Werte und Normen, aber auch um Grenzziehungen zu anderen Disziplinen (Becher 1989, S. 2).

Nach Becher (1989) bildet die Verortung in den akademischen Territorien die Grundlage für das soziale Leben im jeweiligen akademischen Feld. Die sozialen Charakteristika ergeben sich ihm zufolge aus den epistemologischen. Dies hat ihm, meines Erachtens zu Recht, die Kritik eingebracht, dass er damit akademische Kulturen als selbsterklärend und nahezu abgeschottet von ihren Umwelten interpretiert und als ob die sozialen Aspekte geradezu zwangsläufig aus epistemologischen Idealen der jeweiligen Disziplin abzuleiten seien (vgl. Huber 1990, S. 242).

Da Becher ausschließlich bereits etablierte Wissenschaftler*innen interviewt hat, zeigen seine Befunde die Kulturen der Fächer, wie sie sich den Befragten in der Forschungspraxis darstellen, nicht wie sie diese im Rahmen ihrer universitären Ausbildung erfahren haben. Auf die Fragen, wie Lernende in die Fachkulturen hineinwachsen oder wie die verschiedenen Fachkulturen sich in Lehrkontexten zeigen, geht er nicht ein. Ebenso wenig widmet sich Becher der Frage, wie Machtstrukturen in den Fachkulturen entstehen, wie sie soziale Ungleichheiten erzeugen und aufrechterhalten und wie sich in den Fachkulturen implizite Ausschlussmechanismen von marginalisierten Personengruppen zeigen.

Becher spart das Wissen einer Disziplin als Teil der Fachkultur nicht aus, allerdings geht bei ihm dieses Wissen weniger als Ergebnis von wissenschaftlichen Praktiken in die Fachkulturen ein, sondern als epistemologische Grundannahmen einer Disziplin, aus denen dann alle anderen Charakteristika eines Faches folgen würden. Vor dem Hintergrund seiner These, dass die sozialen Aspekte einer Fachkultur durch die epistemologischen bestimmt sind, mag dies nur folgerichtig erscheinen, die Wirkung von Machtstrukturen bleibt dadurch aber eine Leerstelle.

Unter den ersten, die das Konzept der Fachkultur Mitte der 1980er, Anfang der 1990er Jahre im deutschsprachigen Raum prominent gemacht haben, waren die Bildungswissenschaftler Eckart Liebau und Ludwig Huber (Liebau und Huber 1985; Huber 1991). Mit ihrer Lesart von Fachkultur wurde im deutschsprachigen Raum eine Fachkulturforschung angestoßen, welche die Lehrkontexte, im Rahmen derer die Studierenden in die Fachkultur hineinwachsen, deutlich stärker als bis dahin üblich berücksichtigt. Ziel dabei war es, einen Orientierungsrahmen für die Hochschulsozialisationsforschung zu entwickeln (Liebau und Huber 1985, S. 325).

Liebaus und Hubers Konzept der Fachkultur baut zwar auf den Studien von Becher auf, fokussiert jedoch auf die Prozesse des Hineinwachsens in die jeweilige Fachkultur. Die beiden Autoren konzentrieren sich mehr auf die Untersuchung akademischer Ausbildungsphasen und weniger auf die Praxis der Wissensproduktion in der Forschung. Liebau und Huber (1985, S. 315) begreifen wissenschaftliche Disziplinen als „Kulturen", als „unterscheidbare, in sich systematisch verbundene Zusammenhänge von Wahrnehmungs-, Denk-, Wertungs- und Handlungsmustern". In weiten Teilen beziehen sie ihr Konzept von „Fachkultur" auf die Soziologie Pierre Bourdieus, insbesondere auf den von ihm entwickelten Begriff des Habitus (Liebau und Huber 1985; Huber 1991). Fachkulturen lassen sich nach den Beschreibungen von Liebau und Huber als komplexe Gefüge von Handlungsroutinen, Einstellungen, impliziten Regeln und Ritualen, Alltagsroutinen und -praktiken zusammenfassen. Durch sie wird Zugehörigkeit zu einer wissenschaftlichen Gemeinschaft hergestellt und als selbstverständlich erfahren, was wiederum wesentlich zu ihrer Aufrechterhaltung und Reproduktion beiträgt.

Liebaus und Hubers Konzept fokussiert Prozesse, die Lernende durchlaufen, um zu einem anerkannten Mitglied einer wissenschaftlichen Community zu werden. Mit der Einbeziehung von Bourdieu wird eine Machtanalyse und der Zusammenhang zwischen Fachkulturen und gesellschaftlicher Umwelt (Liebau und Huber 1985, S. 325) Thema, denn

> die Disziplinen existieren nicht allein auf der Welt, sondern sind systematisch in die verschiedenen Bereiche und Dimensionen gesellschaftlicher Herrschaft und damit in die gesellschaftlichen Konflikte einbezogen. (Liebau und Huber 1985, S. 337).

Obwohl Liebau und Huber ihr Konzept der Fachkultur auf dem Bourdieu'schen Ansatz gründen, der einen macht- und herrschaftskritischen Blick ermöglicht, stehen bei ihnen die Analyse von Ausschlussprozessen und anderer Mechanismen zur Herstellung sozialer Ungleichheit wenig im Fokus. Sie beschränken sich auf das Aufzeigen, etwa von (fach-)kulturellen Unterschieden zwischen den Disziplinen nach von ihnen entwickelten Kategorien und Aspekten. Dabei gelangt auch die soziale Herkunft von Studierenden dank des Rückgriffs auf Bourdieu sowohl in den Analysen von Liebau und Huber (1985) als auch später bei Huber (1991) zwar in den Blick. Sie weisen auf die unterschiedlichen sozialen Herkünfte Studierender je nach Disziplin – und damit auf den Einfluss der sozialen Herkunft auf die Studienfachwahl – hin, es bleibt jedoch beim Feststellen der Ungleichverteilungen. Eine eingehende Analyse und Deutung dieser sozialen Ungleichheiten fehlt (vgl. kritisch dazu auch Beaufaÿs 2003).

In der Frauen- und Geschlechterforschung haben sich dagegen eine Vielzahl von Forschungen zu den natur- und technikwissenschaftlichen Disziplinen entwickelt, die ebenfalls an Bourdieu anknüpfen, sich dabei jedoch viel stärker mit der Frage beschäftigen, wie im Zuge des Hineinwachsens in den fachkulturellen Habitus Geschlechterungleichheiten hergestellt und aufrechterhalten werden (z. B. Engler 1993; Beaufaÿs 2003; Erlemann 2015; Greusing 2018). Bevor ich im dritten Abschnitt auf die Fachkulturforschung, wie sie in der Frauen- und Geschlechterforschung entwickelt wurde, eingehe, werden im Folgenden mit den Ansätzen der Science and Technology Studies die fachkulturellen Aspekte der wissensgenerierenden Praktiken in den Wissenschaften beleuchtet.

2.2 Ansätze der Science and Technology Studies (STS): Wissenskulturen und Cultural Studies of Science

Die Science and Technology Studies (STS) begannen in den 1970er Jahren sich über die soziale Organisation von Forschung hinaus auch für die Entstehung des wissenschaftlichen Wissens selbst zu interessieren. Dabei richteten sie ihren Fokus im Besonderen auf die wissensproduzierenden Prozesse im Labor als dem Ort, in dem wissenschaftliche Fakten fabriziert werden. Diese sogenannten Laborstudien zeigten die naturwissenschaftlichen Forschungspraktiken als kulturelle und soziale Praxis (Lynch 1985; Knorr-Cetina 1981; Traweek 1988; Latour und Woolgar 1979). Das im Labor erzeugte Wissen wurde als Ergebnis sowohl spezifischer sozialer Bedingungen als auch der materiellen Konstellation der Laborgerätschaften freigelegt, als Ergebnis eines kontingenten, lokal spezifischen und situationsgebundenen Prozesses.

Die ersten Laborstudien, die Wissenschaften als soziale und kulturelle Praxis auffassten, waren mikrosoziologisch (Latour und Woolgar 1979; Knorr-Cetina 1981), kulturanthropologisch (Traweek 1988) und ethnomethodologisch (Lynch 1985) geprägt. Knorr-Cetina entwickelte den Ansatz der Laborstudien weiter und prägte Ende der 1990er Jahre den Begriff der epistemischen Kulturen (Knorr-Cetina 2002 [1999]). Sie spricht von epistemischen Kulturen bzw. in der deutschen Übersetzung von Wissenskulturen, um zu betonen, dass in diesen Kulturen Wissen nicht nur erzeugt, sondern auch validiert wird (Knorr-Cetina 2007, S. 363). Gleichzeitig führt sie eine vergleichende Perspektive in die Analyse verschiedener Wissenskulturen ein. Ihre Ergebnisse verdeutlichen, dass die Erforschung von Wissenskulturen sich jeweils auf eine bestimmte wissenschaftliche Disziplin richten sollte.

Knorr-Cetina bezieht ihren Kulturbegriff „auf die konventionellen Muster und Dynamiken [...], die sich in den Praktiken von Wissenschaftlern und Experten darstellen und die zwischen verschiedenen Expertenkontexten variieren" (Knorr-Cetina 2002, S. 19). Diesem Ansatz zufolge konstituiert Kultur sich als Praxis. Allerdings bleiben die Forschenden, die die epistemischen Kulturen durch ihr Tun erst mit Leben füllen, eher unsichtbar. Die „epistemischen Subjekte" sind für Knorr-Cetina (ebd., S. 23) weniger forschende und erkenntnisproduzierende Akteur*innen, sondern vielmehr „Erkenntnisträger und Hersteller, [die] sich von den Maschinerien ab[leiten]". Die Erforschung sozialer Ungleichheiten ist in diesem Ansatz nicht vorgesehen. Beaufaÿs zufolge erfassen die STS die Wissenschaften zwar als eine „zutiefst sozial verankerte Praxis" (Beaufaÿs 2003, S. 15). Jedoch sparten sie die Analyse von Machtverhältnissen aus, obwohl zu erwarten sei, dass Wissenschaften, so man sie als soziale Praxis auffasse, nicht frei von Machtverhältnissen seien (ebd.).

Wurden Machtfragen und die Analyse möglicher sozialer Ungleichheiten in den frühen soziologisch geprägten Laborstudien mehrheitlich nicht adressiert, bildeten sich daneben andere Ansätze in den STS aus, die Wissenschaft als Ganzes als Kultur auffassen und dabei auch die Entstehung von sozialer Ungleichheit in den Blick nehmen (vgl. Rouse 1992; Martin 1998; Franklin 1995; Reid und Traweek 2000). Insbesondere aus der Anthropologie kommend, bildete sich die Strömung der Cultural Studies of Science mit einem viel weiter gefassten Begriff von Kulturen der Wissenschaft heraus (Hess 1997, S. 135). Waren die Laborstudien und die Studien zu den epistemischen Kulturen eher soziologisch geprägt, so stehen die Cultural Studies of Science eher der Kulturanthropologie nahe. David Hess fasst den Kulturbegriff, entsprechend der wissenschaftsbezogenen Verwendung in weiten Teilen der Cultural Studies of Science, sehr breit als „in der Regel […] umfassende Bedeutungssysteme, die Diskurse und Praktiken strukturieren und von diesen strukturiert werden“ (Hess 2012, S. 177). Für ihn ist Kultur mehr als lediglich ein Set von Normen und Werten, das das Handeln einer Community anleitet (ebd., S. 136). Vielmehr umfasst diese das gesamte erlernte Wissen einer sozialen Einheit, die bewussten wie die unbewussten Überzeugungen und Praktiken. In diesem Sinne durchdringt und umfasst Kultur alle sozialen Institutionen und Praktiken, die mit einer bestimmten sozialen Einheit verbunden sind (ebd.). In den Cultural Studies of Science umfasst Kultur sowohl materielle Artefakte als auch soziale Praktiken, sprachliche Traditionen oder die Konstituierung von Identitäten, Gemeinschaften und Solidaritäten. Gleichzeitig kann der Begriff auch Konnotationen von Strukturen oder Bedeutungsfeldern transportieren (vgl. Rouse 1992, S. 58). Damit ist es den Cultural Studies of Science möglich, gerade die blinden Flecken, die in den Laborstudien entstehen, zu beleuchten.

Als einer der ersten Forscher*innen gelang es Sharon Traweek mit ihrer Anthropologie der Hochenergiephysik „Beamtimes and Lifetimes“ (1988), Machtverhältnisse in den Wissenschaften kulturanthropologisch in den Blick zu nehmen. Sie führte in den 1970er und 1980er Jahren nach dem Modell einer klassischen Ethnographie Feldforschungen in der US-amerikanischen Hochenergiephysik durch. Traweek untersuchte dabei auch Machtformen, deren Zustandekommen und Wirkmächtigkeit. Sie zeichnete die sozialen Normen nach, die Do's and Dont's der Scientific Community, deren Praktiken und materielle Umgebungen, die Teilchenbeschleuniger. Ein zentrales Moment der Kultur der Hochenergiephysik ist, dass die Forscher (!) die Physik als frei von kulturellen und sozialen Aspekten ansehen. Die untersuchten Physiker haben sich davon überzeugt gezeigt, dass in der Ausübung ihrer Wissenschaft so etwas wie „Kultur“ keine Rolle spiele. Traweek hat dafür die Formulierung einer „Culture of no culture“ (Traweek 1988, S. 162) geprägt. Dieses Selbstverständnis beinhaltet die Auffassung, die Hochenergiephysik sei geschlechtsneutral, obgleich sich die Praxis der Hochenergiephysik in Traweeks Beobachtungen als stark maskulinisiert herausstellte: Eine Laufbahn in der Hochenergiephysik wurde nur von männlichen Wissenschaftlern erwartet und nur bei ihnen akzeptiert und ermöglicht, sodass schließlich nur männliche Physiker als vollwertige Mitglieder in dieser Fachcommunity vorgesehen zu sein schienen.

Ihr Selbstverständnis verdeckt zudem fachkulturelle Mechanismen, gerade weil es beinhaltet, dass allein fachliche Kriterien die Leistungsbewertung und damit den Karriereverlauf bestimmen, kulturelle Aspekte mithin negiert werden. Die behauptete Objektivität physikalischer Forschungsinhalte stützt dies zusätzlich und erscheint als Garant einer Wissenschaft jenseits von Kultur.

Angestoßen unter anderem durch die Arbeit von Traweek hat sich in den Cultural Studies of Science eine Art Keimzelle gebildet, aus der sich die feministischen Cultural Studies of Science als Teil der Feminist STS herausgebildet haben. Darauf werde ich in Abschn. 4 zurückkommen.

Der im österreichischen Forschungskontext entstandene Ansatz der „Wissenschaftskulturen“ von Markus Arnold (2004) wiederum verbindet das Konzept der Wissenskulturen (Knorr-Cetina 2002) aus den STS und die methodischen Ansätze der Cultural Studies of Science mit dem bildungswissenschaftlichen Konzept der Fachkultur von Huber und Liebau (1985), indem einerseits auf Prozesse des Hineinwachsens von Studierenden in eine Wissenschaftskultur im Zuge des Studiums abgehoben wird, aber andererseits auch die Konstruktion und Vermittlung von fachspezifischem Wissen in den Blick genommen wird.

Das Konzept der Wissenschaftskultur von Arnold umfasst die bereits von Liebau und Huber (1985) eingebrachten Aspekte wie etwa die Normen der wissenschaftlichen Community, die Gebräuche, quasi als Do’s and Don’ts einer Community, die Denk- und Argumentationsmuster sowie fachspezifische Wahrnehmungs- und Beurteilungsmuster. Bei Arnold sollen jedoch, aufbauend auf den Einsichten der STS und ihrem Konzept der Wissenskulturen, auch die wissenserzeugenden Praktiken als Teil der Fach- bzw. Wissenschaftskulturen berücksichtigt werden. Unter Zugrundelegung dieses Konzepts untersuchte Arnold in einem Team mit weiteren Forschenden nach dem Prinzip des Fächerkontrastes vier Wissenschaftskulturen im universitären Lehrkontext. Das Team ging ethnographisch vor und fragte, inwiefern wissenserzeugende Prozesse Teil einer Wissenschaftskultur sind, die Studierende sich im Zuge des Studiums zu eigen machen (Arnold und Fischer 2004).

Obwohl Analysen von sozialen Ungleichheiten dabei nicht im Zentrum standen, verdeutlichen einige Befunde Geschlechterasymmetrien in den Fachkulturen. In einer Fallstudie zur Wissenschaftskultur der Physik im universitären Lehrkontext, für die ich verantwortlich war, wurde etwa sichtbar, dass in der Weitergabe der Fachkultur die Genealogie eine starke Rolle spielt (Erlemann 2004, S. 82 f.). In meinen Befunden zeigten sich Parallelen zu jenen Traweeks (1988); so wird etwa die Geschichte der Physik in der Lehre als eine Weiterentwicklung und Weitergabe des Wissens über Lehrer*innen-Schüler*innen-Verhältnisse präsentiert. Dabei werden die Studierenden schon im Studium dazu animiert, sich als Mitglied der kommenden Physiker-Generation zu imaginieren, sich gefeierte historische Persönlichkeiten der Physik als Vorbild zu nehmen, um dieses Erbe später zu übernehmen und dem auch gerecht zu werden. Da die ausgewählten historischen Physiker-Autoritäten mehrheitlich männlich sind, werden die Erzählungen der Physik-Geschichte um eine männliche Genealogie herum konstruiert, an die sich männlich identifizierende Studierende leichter anknüpfen können (Erlemann 2004, S. 83).

3 Fachkulturforschung als (intersektionale) Geschlechterforschung

Mit Ausnahme der anthropologisch fundierten Arbeiten von Sharon Traweek haben alle bisher beschriebenen Ansätze, Wissenschaften als Kulturen aufzufassen und zu untersuchen, die Entstehung und Wirkung sozialer Ungleichheiten wenig beachtet. Dies ist insofern bemerkenswert, als meines Erachtens Begriffe einer Wissenschafts- bzw. Fachkultur, die die Perspektiven des Hineinwachsens in eine Fach- und Wissenschaftskultur berücksichtigen oder die Erzeugung von wissenschaftlichen Fakten als soziale oder kulturelle Unternehmung auffassen – für die also wissenserzeugende bzw. epistemische Praktiken zum analysierbaren Bestandteil der Fachkulturen dazugehören –, das Potenzial haben, die Entstehung von sozialen Ungleichheiten, die bereits in den Ausbildungsprozessen bestehen, erforschbar zu machen. Hierfür eignet sich besonders der Begriff des fachspezifischen Habitus aus dem analytischen Instrumentarium Bourdieus (1993), auf den sich einige der bisher besprochenen Ansätze zur Untersuchung von Fachkulturen beziehen.

Die Fachkultur und der dazugehörige fachspezifische Habitus, mit denen Studierende im Studium konfrontiert werden, müssen sie sich bis zu einem gewissen Grad aneignen, um Mitglied einer wissenschaftlichen Fachcommunity zu werden. Diese Zugehörigkeit zu einer Fachkultur wird von den anderen Mitgliedern des Faches so wahrgenommen, erkannt und anerkannt. Es reicht nicht aus, sich selbst die Fachkultur zu eigen gemacht sowie den fachspezifischen Habitus übernommen zu haben, und sich der Fachcommunity zugehörig zu fühlen. Die Zugehörigkeit muss von den anderen Mitgliedern der Community validiert und sichtbar gemacht werden, indem die angehenden Wissenschaftler*innen in das Miteinander an der Universität, in die Aktivitäten und Netzwerke der Scientific Community Stück für Stück einbezogen werden. Über diese gemeinsam gelebte Fach- bzw. Wissenschaftskultur wird die Zugehörigkeit zu einer Fachgemeinschaft hergestellt und als mehr oder weniger selbstverständlich wahrgenommen und erfahren.

Gerade in diesen Prozessen werden auch soziale Ungleichheiten wirksam und verfestigen sich zugleich. Denn nicht jede Person, die sich um die Aufnahme in die wissenschaftliche Community bemüht, wird auch zu einem anerkannten Mitglied. Vielmehr können Frauen und Angehörige anderer marginalisierter Gruppen größere Hindernisse zu überwinden haben, um in der Ausübung ihrer Wissenschaft und als Mitglied ihrer Fachcommunity anerkannt zu werden.

In der Frauen- und Geschlechterforschung gibt es inzwischen eine nahezu unüberschaubare Fülle von Forschungen, die sich im weiteren und engeren Sinne mit sozialen Ungleichheiten in den Wissenschaften beschäftigen. In den ersten Jahrzehnten waren diese Forschungen noch weitestgehend auf die, zum Teil recht binär gedachte, Kategorie Geschlecht beschränkt. Untersucht wurden Ursachen und Auswirkungen von Unterrepräsentanzen von Frauen in den Wissenschaften insbesondere auf den hochqualifizierten Positionen.[8] Erforscht wurde, grob gesagt, welche Mechanismen in den Karrieren und Berufsverläufen von Frauen und Männern wirken, wie diese Ungleichheiten erzeugen und wie sie in die Strukturen und Organisation der Wissenschaften eingelassen sind.

3.1 Einbezug der Machtperspektive im Rekurs auf Bourdieu

Forschungsansätze aus der Frauen- und Geschlechterforschung, die nach den Ursachen und Wirkungen sozialer Ungleichheiten in den Kulturen der Wissenschaften suchen, arbeiten oft fachspezifisch und mitunter fächervergleichend. Fachspezifisch vorzugehen ist unter anderem notwendig, um den fachabhängig unterschiedlichen Frauenanteilen in den Wissenschaften Rechnung zu tragen. Insbesondere Krais (2000) und Engler (1993, 2010) haben mit Rückgriff auf

[8] Für einen Überblick über die Forschung dieser frühen Phase siehe etwa Lind (2004).

Bourdieu zur Etablierung einer Fachkulturforschung aus einer Geschlechterperspektive beigetragen, die geeignet ist, fächerspezifische soziale Ungleichheiten in den Wissenschaften freizulegen. Die Bourdieu'schen Konzepte werden dabei als Denk-, Analyse- und Erkenntniswerkzeuge eingeführt (vgl. Engler 2010). Ähnlich wie die Hochschulforscher Liebau und Huber arbeiten sie mit dem Konzept des „wissenschaftlichen Feldes" (Bourdieu 1975) sowie seinem Habituskonzept (Bourdieu 1993). Allerdings gelingt es ihnen sehr viel besser, die Potenziale der Bourdieu'schen Soziologie für Macht- und Geschlechteranalysen nutzbar zu machen. Mit Bourdieus Konzepten kann die fachkulturelle Praxis, die durch die wissenschaftlichen Akteur*innen verkörpert wird, analysiert werden und die Mechanismen freigelegt werden, durch die bestimmte Akteur*innen in das wissenschaftliche Feld aufgenommen werden, andere jedoch nicht (vgl. Beaufaÿs 2003). Es wird aufgezeigt, inwiefern Konstruktionsprozesse von Geschlecht in die fachkulturelle Praxis eingelagert sind und, wie damit ungleiche Geschlechterverhältnisse in den Wissenschaften hervorgebracht und aufrechterhalten werden.

Einige der ersten empirischen Studien, die mit Bourdieus Konzepten arbeiten, haben die Rolle von Fachkulturen für die Reproduktion von ungleichen Geschlechterverhältnissen anhand der Studieneingangsphase der Fächer Erziehungswissenschaften, Maschinenbau, Elektrotechnik und Jura untersucht (Engler und Friebertshäuser 1992; Engler 1993). Es folgten Vergleiche verschiedener Fachkulturen, deren Beobachtungsfokus auf einer späteren Ausbildungsphase liegt, so der von Beaufaÿs (2003) für die Fachkulturen der Biochemie und der Geschichte in der Promotions- und Postdoc-Phase. Andere Autor*innen haben sich auf einzelne Disziplinen konzentriert, so etwa Nägele (1998) auf die Chemie. Geschlecht wird in diesen Forschungen konzeptionell zumeist als Doing Gender (vgl. West und Zimmerman 1987) gefasst. Der Ansatz betont die Prozesshaftigkeit der interaktiven Herstellung von Geschlecht und Geschlechterverhältnissen, womit er eine gute Passung zum Ansatz Bourdieus aufweist, da dieser ebenfalls zwischen Struktur und Praxis zu vermitteln vermag.

Obwohl das Augenmerk in diesen Forschungen sich auf die wissenschaftliche Praxis richtet, werden wissenserzeugende Praktiken als Teil der wissenschaftlichen Praxis nur marginal in die Analyse einbezogen. Damit werden sie dementsprechend auch nicht auf ihre möglichen vergeschlechtlichten Zuschreibungen hin analysiert und die Frage, ob Geschlecht in epistemische Praktiken eingeschrieben sein kann, wird nicht diskutiert. Heintz et al. (2004) dagegen beziehen epistemische Praktiken in die Analyse ein. Ähnlich wie Becher, der die Fachkulturen als epistemologisch begründet sieht, betrachten sie die epistemische Ebene von Fachkulturen durch die Forschungsgegenstände der Disziplinen gegeben. Epistemische Praktiken in die Analyse einzubeziehen, zielt bei ihnen allerdings weniger auf die Untersuchung möglicher Vergeschlechtlichungen in den epistemischen Praktiken als vielmehr auf deren die Geschlechterverhältnisse nivellierende Wirkung. Dies trifft den Autorinnen zufolge insbesondere auf Fächer mit hohem Standardisierungsgrad zu (für eine Kritik hierzu siehe Beaufaÿs und Krais 2007).

3.2 Communities of Practice: Die Aneignung und das Erlernen der Fachkultur

Neben der geschlechtersoziologischen Fachkulturforschung, die sich auf Bourdieu bezieht und im deutschsprachigen Raum verbreitet ist, wurde in einigen anderen europäischen Ländern ein Ansatz für die Fachkulturforschung fruchtbar gemacht, der sich mit „Communities of Practice", also praxisbezogenen Gemeinschaften befasst. Im Zentrum steht das Lernen in sozialen Beziehungen. Der Ansatz stammt, ebenso wie die zahlreichen Studien zu Fachkulturen, die ihn zugrunde legen, aus den Bildungswissenschaften. Untersucht werden hier universitäre Lehrkontexte hinsichtlich der Fragen, wie sich angehende Forscher*innen spezifische Fachkulturen aneignen, wie sie eine Identität als Wissenschaftler*in ausbilden und wie im Prozess des Hineinwachsens in eine Fachkultur Geschlecht in einer Weise relevant gemacht wird, die schließlich zu ungleichen Karrierechancen zwischen den Geschlechtern führt. Wie in der deutschsprachigen bildungswissenschaftlichen Fachkulturforschung rücken auch hier die Wissensinhalte und Theoriebildungen der beforschten natur- und technikwissenschaftlichen Fächer in den Hintergrund.

Das Konzept der Community of Practice wurde von Lave und Wenger (1991) als damals neuartige soziale Theorie des Lernens eingebracht und später von Wenger (1998) weitergeführt. Lernen ist hier als ein situierter Prozess gedacht, der nicht losgelöst von kulturellen und sozialen Kontexten, in die er eingebettet ist, stattfinden kann.

Zentral in diesem Konzept des Lernens ist, dass für den Wissenserwerb die Partizipation in einer Community of Practice entscheidend ist. Die Community of Practice ist eine im weitesten Sinne soziale Gemeinschaft, die eine gemeinsame Praxis ausübt und sich durch diese geteilten Praktiken definiert. Neulinge in dieser Gemeinschaft tragen zunächst mit eher randständigen, dann immer komplexeren Aktivitäten, die zur Praxis gehören, bei. Auf diese Weise entwickeln sie nicht nur ein praxisbezogenes Fachwissen, sondern auch ein Verständnis dieser Praxis als eingebettet in soziale Kontexte. Mit dieser wachsenden Partizipation verbunden, ist die Entwicklung einer Identität als Mitglied dieser Community of Practice.

Auf die mit diesen Prozessen des Lernens und der Identitätsbildung möglicherweise verbundenen Ausschlussprozesse von Angehörigen bestimmter sozialer Gruppen gehen Lave und Wenger kaum ein. Auch eine Analyse der Machtverhältnisse in einer Community of Practice bleibt weitgehend randständig. Wenger erwähnt zwar, dass Außenseiter in einer Community zu sein, am Rande zu stehen oder an den Rand gedrängt zu werden, sich – jeweils unterschiedlich – auf die Identitätsbildung auswirkt (Wenger 1998, S. 148). Ferner würden Frauen in bestimmten Communities oft erfahren, immer wieder zurückgedrängt zu werden (ebd., S. 166 f.). Aber die Themen der Marginalisierung und des Ausschlusses sowie deren Auswirkungen auf soziale Ungleichheiten in Communities of Practice werden nicht vertieft oder gar systematisch bearbeitet.

Paechter (2003, S. 71) legt dar, dass der Ansatz der Communities of Practice auch auf geschlechtliche Identitätsbildungen anwendbar ist, um so auch kontextabhängige Maskulinitäten und Femininitäten von Individuen berücksichtigen zu können. Auf diesen Vorschlag aufbauend, haben einige Forscher*innen die Konstruktion von Maskulinitäten und Femininitäten in physikalischen Fachkulturen an Hochschulen analysiert (u. a. Hasse 2002; Danielsson 2012; Gonsalves et al. 2016). Empirisch untersuchen diese Studien meist die Promotionsphase, in der Weichen gesetzt werden für eine Identität als forschende*r Physiker*in. In dieser Phase muss die Zugehörigkeit zu einer Fachkultur – verstanden als Community of Practice – auch von den anderen Mitgliedern des Faches akzeptiert werden. Insbesondere Danielsson (2012, S. 27) und Gonsalves (2014) fokussieren in ihren Arbeiten auf die mitunter konfliktreichen und dynamischen Prozesse, in denen die Identitäten als Physiker*in ausgebildet werden. Konflikte und Spannungen verorten sie besonders im Verhältnis zu den geschlechtlichen Identitäten von sich nicht als maskulin identifizierenden Personen. Sie verstehen dabei „doing physics practice as the doing of identity“ (Gonsalves et al. 2016, S. 2); demnach ist die Ausübung physikalischer Praktiken mit der Konstruktion mitunter auch geschlechtlicher Identitäten verbunden, die in Physiklabors produziert und reproduziert werden (ebd.). Damit tragen sie zur weiteren Klärung der Anteile von physikalischen Fachkulturen an der Entstehung und Aufrechterhaltung von sozialen Ungleichheiten bei.

3.3 Workplace Cultures als Communities of Practice im Forschungskontext

Hasse und Trentemøller (2008) haben, auf das Konzept der Communities of Practice aufbauend, mit ihrem Team den Begriff einer Arbeitsplatzkultur, einer „Workplace Culture", erarbeitet. Weniger auf Ausbildungskontexte denn auf Forschungskontexte konzentriert, untersuchen sie Arbeitsplatzkulturen in der universitären Physik. Ausgangspunkt ist die Frage, warum sich die Frauenanteile in der Physik in verschiedenen europäischen Ländern so stark unterscheiden. Eine Arbeitsplatzkultur kann laut Hasse und Trentemøller als eine Kultur von Mitgliedern einer Gemeinschaft verstanden werden, die sich an einer Tätigkeit – hier: physikalisch zu forschen – beteiligen. Diese Gemeinschaft kann Mitglieder ein- oder ausschließen (ebd., S. 49 f.).

Diese Herangehensweise ermöglicht, die Entstehung und Aufrechterhaltung von sozialen Ungleichheiten am Arbeitsplatz Wissenschaft konzeptionell zu fassen. In der Studie erwiesen sich die Arbeitsplatzkulturen der Physik bis zu einem gewissen Grad als ortsabhängig, da sie mit länderspezifischen Kulturen ineinandergreifen (ebd., S. 50). Die Forschungsergebnisse des Teams verdeutlichen, auf welche Weise in den verschiedenen Typen von Arbeitsplatzkulturen der Physik Ein- und Ausschlüsse wirksam werden, die schließlich im Ländervergleich zu unterschiedlichen Frauenanteilen führen. Dabei dominierten in den am Vergleich beteiligten Ländern jeweils verschiedene Typen von Arbeitsplatzkulturen.

Untersuchungen von Arbeitsplatzkulturen im MINT-Bereich, wie sie für die physikalischen Wissenschaften entwickelt wurden, interessieren sich für die sozialen Interaktions- und Kommunikationsmuster dieser Gemeinschaft sowie für deren Werte und Normen, von Hasse und Trentemøller kulturelle Modelle genannt. Zentrales Ziel ist, mehr Aufschluss über das Zustandekommen von sozialen Ungleichheiten zu erhalten. Allerdings werden auch hier die wissenschaftlichen Inhalte der untersuchten Disziplin nicht untersucht oder nur am Rande gestreift, obwohl diese Studien fachspezifisch angelegt sind. Dadurch bleibt ungeklärt, warum einige Fachkulturen, wie etwa die Physik, stärker von Geschlechterungleichheiten betroffen sind als andere, und wie dies, vermittelt über wissenserzeugende Praktiken, mit den Forschungsinhalten, -interessen und -gegenständen verknüpft sein kann.

3.4 Fachkulturelle Identität und intersektionale Ansätze

Die bisher besprochenen Forschungen haben sich, insofern sie sich mit sozialen Ungleichheiten befassten, überwiegend auf die Kategorie Geschlecht konzentriert. In den Bildungswissenschaften wurden in den letzten zehn Jahren verstärkt Ansätze rezipiert, die Geschlecht nicht mehr als isolierte Kategorie behandeln. Geschlecht wird vielmehr intersektional, also als sich mit anderen Kategorien sozialer Ungleichheit überschneidend, konzipiert. Intersektionale Ansätze nehmen die Gleichzeitigkeit verschiedener erfahrener Diskriminierungen in den Blick. Damit können weitere, sich mit Geschlecht überschneidende Kategorien, die auch in naturwissenschaftlichen Fachkulturen zu sozialen Ungleichheiten führen, dingfest gemacht werden. Zu nennen sind unter anderem Diskriminierungen aufgrund der sozialen Herkunft, der Ethnizität, einer faktischen oder zugeschriebenen Migrationsgeschichte oder der Religion. Für die Physik gibt es bereits eine Reihe von Untersuchungen, welche die Diskriminierungen und Behauptungsstrategien von Physikerinnen of Colour (Ong 2005; Ko et al. 2014; Rosa und Mensah 2016) sowie muslimischer Physikerinnen (Avraamidou 2019a) zum Gegenstand haben.

Weitere bildungswissenschaftliche Arbeiten, darunter die von Avraamidou (2019b), kombinieren intersektionale Ansätze mit dem Konzept der Communities of Practice und dem Konstrukt der „Science Identity" (Carlone und Johnson 2007). Im weitesten Sinne bestimmt sich eine Science Identity, also eine Identität als Wissenschaftler*in, durch die Art und Weise, wie eine Person sich selbst als Wissenschaftler*in sieht und wie sie von anderen wahrgenommen wird. Identität wird dabei nicht als eine der Person innewohnende individuelle Erfahrung definiert, sondern „as a feature of the social setting" (Johnson 2020, S. 54). Avraamidou spricht gar von der Wissenschaftsidentität als einer Landschaft des Werdens:

> I argue that becoming a science person is dependent on the complex mixture of political, social, cultural, and personal relationships which are influenced by the demographics, the politics, and the overlapping of different power structures within a specific landscape. (Avraamidou 2019b, S. 3).

Untersuchungen zur Wissenschaftsidentität von Angehörigen unterrepräsentierter und marginalisierter Gruppen bewertet Avraamidou als entscheidend, um die Bedeutung sozialer Zugehörigkeit für die fachliche Anerkennung offenzulegen. Solche Untersuchungen machten sichtbar, welche Identitäten

> are allowed, supported, and recognized in different landscapes and [that] they portray who is an insider and who is an outsider to the culture of science. This implies that the process of becoming a science person or forming a science identity is not something that happens within individuals, but is something that happens to individuals through recognition. (Avraamidou 2019b, S. 4).

Wissenschaftler*in zu werden, ist mithin keine individuelle Angelegenheit von einzelnen Personen, sondern bedarf der Anerkennung durch andere. Dieser Prozess vollzieht sich in Machtstrukturen, in denen auch soziale Ungleichheiten entstehen und aufrechterhalten werden.

4 Intersektionale feministische Fachkulturforschung und Feminist STS

Konzentrierten sich ältere geschlechtersoziologische Arbeiten zu wissenschaftlichen Fachkulturen auf der Basis Bourdieu'scher Konzepte (siehe Abschn. 3.1) oft ausschließlich auf die Kategorie Geschlecht, so argumentieren aktuellere Arbeiten für eine intersektionale feministische Fachkulturforschung, so etwa Greusing (2020), die sich auf ingenieurswissenschaftliche Fächer bezieht. Gleichzeitig ist in den Bildungswissenschaften ein Forschungsstrang entstanden, der ebenfalls einen intersektionalen Begriff von Geschlecht zugrunde legt und Überschneidungen verschiedener Formen struktureller Diskriminierung untersucht (vgl. Abschn. 3.4).

Wie in der Einführung ausgeführt, will eine solche intersektionale, feministisch ausgerichtete Fachkulturforschung über deskriptiv-analytisch angelegte Untersuchungen – wie sie in weiten Teilen der besprochenen Wissenschafts- und Hochschulforschung gängig sind – hinausgehen. Ihr Ziel ist es, einen Kulturwandel in den Fachkulturen der Wissenschaften hin zu mehr Chancengerechtigkeit zu fördern, mitunter überhaupt erst anzustoßen.

Die Frage nach dem Zusammenhang zwischen, einerseits, sozialen Ungleichheiten in wissenschaftlichen Fachcommunities, die im Zuge des Hineinwachsens in die Fachkulturen Wirkung entfalten, und, andererseits, den epistemischen Praktiken eines Fachs, bleibt jedoch (noch) offen. Derzeit werden in der Fachkulturforschung – auch in der intersektional arbeitenden – epistemische Praktiken sowie Forschungsgegenstände und -inhalte eines Fachs in der Regel (noch) aus der Analyse ausgeklammert. Die Aufmerksamkeit der Fachkulturforschung beschränkt sich auf die Personen, die in die Wissenschaften hineinstreben, sowie auf jene, die bereits als der Fachcommunity zugehörig gelten. Besonders bei jenen

Ausrichtungen der (intersektionalen) Fachkulturforschung, die mit dem Konzept der Communities of Practice arbeiten (vgl. Abschn. 3.2 bis 3.4), ist dies erstaunlich, werden doch gerade Praktiken, also auch wissenserzeugende Praktiken, nach diesem Ansatz laut Lave und Wenger (1991) als die Community konstituierend angesehen.

Um diese Leerstelle in der (intersektionalen) Fachkulturforschung – also die Rolle von epistemischen Praktiken für die Wirkung sozialer Ungleichheiten in wissenschaftlichen Fachcommunities – zu füllen, lohnt sich ein Rückgriff auf die Science and Technology Studies (STS), insbesondere auf die Feminist STS. Dass wissenserzeugende Praktiken zutiefst soziale Praktiken sind, haben die STS überzeugend in ihren Untersuchungen wissenserzeugender Prozesse darlegen können, so etwa Knorr-Cetina (vgl. Abschn. 2.2). Allerdings hatten sie dabei deren Wirkung auf soziale Ungleichheiten nicht im Blick. Die feministischen Science and Technology Studies (Feminist STS)[9] leisten aber genau dieses Zusammendenken von wissenserzeugenden Prozessen und gesellschaftlichen Machtverhältnissen, mithin sozialen Ungleichheiten. Methodisch stehen sie den Cultural Studies of Science nahe, die in Abschn. 2.2 vorgestellt wurden.

In den Feminist STS ist ein breiter Korpus an Arbeiten entstanden, in den zunehmend auch intersektionale und postkoloniale Perspektiven eingeflochten sind (z. B. Pollock und Subramaniam 2016; Subramaniam und Willey 2017). Die zahlreichen Forschungen der Feminist STS belegen, dass Wissenschaft und wissenschaftliches Wissen immer als in ihren historischen, kulturellen und politischen Kontexten verortet gesehen werden müssen (Subramaniam und Willey 2017, S. 9). Vertreter*innen der Feminist STS untersuchen daher, wie gesellschaftliche Strukturen, im Besonderen solche der Ungleichheit, wissensproduzierende Prozesse – von der Auswahl von Forschungsgegenständen über epistemische Praktiken bis hin zu den daraus entwickelten Wissensbeständen – formen und gleichermaßen von ihnen geformt werden. Daraus folgt aus meiner Sicht für die intersektionale feministische Fachkulturforschung, dass sie auch die wissensproduzierenden Prozesse als Teil der Fachkultur begreifen, in das Konzept der Fachkultur integrieren und der Analyse zuführen sollte. Auf dieser Basis kann sie ermitteln, inwiefern diese Prozesse an der Reproduktion sozialer Ungleichheiten beteiligt sind (vgl. Erlemann 2015, S. 158).

Wie in der Einführung vorgeschlagen, sollte eine intersektionale feministische Fachkulturforschung einen solchen integrativen Ansatz von (Fach-)Kultur

[9] Für eine Einführung in zentrale frühe Arbeiten der Feminist STS eignet sich etwa der Sammelband von Keller und Longino (1996) oder, für den deutschsprachigen Raum, der von Ebeling und Schmitz (2006).

zugrunde legen. Dadurch können auch die Wissensinhalte sowie die sie produzierenden Praktiken auf ihre Wirkung auf soziale Ungleichheiten hin analysiert und strukturelle Diskriminierungen aufgedeckt werden. Da eine derartige Identifizierung und Analyse struktureller Diskriminierungen notwendige Voraussetzung für ihre Überwindung bilden, kann eine dergestalt erweiterte intersektionale feministische Fachkulturforschung zum Abbau sozialer Ungleichheiten beitragen. Daher ist meines Erachtens ein Brückenschlag zwischen intersektionaler feministischer Fachkulturforschung und den Ansätzen, Einsichten und Befunden der Feminist STS notwendig.

Ungeachtet ihrer jeweiligen Leerstellen oder blinden Flecken, liefern aber auch die anderen, in den vorausgehenden Abschnitten vorgestellten Ansätze der Fachkulturforschung aus unterschiedlichen Strängen der Hochschulforschung, der STS, der Frauen- und Geschlechterforschung sowie der Bildungswissenschaften hierfür konzeptionelle oder methodische Instrumente. Vom Laborstudienansatz bis zu den Communities of Practice können sie in einer integrativ konzipierten intersektionalen feministischen Fachkulturforschung als methodische oder analytische Werkzeuge genutzt werden.

Werden in einem weiteren Schritt die Ansätze, Einsichten und Forschungsergebnisse einer so aufgestellten intersektionalen feministischen Fachkulturforschung in Forschung und Lehre der Naturwissenschaften integriert, eröffnet das neue inter- und transdisziplinäre Forschungs- und Lehrperspektiven. Wie eingangs angedeutet, fördert der Einbezug von Ansätzen und Einsichten der integrativ konzipierten intersektionalen feministischen Fachkulturforschung in die Lehre der Naturwissenschaften die Vermittlung von Reflexionskompetenz. Diese befähigt zu einer kritischen Reflexion der Fachkulturen im Hinblick auf soziale Ungleichheiten und trägt damit zu einem Kulturwandel in Richtung zunehmender sozialer Gerechtigkeit bei.

Integrativ konzipierte intersektionale feministische Fachkulturforschung in die Forschungsagenden der Naturwissenschaften einfließen zu lassen, bedeutet darüber hinaus eine Reflexion der naturwissenschaftlichen Forschungsgegenstände, -fragestellungen, -methoden und -praktiken. Dies kann bis zur Transformation von Forschung hin zu inter- und transdisziplinären Forschungsvorhaben reichen. Inter- und transdisziplinäre Forschung ist jedoch nicht mehr isoliert vom gesellschaftlichen Umfeld, in das die Naturwissenschaften eingebettet sind, zu betrachten und kann dadurch besser zur Bewältigung gesellschaftlicher Herausforderungen beitragen. Über den Einbezug einer integrativ konzipierten intersektionalen feministischen Fachkulturforschung eine derartige Reflexionsebene in die Naturwissenschaften einzuführen, ist daher nicht zuletzt auch für die Naturwissenschaften selbst gewinnbringend.

Literatur

Archer, L., J. Osborne, J. DeWitt, J. Dillon, B. Wong, und B. Willis. 2013. *Aspires: Young people's science and career aspirations, age 10–14*. Report. King's College London. https://www.stem.org.uk/rx5ksh. Zugegriffen: 21.2.2023.

Arnold, M. 2004. Disziplin & Initiation. Die kulturellen Praktiken der Wissenschaft. In *Disziplinierungen. Kulturen der Wissenschaften im Vergleich*, Hrsg. M. Arnold und R. Fischer, 18–50. Wien: Turia + Kant.

Arnold, M., und R. Fischer, Hrsg. 2004. *Disziplinierungen. Kulturen der Wissenschaften im Vergleich*. Wien: Turia + Kant.

Avraamidou, L. 2019a. „I am a young immigrant woman doing physics and on top of that I am Muslim": Identities, intersections, and negotiations. *Journal of Research in Science Teaching*: 1–31. DOI: https://doi.org/10.1002/tea.21593.

Avraamidou, L. 2019b. Science identity as a landscape of becoming: rethinking recognition and emotions through an intersectionality lens. *Cultural Studies of Science Education*: 1–23. DOI: https://doi.org/10.1007/s11422-019-09954-7.

Bath, C. 2017. Ethico-onto-epistem-ologie – Politisierungen wissenschaftlicher Praxis. In *Verantwortung und Un/Verfügbarkeit. Impulse und Zugänge eines (neo)materialistischen Feminismus*, Hrsg. C. Bath, H. Meißner, S. Trinkaus und S. Völker, 200–204. Münster: Westfälisches Dampfboot.

Bath, C., G. Both, P. Lucht, B. Mauß, und K. Palm, Hrsg. 2017a. *rebootING. Handbuch Gender-Lehre in den Ingenieurwissenschaften*. Münster: LIT.

Bath, C., H. Meißner, S. Trinkaus, und S. Völker, Hrsg. 2017b. *Verantwortung und Un/Verfügbarkeit. Impulse und Zugänge eines (neo)materialistischen Feminismus*. Münster: Westfälisches Dampfboot.

Beaufaÿs, S. 2003. *Wie werden Wissenschaftler gemacht? Beobachtungen zur wechselseitigen Konstitution von Geschlecht und Wissenschaft*. Bielefeld: Transcript.

Beaufaÿs, S., und B. Krais. 2005. Doing Science – Doing Gender. Die Produktion von WissenschaftlerInnen und die Reproduktion von Machtverhältnissen im wissenschaftlichen Feld. *Feministische Studien* 23(1): 82–99.

Beaufaÿs, S., und B. Krais. 2007. Wissenschaftliche Leistung, Universalismus und Objektivität. Professionelles Selbstverständnis und die Kategorie Geschlecht im sozialen Feld Wissenschaft. In *Erosion oder Reproduktion geschlechtlicher Differenzierungen? Widersprüchliche Entwicklungen in professionalisierten Berufsfeldern und Organisationen*, Hrsg. R. Gildemeister und A. Wetterer, 76–98. Münster: Westfälisches Dampfboot.

Beaufaÿs, S., A. Engels, und H. Kahlert, Hrsg. 2012. *Einfach Spitze? Neue Geschlechterperspektiven auf Karrieren in der Wissenschaft*. Frankfurt a.M.: Campus.

Becher, T. 1989. *Academic Tribes and Territories: Intellectual enquiry and the culture of disciplines*. Buckingham: Open University Press.

Bossmann, A. 2018. Gerechtigkeit für alle Geschlechter! Ein Plädoyer für mehr Diversität in der starren Fachkultur der Physik. *Physik Journal* 17(6): 3.

Bourdieu, P. 1975. The specificity of the scientific field and the social conditions of the progress of reason. *Social Science Information* 14(6): 19–47.

Bourdieu, P. 1993. Strukturen, Habitusformen, Praktiken. In *Sozialer Sinn*, Hrsg. ders., 97–121. Frankfurt a.M.: Suhrkamp.

Clark, B. 1987. *The Academic Life*. Princeton: The Carnegie Foundation for the Advancement of Teaching.

Carlone, H., und A. Johnson. 2007. Understanding the Science Experiences of Successful Women of Color: Science Identity as an Analytic Lens. *Journal of Research in Science Teaching* 44(8): 1187–1218.

Danielsson, A. 2012. Exploring woman university physics students 'doing gender' and 'doing physics'. *Gender and Education* 24(1): 25–39.

Ebeling, S., und S. Schmitz, Hrsg. 2006. *Geschlechterforschung und Naturwissenschaften. Einführung in ein komplexes Wechselspiel*. Wiesbaden: VS Verlag für Sozialwissenschaften.

Engler, S. 1993. *Fachkultur, Geschlecht und soziale Reproduktion. Eine Untersuchung über Studentinnen und Studenten der Erziehungswissenschaft, Rechtswissenschaft, Elektrotechnik und des Maschinenbaus*. Weinheim: Deutscher Studien Verlag.

Engler, S. 2010. Habitus und sozialer Raum: Zur Nutzung der Konzepte Pierre Bourdieus in der Frauen- und Geschlechterforschung. In *Handbuch Frauen- und Geschlechterforschung*, Hrsg. R. Becker und B. Kortendiek, 257–268, Wiesbaden: Springer VS.

Engler, S., und B. Friebertshäuser. 1992. Die Macht des Dominanten. In *Profession und Geschlecht. Über die Marginalität von Frauen in hochqualifizierten Berufen*, Hrsg. A. Wetterer, 101–120. Frankfurt a.M.: Campus.

Erlemann, M. 2004. Inszenierte Erkenntnis. Zur Wissenschaftskultur der Physik im universitären Lehrkontext. In *Disziplinierungen. Kulturen der Wissenschaften im Vergleich*, Hrsg. M. Arnold und R. Fischer, 53–90. Wien: Turia + Kant.

Erlemann, M. 2015. Geschlecht in physikalischen Fachkulturen: Ethnographische Sondierungen. In: *Akademische Wissenskulturen und soziale Praxis. Geschlechterforschung zu natur-, technik- und geisteswissenschaftlichen Fächern im Vergleich*. Hrsg. T. Paulitz, B. Hey, S. Kink und B. Prietl, 156–174. Münster: Westfälisches Dampfboot.

Erlemann, M. 2018a. Frauenförderung versus „Gerechtigkeit"? Diskurse um Gleichstellungspolitik in außeruniversitären Forschungseinrichtungen. In *Prekäre Gleichstellung. Geschlechtergerechtigkeit, soziale Ungleichheit und unsichere Arbeitsverhältnisse in der Wissenschaft*, Hrsg. M. Laufenberg, M. Erlemann, M. Norkus und G. Petschick, 49–78. Wiesbaden: Springer VS.

Erlemann, M. 2018b. Fachkulturen und Geschlecht in den Natur- und Technikwissenschaften – Forschungsergebnisse am Beispiel der physikalischen Fachkulturen. *Schriftenreihe der Hochschule Emden/Leer, Bd. 27*, Hrsg. J. Dehoff-Zuch und L. Suhrcke. Emden: Hochschule Emden/Leer.

Ernst, W. 2013. Epistemische Verstrickungen: Geschlechterapparate der Natur- und Technikwissenschaften in Forschung und Lehre an der Hochschule. In *Die unternehmerische Hochschule aus der Perspektive der Geschlechterforschung. Zwischen Aufbruch und Beharrung*, Hrsg. K. Binner, B. Kubicek, A. Rozwandowicz und L. Weber, 226–247. Münster: Westfälisches Dampfboot.

Franklin, S. 1995. Science as Culture. Cultures of Science. *Annual Review Anthropology* 24: 163–184.

Götschel, H. 2011. The Entanglement of Gender and Physics: Human Actors, Workplace Cultures, and Knowledge Production. *Science Studies* 24(1): 64–78.

Gonsalves, A. 2014. "Physics and the girly girl — there is a contradiction somewhere": doctoral students' positioning around discourses of gender and competence in physics. *Cultural Studies of Science Education* 9: 503–521.

Gonsalves, A., A. Danielsson, und H. Pettersson. 2016. Masculinities and experimental practices in physics: The view from three case studies. *Phys. Rev. Phys. Educ. Res.* 12, 020120. DOI: https://doi.org/10.1103/PhysRevPhysEducRes.12.020120.

Greusing, I. 2018. *„Wir haben ja jetzt auch ein paar Damen bei uns": Symbolische Grenzziehungen und Heteronormativität in den Ingenieurwissenschaften.* Opladen: Budrich UniPress.

Greusing, I. 2020. Intersektionalität in der feministischen Fachkulturforschung in den Ingenieurswissenschaften. In: *Handbuch Intersektionalitätsforschung*, Hrsg. A. Biele Mefebue et al., 1–17. Wiesbaden: Springer Fachmedien.

GWK (Gemeinsame Wissenschaftskonferenz). 2019. *Chancengleichheit in Wissenschaft und Forschung. 23. Fortschreibung des Datenmaterials (2017/2018) zu Frauen in Hochschulen und außerhochschulischen Forschungseinrichtungen.* Materialien der GWK, Heft 65.

Haraway, D. 1997. *Modest_witness@second_millenium.* New York: Routledge.

Hasse, C. 2002. Gender Diversity in Play With Physics: The Problem of Premises for Participation in Activities. *Mind, Culture and Activity* 9(4): 250–269.

Hasse, C., und S. Trentemøller. 2008. *Break the Pattern! A critical enquiry into three scientific workplace cultures: Hercules, Caretakers and Worker Bees.* Tartu: Tartu University Press.

Heintz, B., M. Merz, und C. Schumacher. 2004. *Wissenschaft, die Grenzen schafft. Geschlechterkonstellationen im disziplinären Vergleich.* Bielefeld: transcript.

Hess, D. 1997. *Science Studies. An Advanced Introduction.* New York, London: New York University Press.

Hess, D. 2012. Kulturen der Wissenschaft. In *Handbuch Wissenschaftssoziologie*, Hrsg. S. Maasen, M. Kaiser, M. Reinhart und B. Sutter, 177–189. Wiesbaden: Springer VS.

Huber, L. 1991. Fachkulturen: Über die Mühen der Verständigung zwischen den Disziplinen. *Neue Sammlung* 31(1): 3–24.

Johnson, A. 2020. An Intersectional Physics Identity Framework for Studying Physics Settings. In *Physics Education and Gender, Identity as an Analytic Lens for Research*, Hrsg. A. Gonsalves und A. Danielsson. Cultural Studies of Science Education 19, 53–80. Berlin: Springer Nature.

Keller, E.F., und H. Longino. 1996. *Feminism and Science.* Oxford, NY: Oxford University Press.

Knorr-Cetina, K. 1981. *The manufacture of knowledge: an essay on the constructivist and contextual nature of science.* Oxford: Pergamon Press.

Knorr-Cetina, K. 2002 [1999]. *Wissenskulturen. Ein Vergleich naturwissenschaftlicher Wissensformen.* Frankfurt a.M.: Suhrkamp.

Knorr-Cetina, K. 2007. Culture in global knowledge societies: knowledge cultures and epistemic cultures. *Interdisciplinary Science Reviews* 32(4): 361–375.

Ko, L., R. Kachchaf, A. Hodari, und M. Ong. 2014. Agency of women of color in physics and astronomy: Strategies for persistence and success. *Journal of Women and Minorities in Science and Engineering* 20(2): 171–195.

Krais, B., Hrsg. 2000. *Wissenschaftskultur und Geschlechterordnung. Über die verborgenen Mechanismen männlicher Dominanz in der akademischen Welt.* Frankfurt a.M. und New York: Campus.

Latour, B., und S. Woolgar. 1979. *Laboratory Life. The Construction of Scientific Facts.* Princeton: Princeton University Press.

Laufenberg, M., M. Erlemann, M. Norkus, und G. Petschick, Hrsg. 2018. *Prekäre Gleichstellung. Geschlechtergerechtigkeit, soziale Ungleichheit und unsichere Arbeitsverhältnisse in der Wissenschaft.* Wiesbaden: Springer VS.

Lave, J., und E. Wenger. 1991. *Situated learning: legitimate peripheral participation.* Cambridge: Cambridge University Press.

Liebau, E., und L. Huber. 1985. Die Kulturen der Fächer. *Neue Sammlung* 3: 314–339.

Lind, I. 2004. *Aufstieg oder Ausstieg? Karrierewege von Wissenschaftlerinnen: ein Forschungsüberblick.* Bielefeld: Kleine Verlag.

Lynch, M. 1985. *Art and Artifact in Laboratory Science: A Study of Shop Work and Shop Talk in a Research Laboratory.* London: Routledge & Kegan Paul.

Martin, E. 1998. Anthropology and the Cultural Study of Science. *Science, Technology & Human Values* 23(1): 24–44.

McNeil, M. 2007. *Feminist Cultural Studies of Science and Technology.* London: Routledge.

Nägele. B. 1998. *Von ‚Mädchen' und ‚Kollegen'. Zum Geschlechterverhältnis am Fachbereich Chemie.* NUT – Schriftenreihe Band 6. Mössingen-Talheim: Talheimer Verlag.

Ong, M. 2005. Body Projects of Young Women of Color in Physics: Intersections of Gender, Race, and Science. *Social Problems* 52(4): 593–617.

Paechter, C. 2003: Masculinities and femininities as communities of practice. *Women's Studies International Forum* 26(1): 69–77.

Pettersson, H. 2011. Making Masculinity in Plasma Physics: Machines, Labour and Experiments. *Science Studies* 24(1): 47–65.

Pollock, A., und B. Subramaniam. 2016. Resisting Power, Retooling Justice: Promises of Feminist Postcolonial Technosciences. *Science, Technology, & Human Values* 41(6): 951–966.

Reid, R., und S. Traweek, Hrsg. 2000. *Doing Science + Culture.* New York: Routledge.

Rosa, K., und F. Mensah. 2016. Educational pathways of Black women physicists: Stories of experiencing and overcoming obstacles in life. *Phys. Rev. Phys.Edu. Res. 12,* 020113 (2016): 1–15. DOI: https://doi.org/10.1103/PhysRevPhysEducRes.12.020113.

Rouse, J. 1992. What Are Cultural Studies of Scientific Knowledge? *Configurations* 1(1): 57–94.

Sekuła, P., J. Struzik, E. Krzaklewska, und E. Ciaputa. 2018. *Gender Dimensions of Physics. A qualitative study from the European Research Area.* Krakow: Jagiellonian University.

Subramaniam, B., und A. Willey. 2017. Science Out of Feminist Theory Part One: Feminism's Science. *Catalyst: Feminism, Theory, Technoscience* 3(1): 1–23.

Traweek, S. 1988. *Beamtimes and Lifetimes. The World of High Energy Physicists.* Cambridge, MA: Cambridge University Press.

Traweek, S. 2020. *„I hate this place!" Algorithmic Governance of University Students, Faculty, and Staff.* Unveröffentlichter Vortrag auf der EASST/4S 2020 Konferenz, Prag.

Vaupel, M. 2018. Differenzierter zu betrachten. Leserbrief. *Physik Journal* 17(8/9): 19–20.

Wenger, E. 1998. *Communities of practice. Learning, meaning, and identity.* Cambridge: Cambridge University Press.

West, C., und D. Zimmerman. 1987. Doing Gender. *Gender and Society* 1(2): 125–140.

Wissenschaftsrat. 2012. *Fünf Jahre Offensive für Chancengleichheit von Wissenschaftlerinnen und Wissenschaftlern – Bestandsaufnahme und Empfehlungen*. Bremen. https://www.wissenschaftsrat.de/download/archiv/2218-12.pdf. Zugegriffen: 31.12.2020.

Wissenschaftsrat. 2014. *Empfehlungen zu Karrierezielen und -wegen an Universitäten*. Dresden. https://www.wissenschaftsrat.de/download/archiv/4009-14.pdf. Zugegriffen: 31. 12.2020.

Martina Erlemann, Prof. Dr., ist Professorin für Wissenschafts- und Geschlechtersoziologie am Fachbereich Physik der Freien Universität Berlin, Physikerin und Soziologin. Sie forscht mit Ansätzen der Science & Technology Studies sowie der Feminist Science Studies. Neben der Geschlechterforschung zur Physik hat sie zur Governance von Risikotechnologien und zur Wissenschaftskommunikation gearbeitet. Ihre derzeitigen Forschungsschwerpunkte sind soziale Ungleichheiten in den Fachkulturen der Physik und die Entwicklung neuer Formate partizipativer Wissenschaft.

Theoretisierung von Homosexualität in den Biowissenschaften

Bärbel Mauß

1 Einleitung

Die feministische Naturwissenschaft- und Technikforschung (Feminist STS) hat immer wieder illustrieren können, wie die Biowissenschaften und die biowissenschaftliche Theorieentwicklung von kulturellen Einschreibungen über Geschlecht und geschlechtliche Orientierung beeinflusst werden. In diesem Beitrag wird die exemplarische Analyse von Homosexualität als Thema der Biowissenschaften aufzeigen, wie sich heteronormative Grundmuster, Heterosexualität und Zweigeschlechtlichkeit in biowissenschaftliche Theorieentwicklung einschreiben. Diesem Beitrag liegt eine Analyse zugrunde, die in den Cultural Studies der Biowissenschaften verortet ist und Wissenschaft als eine (zentrale) kulturelle Praxis der Bedeutungsproduktion versteht. In diesem Sinne werden moderne Geschlechternarrative in biowissenschaftlichen Publikationsorganen unterschiedlicher, inhaltlich miteinander verwobener biowissenschaftlicher Felder herausgearbeitet und historisch kontextualisiert. Mir geht es dabei nicht um die Diskussion wissenschaftlicher Stichhaltigkeit oder um eine möglicherweise bessere biowissenschaftliche Verhandlung des Themas, sondern um Narrative von Heteronormativität, die hier erzeugt werden.

Die biowissenschaftliche Hervorbringung von Homosexualität als natürliches Phänomen und damit als Forschungsobjekt erzeugt Paradoxien, die innerhalb biowissenschaftlicher Diskurse eingehegt werden müssen. Dies erfolgt, wie die

B. Mauß (✉)
Technische Universität Berlin, Berlin, Deutschland
E-Mail: baerbel.mauss@tu-berlin.de

S. Huch und M. Erlemann (Hrsg.), *Gender & Diversity Studies in MINT meets Naturwissenschaftsdidaktik*, Edition Fachdidaktiken,
https://doi.org/10.1007/978-3-658-43616-2_4

Analyse zeigt, über Pathologisierung und Normalisierung durch Re-Integration in biologische Funktionskreisläufe innerhalb biowissenschaftlicher Theoriebildung.

Ich beziehe in die Analyse Publikationen ab den 1980er Jahren bis 2012 ein, dem Jahr, in dem eine Metastudie zu epigenetischen Forschungen zu Homosexualität erscheint. Dieser Zeitabschnitt ist von besonderem Interesse, da sich ab den 1980er Jahren in den Mainstreambiowissenschaften und im Mainstream der Humanmedizin und Psychologie ein Wandel in der Thematisierung von Homosexualität abzeichnet, der letztlich zur Streichung von Homosexualität aus der Liste psychischer Erkrankungen führt. Die angesprochene Metastudie wird in meiner Analyse als der Punkt angesehen, an dem das biomedizinische Normalisierungsbestreben bezüglich Homosexualität endgültig Erfolg zu zeigen scheint.

Im Folgenden rückt also Homosexualität als Gegenstand der Biowissenschaften und damit die wissenschaftlich eingeschriebene Heteronormativität in den Fokus. Die Problematisierung von Homosexualität innerhalb der biologischen Episteme ist so alt wie die moderne Biologie selbst. Der modernen Biologie liegt eine besondere Perspektive auf Geschlecht zugrunde: die der essenzialisierten Zweigeschlechtlichkeit. Diese unterstellt die Existenz von zwei gegensätzlichen Geschlechtern mit je definierten, in den Körper eingeschriebenen Eigenschaften, zwei Geschlechter, die sich heterosexuell aufeinander beziehen. Die Homosexualität als das Andere der Heterosexualität ist damit Effekt eines modernen Geschlechterdispositivs, das Zweigeschlechtlichkeit und Heterosexualität normativ verknüpft.

Die Biologisierung der Homosexualität ist vor dem Hintergrund der großen Bedeutung biologischer und naturwissenschaftlicher Erklärungsmodelle für menschliches Handeln nur konsequent. Die folgende Analyse nähert sich den Grenzen der Geschlechternormalität von Seiten dessen, was innerhalb des sexuell-geschlechtlichen Normalitätskontinuums als Abweichung konstruiert wird.

Die Konzepte der Homo- und Heterosexualität und das Konzept der Evolution entstehen im gleichen historischen Kontext. Sie sind Ausdruck eines Konzeptes vom Menschen als biologischem Organismus. Die damit einhergehende entwicklungsbiologische Verortung des Menschen sieht diesen als Teil der Fauna und damit wie alle Tiere als den Naturgesetzen unterworfen an. Gleichzeitig impliziert die schon in Darwins Konzept von Evolution angelegte Idee, jedes Verhalten sei ungeachtet der moralischen Bewertung unter phylogenetischen Gesichtspunkten zu betrachten, dass auch homosexuelles Verhalten als natürlich – und damit als den Gesetzmäßigkeiten der Evolution unterworfen – verstanden werden muss. Diese Prämisse der Natürlichkeit evoziert innerhalb des biologischen Diskurses die Frage, wie sich homosexuelles Verhalten als evolutiv stabil erweisen kann. Vor dem Hintergrund der Annahme, dass im evolutionären Prozess nur solche sexuellen Formen existieren und stabil werden können, die sich als evolutionsbiologisch funktional erweisen, mündet das Postulat einer Natürlichkeit von Homosexualität in der evolutionstheoretischen These, dass homosexuelles Verhalten einen positiven Beitrag zum reproduktiven Erfolg der jeweiligen Spezies, Population oder des Genoms leistet. Die evolutionsbiologische Erklärbarkeit des Auftretens von Homosexualität bildet die Grundlage dafür, dass Homosexualität auch in anderen biowissenschaftlichen Subdisziplinen, wie beispielsweise der Genetik, als funktionales biologisches Phänomen Plausibilität beanspruchen kann. Dieser Beitrag fokussiert daher die evolutionsbiologische Perspektive auf Homosexualität.

Bevor die molekularbiologische Ebene diesbezüglich näher betrachtet wird, wird zu erörtern sein, wie und auf Grundlage welcher Logik wir das konkrete biowissenschaftliche Feld der Molekularbiologie bzw. Epigenetik daraufhin untersuchen, wie und aus welcher Logik heraus Homosexualität als Gegenstand der Biologie erfunden wurde und immer wieder neu erfunden wird. Welche Rolle spielt dabei die Pathologisierung von Homosexualität bzw. das Bemühen um deren Entpathologisierung? Ausgangspunkt ist die besondere biowissenschaftliche Konzeption von Homosexualität in den 1980er Jahren. Hierbei wird das Feld der Soziobiologie der 1970er bis 1990er Jahre exemplarisch herangezogen, um den damals aufkommenden Ansatz des Genomic Imprinting, der im Mittelpunkt des molekularbiologischen Fokus dieses Textes steht, innerhalb des biowissenschaftlichen Diskurses zu kontextualisieren. Hierzu werden Geschlechternarrative des – inzwischen der Epigenetik zugeordneten – Genomic Imprinting analysiert und in den historischen biowissenschaftlichen Kontext gestellt. An ihm als Durchgangspunkt wird gezeigt werden, wie der Heteronormativitätsdiskurs und biowissenschaftliche Diskurse auf mehreren Ebenen miteinander verwoben sind. Vor diesem Hintergrund wird im zweiten Abschnitt die Konzeption von Homosexualität im Feld des Genomic Imprinting auf der Ebene der Symptomatik und auf struktureller Ebene des Mechanismus des Genomic Imprinting in den Blick genommen.

Unter Genomic Imprinting ist heute ein epigenetischer Mechanismus des An- und Abschaltens von Genen durch biochemische Marker an der DNA in Abhängigkeit von der Herkunft des jeweiligen Allels eines Gens (mütterlicherseits oder väterlicherseits) zu verstehen. Genomic Imprinting ist auf eine Engführung der epigenetischen Forschung auf molekulargenetische Erklärungsmodelle zurückzuführen (Voß 2013a, S. 4). Um die Effekte dieser Engführung zu untersuchen, werde ich im dritten Abschnitt anhand einer Metastudie aus dem Jahr 2012 (Rice et al. 2012, S. 343) auf die Konzipierung von Homosexualität in der molekularen Epigenetik eingehen. Vor dem Hintergrund dieser Thematisierung von Homosexualität in der Epigenetik werden im vierten Abschnitt abschließend die nachhaltigen Effekte dieser besonderen Art der Repräsentation von Homosexualität im Genomic Imprinting aufgezeigt.

2 Naturalisierung und Entpathologisierung der Homosexualität in den Biowissenschaften

Bis weit in das neunzehnte Jahrhundert hinein befassten sich insbesondere der juridische und der medizinische Diskurs mit abweichendem Sexualverhalten, das in einem Fall als verboten, im anderen als krankhaft und pathologisch problematisiert wurde. Im Zuge eines emanzipatorischen Diskurses wurde Ende des neunzehnten Jahrhunderts mit dem Aufkommen der sexuellen Reformbewegung eine neue Perspektive auf das, nun gleichgeschlechtliche Liebe genannte, Phänomen eingeführt. Der Jurist Karl-Heinrich Ulrichs (1994, 1864) führte die Perspektive in die Debatte ein, dass gleichgeschlechtliche Liebe in ihrem Wesen naturhaft ist. Damit sei sie weder zu kriminalisieren noch ein angemessenes Objekt der Medikalisierung noch im medizinischen Sinne pathologisch. Dies wird vielfach als Geburtsstunde der Homosexualität als biologischem Phänomen gewertet. Mit dem Argument, Homosexualität sei etwas Natürliches, wurde das im juridischen Sinne Verbotene und im psychopathologischen Sinne Perverse zu einem Teil der Natur, somit auch zum Gegenstand der Biologie (vgl. Bock von Wülfingen 2007, S. 62 f.; Laufenberg 2010, S. 7 f.; Voß 2013b, S. 9 f.).

Diese Biologisierung von Homosexualität ab Ende des neunzehnten Jahrhunderts ist durchaus konsequent angesichts der sich etablierenden Evolutionstheorien. Als Katalysator beschleunigen die Evolutionstheorien in der Auseinandersetzung um die Position des Menschen – als Natur oder als der Natur Gegenüberstehendes – die Modernisierung des Menschen. Denn die Evolutionsbiologie verortet den Menschen aufseiten der Natur. Homosexualität als Verhalten, als Lebensform, als mögliche menschliche Existenz im Lichte der aufkommenden Naturforschung zu betrachten und zu bewerten, ist eine Konsequenz dieser Entwicklungen. Die Biologisierung der Homosexualität, d. h. die Versuche, Sexualverhalten und sexuelle Identität biologisch zu erfassen, diente und dient sowohl emanzipatorischen Zwecken als auch der Diskriminierung (vgl. Voß 2013b; Laufenberg 2010, S. 11 f.). Beide Positionen bedien(t)en sich des Arguments der Pathologie ebenso wie des Arguments der Naturhaftigkeit. Ullrichs' Naturalisierung der Homosexualität am Ende des neunzehnten Jahrhunderts war emanzipatorisch motiviert – eine Strategie, auf die noch in heutigen Gleichstellungsdebatten zurückgegriffen wird.

Im Laufe des zwanzigsten und einundzwanzigsten Jahrhunderts wurde in vielen Teilbereichen der Medizin und Biologie nach den Ursachen bzw. nach biologischen Begründungen von Homosexualität gesucht. Dabei griffen Forschende auch auf Konzepte und Motive der pathologischen Abweichung zurück (vgl. Bock von Wülfingen 2007; Laufenberg 2010; Voß 2013b). War die Homosexualität als pathologische Abweichung frei von Zweck und Funktion für Gesellschaft wie Biologie, so wurde ihr im Zuge der Entpathologisierung ein Zweck im Funktionskreis Fortpflanzung zugeordnet. Die Biologie als Lehre vom Leben hat mit ihrer Festlegung dessen, was in ihrem Zuständigkeitsbereich als Leben zu gelten hat, die Reproduktionsfähigkeit als zentrale Bedingung von Leben zugrunde gelegt. Homosexualität als funktionales biologisches Phänomen anzusehen, bringt aus biologischer Sicht ein Problem mit sich, sofern sich Homosexualität und Reproduktion dem ersten Anschein nach ausschließen.

Unter Sexualität wird in den Biowissenschaften die Rekombination von Genmaterial verstanden, es steht also zunächst nicht die Reproduktion im Sinne von Vervielfältigung der Organismen im Mittelpunkt, sondern die Vermischung von Genmaterial. Auch geht es primär nicht um Begehren oder Identität. Begehren und Identität sind in der Biologie abgeleitete Phänomene, die wie die Sexualität (im biowissenschaftlichen Sinne verstanden) dem allem zugrunde liegenden Axiom der Reproduktion, d. h. der Vervielfältigung bzw. der Steigerung des reproduktiven Erfolgs, nachgeordnet sind. Dadurch und durch die unreflektierte Verwendung von Begriffen wie Sexualität, Homosexualität und sexueller Orientierung als biologische Phänomene kommt es zu einem Missverständnis. Homosexualität und sexuelle Orientierung sind hier Platzhalter für unterschiedliche Ausformulierungen des Außen der Normen der Heterosexualität und der Zweigeschlechtlichkeit; sie sind begrifflich uneindeutig.

Mitte der 1980er Jahre, als Genomic Imprinting in den Fokus wissenschaftlicher Aufmerksamkeit kommt, setzt sich in den Biowissenschaften zunehmend die Sichtweise durch, dass Homosexualität kein pathologisches Phänomen ist. Auch bei Versuchs- oder Zootieren stelle homosexuelles Verhalten kein durch Haltungsbedingungen künstlich erzeugtes Artefakt dar. Die Frage, die sich in der biologischen Verhandlung von Homosexualität im Allgemeinen stellt, sobald diese nicht (mehr) als pathologisch oder als Artefakt entworfen wird, ist die der evolutiven Stabilität. Wie kommt es, dass sich Homosexualität über Raum und Zeit auf einem stabilen statistischen Niveau hält, obgleich sich die entsprechenden Individuen, so die weit verbreitete Annahme, nicht oder nur in geringem Maße reproduzieren? Diese Frage wurde in der Biologie mit dem Konzept der Verwandtenselektion (Hamilton 1963, S. 354–356; Voland 2013, S. 4, 79 f.) beantwortet. Die Soziobiologie bot darauf aufbauend eine zwar nicht unumstrittene, aber dennoch sehr oft in anderen bio- und populärwissenschaftlichen Kontexten übernommene Erklärung an, die im folgenden Abschnitt dargestellt wird. Sie zeigt sehr deutlich, wie die Integration von Homosexualität als biologisch sinnvoll und damit auf eine nicht-pathologisierende Weise gelingt.

Das Konzept von Homosexualität, das auf dem soziobiologischen Ansatz der Verwandtenselektion basiert, wird in der Soziobiologie seit den 1980er Jahren herangezogen.[1] Die Verwandtenselektion wird unter dem Aspekt der Fortpflanzung interpretiert. Entscheidend hierfür ist die Erweiterung des bereits von Darwin verwendeten Begriffs der evolutiven Fitness. Fitness wurde zuvor an der Zahl der direkten Nachkommen gemessen. Das Konzept der inklusiven Fitness (Hamilton 1963) berücksichtigt nun jedoch die Übereinstimmung im Genotyp je nach Verwandtschaftsgrad (vgl. Barash 1980, S. 90). So stimmen bei Geschwistern durchschnittlich 50 % der Gene überein, bei Nichten und Neffen durchschnittlich 25 % usw. Dies gilt jedoch nur für Tierarten, deren Geschlechter diploid sind, d. h., in jeder Körperzelle einen doppelten Chromosomensatz besitzen. Sogenanntes fremdnütziges Verhalten, das in den Genen kodiert ist, sollte folglich evolutiv stabil sein, wenn dieses Verhalten Verwandten zugutekommt und damit den Reproduktionserfolg der eigenen Gene erhöht. Demzufolge ist altruistisches Verhalten abhängig vom Verwandtschaftsgrad und nimmt in dem Maße gegenüber Fremden ab, wie es gegenüber Verwandten zunimmt (vgl. Barash 1980, S. 90). Da die Selektion hier nun am Gen und nicht mehr am Individuum ansetzt, verliert das einzelne Individuum an Bedeutung. Dessen Lebenssinn als biologischer Organismus liegt nicht mehr in der Selbsterhaltung und eigenen Reproduktion, sondern in der Reproduktion der eigenen Gene. Dies führt dazu, dass solches Verhalten, das dem Interesse des Individuums entgegenläuft, mit dem Konzept der Verwandtenselektion erstmals evolutionsbiologisch erklärt werden kann, nämlich als egoistischer Akt der Gene. Homosexualität wird dann dem Bereich des Altruismus zugeordnet und kann damit im evolutionsbiologischen Rahmen und durch das Konzept der Fitness erklärt werden (vgl. Sommer 1990). Damit ist die Idee verknüpft, dass die Unterstützung durch Geschwister bei der Aufzucht des Nachwuchses (z. B. durch zusätzliche Nahrung und Schutz) auch deren Genen im reproduktiven Sinne zugutekommt. Wenn aufgrund solcher Unterstützung die Geschwister von Homosexuellen mehr Nachkommen hervorbringen, erhöht sich der reproduktive Erfolg aller Beteiligten, da es zwischen Geschwistern große Genom-Übereinstimmungen gibt. In diesem Modell

[1] Die Soziobiologie hat bereits Mitte der 1970er Jahre Ansätze dazu entwickelt. 1978 beschrieb Edward Wilson Homosexualität als eine Variation sexuellen Verhaltens und formulierte erste Ansätze einer Erklärung für deren evolutive Stabilität (Wilson 2004, 1978, S. 142–147).

wird Homosexualität als natürliches Verhalten zur Repräsentantin marktökonomischen Handelns, da in der Soziobiologie natürliche Prozesse den Maßgaben ökonomischer Sinnhaftigkeit folgen (vgl. Mauß 2001, S. 116).

Die gesellschaftliche Entwicklung bezüglich der Entpathologisierung von Homosexualität findet Eingang in den soziobiologischen Diskurs. In der Folge wird Homosexualität auch im soziobiologischen Erklärungsrahmen entpathologisiert und in den Funktionskreis der Reproduktion integriert. Diese Integration erfolgt im Rahmen der heterosexuellen Norm, denn Homosexualität kann hier nur in Verbindung mit Heterosexualität in Erscheinung treten bzw. aus der Evolution nur durch diese Verbindung als etwas Funktionales hervorgehen.

Die oben beschriebene Entwicklung der biowissenschaftlichen Thematisierung von Homosexualität – zunächst in den USA, dann auch in weiteren Industrieländern – verläuft parallel zu den ersten Erfolgen rechtlicher Gleichstellung der Gay-Liberation-Bewegungen. Diese bewirkten eine zunehmende Entkriminalisierung und Entpathologisierung Homosexueller auf gesellschaftlicher Ebene und führten 1987 schließlich zur Streichung der Homosexualität aus dem US-amerikanischen Diagnostic and Statistical Manual of Mental Disorders (DSM-III-R) sowie, vier Jahre später, aus der von der WHO herausgegebenen International Statistical Classification of Diseases and Related Health Problems (ICD-10).[2]

3 (Re-)Pathologisierung von Homosexualität im Genomic Imprinting

Im Feld des Genomic Imprinting findet sich Homosexualität auf mindestens zwei Ebenen repräsentiert: auf der Ebene des (abgeleiteten) Verhaltens- und Begehrensmusters manifestiert im klinischen Bild, und auf der molekularen Ebene durch fehlerhafte Genaktivierungen.

Die erstgenannte Ebene stelle ich exemplarisch anhand des Artikels von Sven Bocklandt und Dean H. Hamer „Beyond hormones: A novel hypothesis for the biological basis of male sexual orientation“ (2003, S. 8–12), der zu einer Zeit

[2] Das Diagnostic and Statistical Manual of Mental Disorders (DSM) wird von der American Psychiatric Association veröffentlicht. Es dient insbesondere in den USA, aber partiell auch in anderen Teilen der Welt, etwa in Südamerika, als Grundlage für eine einheitliche Klassifizierung und Diagnose psychischer Erkrankungen und deren Behandlung. In Europa übernimmt das von der Weltgesundheitsbehörde (WHO) herausgegebene International Statistical Classification of Diseases and Related Health Problems (ICD) die Funktion des DSM, wobei es sich jedoch maßgeblich an den Vorgaben des DSM orientiert.

erschien, in der Genomic Imprinting sich als wissenschaftlicher Fakt durchgesetzt hatte. Weiterhin gehe ich auf die Syndrome Prader-Willi und Angelman ein, die schon in den 1980er Jahren auf Genomic Imprinting zurückgeführt wurden. Sie werden nach wie vor als Standardbeispiele, u. a. in Lehrbüchern, bezüglich der klinischen Relevanz von Genomic Imprinting dargestellt. Während im ersten Fall des wissenschaftlichen Artikels von Bocklandt und Hamer Homosexualität als Forschungsgegenstand verhandelt wird, wird Homosexualität im zweiten Fall – im Kontext der wissenschaftlichen Erforschung der genannten Syndrome und deren Darstellungen in wissenschaftlichen Veröffentlichungen – nicht direkt angesprochen. Ich zeige in meinen Ausführungen zu den beiden Syndromen, wie Homosexualität bzw. Heteronormativität in diesem zweiten Fallbeispiel dennoch auf der Ebene der molekularen Strukturen des Mechanismus Genomic Imprinting verhandelt wird.

In ihrem oben genannten Artikel diskutieren Bocklandt und Hamer (2003, S. 8–12) einen Erklärungsansatz zur biologischen Begründung männlicher Homosexualität, der auf dem Ansatz des Genomic Imprinting fußt. Als Anlass ihrer Suche nach neuen Ansätzen formulieren die Autoren, dass die Forschung zur Lokalisierung von Genen ebenso wie die Hormonstudien bezüglich Homosexualität sich als nicht stichhaltig erwiesen (ebd., S. 9). Folgende Vorannahmen werden von den Autoren gesetzt: Erstens werde die geschlechtsspezifische Genexpression durch Genomic Imprinting reguliert, zweitens führten Fehler beim An- bzw. Abschalten konkreter Gene zu genetischen Erkrankungen wie Prader-Willi-Syndrom und Angelman-Syndrom.

Die Autoren fokussieren auf die geschlechtsspezifische Aktivierung von Genen auf den X-Chromosomen. Männer, verstanden als eines von zwei möglichen eindeutigen biologischen Geschlechtern, bekommen ihr X-Chromosom immer von der Mutter, das Y-Chromosom vom Vater vererbt. Im Gegensatz dazu erben Frauen, verstanden als eines von zwei möglichen eindeutigen biologischen Geschlechtern, ein X-Chromosom von jedem Elternteil, vom Vater und von der Mutter. Mit Verweis auf Forschungsergebnisse zum Turner-Syndrom setzen die Autoren ein Feminisierungs-Gen voraus, das auf dem väterlich vererbten X-Chromosom exprimiert wird, beim mütterlich vererbten X-Chromosom hingegen methyliert und somit abgeschaltet ist. Diesem Feminisierungs-Gen stellen sie ein Maskulinisierungs-Gen zur Seite, das auf dem mütterlich vererbten X-Chromosom exprimiert und auf dem väterlicherseits vererbten X-Chromosom methyliert und somit abgeschaltet ist.

Ausdruck der Gene ist nach Bocklandt und Hamer die gegengeschlechtliche, heterosexuelle Orientierung: Das Feminisierungs-Gen sorgt dafür, dass die

Träger*in Männer sexuell attraktiv findet, das Maskulinisierungs-Gen demgegenüber sorgt dafür, Frauen sexuell attraktiv zu finden. Fehler im Abschalten oder Exprimieren der Gene haben dann Einfluss auf die sexuelle Orientierung der Filialgeneration. So hätte ein inkorrektes Abschalten des Maskulinisierungs-Gens bzw. Exprimieren des Feminisierungs-Gens des X-Chromosoms durch die Mutter Einfluss auf die sexuelle Orientierung des Sohnes. Die atypische Expression des Gens (oder der Gene) für die Feminisierung auf dem väterlichen X-Chromosom (Xp) würden zu homosexueller Orientierung führen. (Bocklandt und Hamer 2003, S. 11). Gemeint ist hier das X-Chromosom, das mütterlicherseits vom Großvater kommt.

Die auftretenden Abweichungen im Phänotyp könnten auf fehlerhaftes Demethylieren in der Keimzellentwicklung in der Filialgeneration zurückzuführen sein, so die Hypothese von Bocklandt und Hamer (ebd.). So wird das Gen für Feminisierung im männlichen Nachkommen exprimiert, obwohl es eigentlich ausgeschaltet sein sollte. Wird also das Maskulinisierungs- oder das Feminisierungs-Gen im jeweils *falschen* Körper aktiv, wird der Sohn schwul bzw. die Tochter lesbisch. Der Verweis auf das Turner-Syndrom legt nahe, dass die Autoren im Falle männlicher Homosexueller von einer Feminisierung ausgehen; sie koppeln also sexuelle Orientierung mit typisch weiblichem bzw. typisch männlichem Verhalten. Letzten Endes wird hier wieder auf das Konzept der polarisierten Geschlechtscharaktere (Hausen 2001) des neunzehnten Jahrhunderts zurückgegriffen. Damit geht die Vorstellung einher, dass es bezüglich dieser Gene ein korrektes Muster an Methylierungen gibt, welches heterosexuelles Begehren auf der Ebene des Phänotyps nach sich zieht. Ein fehlerhaftes Exprimieren oder Abschalten der genannten Gene hat homosexuelles Begehren zur Folge. Hier wird Homosexualität als klinisch manifeste Folge von fehlerhaften Methylierungsmustern gedeutet. Denn die Autoren greifen auf Genomic Imprinting zurück, wo die Methylierungsmuster strikt vorgegeben sind und Abweichungen von diesen Mustern Pathologien nach sich ziehen. Vorausgesetzt sind hier immer zwei als gegensätzlich gedachte Geschlechter, die sich entsprechend der Norm der Heterosexualität verhalten bzw. so begehren. Die Abweichung ist das falsche Begehren, das hier letzten Endes – möglicherweise unbeabsichtigt – pathologisiert wird.

Wie oben angesprochen, werden auch das Prader-Willi-Syndrom und das Angelman-Syndrom mit Genomic Imprinting in Verbindung gebracht. In den folgenden Darstellungen der biologischen Repräsentation von Homosexualität beziehe ich mich exemplarisch auf Ausführungen in einem Buch zur humangenetischen Beratung von 1995, das auf die Etablierung der Verbindung zwischen

Genomic Imprinting und klinischer Praxis verweist, sowie auf einen Fachartikel aus der Zeitschrift „Trends in Genetics“: „Imprinting in Prader-Willi and Angelman Syndrom“ (Mann 1994, S. 118 ff.).

In der klinischen Diagnostik werden das Angelman-Syndrom und das Prader-Willi-Syndrom gleichermaßen auf Genomic Imprinting zurückgeführt. Zwar ist hier in den zeitgenössischen Konzeptionen der Erkrankungen der gleiche Genabschnitt betroffen, doch verhalten sich die klinischen Symptomatiken konträr zueinander. Im Fall des Prader-Willi-Syndroms ist der väterlich vererbte Genabschnitt in seiner Expression gehemmt, beim Angelman-Syndrom der mütterlich vererbte Abschnitt. Die Hemmung entsteht durch teilweisen Verlust des Chromosoms, fehlerhafte Methylierung oder durch chromosomale Verdopplung. So sind bei diesen Syndromen das mütterliche und das väterliche Allel eines konkreten Genabschnittes des Chromosoms 15 nicht gleichzeitig exprimiert, d. h., das mütterliche und das väterliche Allel werden nicht gleichzeitig wirksam, was jedoch erforderlich wäre, um eine normale Entwicklung zu ermöglichen – so die Quellen. Dies ist nur in Kombination der väterlichen und der mütterlichen Genexpression möglich. Hier steht Genomic Imprinting für das Geschlechtsspezifische der elterlichen Beiträge im Genom. Fehlt einer der beiden Beiträge kommt es – je nachdem, ob der väterlicherseits oder der mütterlicherseits vererbte Chromosomenabschnitt betroffen ist – entsprechend zu zwei unterschiedlichen Krankheitsbildern: dem Prader-Willi-Syndrom oder dem Angelman-Syndrom (Tariverdian und Buselmaier 1995, S. 141 f.). Die klinische Abweichung wird auf eine nicht-heterosexuelle Verbindung auf der Ebene des Chromosomenabschnittes zurückgeführt, repräsentiert durch die vorhandenen oder nicht vorhandenen elterlichen Beiträge. Auch wenn auf der Ebene des klinischen Bildes Heterosexualität und Homosexualität nicht thematisiert werden, wird die Heteronormativität auf der Ebene der gelungenen bzw. nicht-gelungenen Verbindung der elterlichen Beiträge im Genom des Nachkommens zitiert. Die Darstellungen des Prader-Willi-Syndroms und des Angelman-Syndroms legen eine Lesart nahe, in der sich das Pathologische an eben den Stellen zeigt, an denen es auf der Ebene eines bestimmten Chromosomenabschnittes nicht zu einer heterosexuellen Verbindung kommt. Weder eine gleichgeschlechtliche Verbindung noch ein Verzicht auf den zweiten elterlichen Beitrag sind im Kontext der beiden Syndrome als normgerechte Darstellungen auf der Chromosomenebene vorstellbar. Das hier nachvollzogene, auf Genomic Imprinting basierende Konzept der Vererbung erlaubt keine Diversität. Heteronormativität ist hier also im binären Code repräsentiert. Dies kann auf der Basis der inhärenten Norm der Zweigeschlechtlichkeit in Biologie und Medizin so interpretiert werden, dass hier die Norm der Heterosexualität zitiert und durch die Darstellung performativ erzeugt wird. Was hier für das Prader-Willi-Syndrom und das Angelman-Syndrom beschrieben wird, gilt in logischer Konsequenz für alle Fälle von Erkrankungen, die auf den Verlust eines Genes auf einem elterlich vererbten Genabschnitt oder auf die Verdopplung des Genabschnittes nur eines Elternteils zurückgeführt werden.

Es sind also die Allele (d. h. die sich entsprechenden Gene) eines Genabschnittes, die jeweils im Rückgriff auf die Herkunft (Vater oder Mutter) eines der zwei in diesem Kontext zugelassenen Geschlechter repräsentieren. Gerade im Nicht-Benennen dieses Bezugsrahmens, im wortlosen Voraussetzen, zeigt sich die Zitierung der Heteronormativität. Im Phänomen Genomic Imprinting findet sich das Zitat auf der Molekularebene.

Im Genomic Imprinting ist Homosexualität auf zwei Ebenen präsent. Wie zuvor gezeigt, hat in den Biowissenschaften seit den 1970er Jahren sowohl eine Entpathologisierung als auch eine Pathologisierung von Homosexualität stattgefunden. Die Entpathologisierung betrifft die Ebene von Verhaltensbeschreibungen und evolutionsbiologischen Betrachtungen der Homosexualität. Auf der strukturellen Ebene molekularer Mechanismen kommt jedoch eine Re-Pathologisierung zum Tragen. Letztere lässt sich auf eine, vielen biologischen Konzepten inhärente, dualistische Struktur zurückführen. Auch die Struktur des Genomic Imprinting zeugt davon. Homosexualität wird hier als Verletzung des binären Codes pathologisiert, der Zweigeschlechtlichkeit und Heterosexualität repräsentiert.

4 Epigenetik und Homosexualität in der biologischen und medizinischen Forschung seit 2000

Die Epigenetik gewinnt seit den 2000er Jahren zunehmend an Aufmerksamkeit und wird zur Erklärung vieler biologischer und sozialer Phänomene herangezogen. Kein Wunder also, dass auch das überaus öffentlichkeitswirksame Thema der Homosexualität und deren biologische Begründung in der Epigenetik verhandelt wird (vgl. Voß 2013a). Im Folgenden wird der Frage nachgegangen, wie Homosexualität knapp fünfundzwanzig Jahre nach dem Auftauchen des inzwischen der Epigenetik zugeordneten Ansatzes des Genomic Imprinting in diesem biowissenschaftlichen Feld thematisiert wird. In der prominenten Metastudie „Homosexuality as a Consequence of Epigenetically Canalized Sexual Development“ von Rice et al. aus dem Jahr 2012 (S. 343) heißt es:

> Männliche und weibliche Homosexualität sind beim Menschen auffallend weit verbreitet. Abstammungs- und Zwillingsforschungen zeigen, dass Homosexualität bei beiden Geschlechtern einen hohen Grad an Erblichkeit aufweist, dass jedoch die

> Übereinstimmung bei eineiigen Zwillingen gering ist, und in keiner molekularen Studie damit verbundene DNA-Marker nachgewiesen werden konnte. Dieses paradoxe Muster bedarf der Erklärung. Wir verwenden publizierte Daten zu Androgenwirkung in der fötalen Entwicklung und zur Genregulierung durch nicht-genetische Veränderungen der DNA-Verpackung (Epigenetik), um ein neues Modell der Homosexualität zu entwickeln. (Rice et al. 2012, S. 343).

Als Motivation, sich aus epigenetischer Perspektive mit Homosexualität zu befassen, wird von den drei Autoren angeführt, dass Homosexualität zwar einerseits biologisch begründet sei, andererseits aber bisherige Versuche fehlgeschlagen seien, dies durch monokausale genetische Mechanismen zu belegen. Wenn das Gen, das Homosexualität verursacht, nicht lokalisiert werden könne, müsse folglich die biologische Repräsentation auf einer anderen Ebene, nahe der Gen-Ebene, zu finden sein. Die Autoren versprechen hier nicht weniger als das erfolgreiche Ende der bislang erfolglosen Suche nach der biologischen Herleitung von Homosexualität (ebd.). Rice et al. kündigen zu Beginn ihrer Studie an, dass sie Theorien der Evolutionsgenetik mit aktueller Forschung zur Genregulierung und fünfzig Jahre währender Forschung zu androgen-abhängiger Geschlechtsentwicklung zusammenführen (ebd., S. 344). Ziel ist es, auf der Basis der Auswertung von zahlreichen Studien zum Thema zu möglichen biologischen Grundlagen von Homosexualität ein mathematisch fundiertes Modell zu entwickeln, das die Frage der Erblichkeit von Homosexualität sowohl in Bezug auf den Mechanismus als auch hinsichtlich der evolutiven Entwicklung beantwortet (ebd., S. 343). Um das Modell entwickeln zu können, müssen die Autoren einiges voraussetzen.[3] Sie führen den Begriff der Epi-Marks ein, um epigenetische Modifikationen am Genom zu bezeichnen, die die Expression der Gene steuern. In ihrem Modell geht es um geschlechtsspezifische Epi-Marks, die den Fötus vor Schwankungen des Androgengehaltes schützen sollen. In diesem Konzept werden weibliche Föten vor der Vermännlichung durch Androgene geschützt, indem die Sensitivität für Androgene gesenkt wird oder Androgene abgepuffert werden, und männliche Föten vor der Verweiblichung durch die Steigerung der Sensitivität zur Vermeidung von Unterversorgung mit Androgenen. Diese geschlechtsspezifischen Epi-Marks werden üblicherweise im Zuge der Keimzellentwicklung ausradiert, d. h. am Genom entfernt, und je nach Geschlecht des Fötus der nächsten Generation neu gesetzt. Geschieht dies nicht und werden die Epi-Marks, die die Sensitivität für Androgene herabsetzen, von der Mutter an einen männlichen Fötus weitergegeben, komme es zu einer Feminisierung des Sohnes, dessen sexuelles Interesse sich infolgedessen auf Männer richte. Im Fall eines

[3] Für eine Übersicht der zugrunde gelegten Vorannahmen, siehe Rice et al. (2012, S. 358).

weiblichen Fötus können väterliche, maskulinisierende Epi-Marks auf die Tochter vererbt werden, die in der Folge lesbisch werde. Dieses Modell setzt einen Zusammenhang zwischen Androgenen und sexueller Orientierung voraus (ebd., S. 347 ff.). Das eingangs angeführte Interesse der Autoren an der evolutiven Relevanz der Homosexualität hat eigentlich ein anderes Ziel. Denn im Mittelpunkt der Überlegungen zur evolutionären Stabilität steht der Mechanismus, der durch die Steuerung der Sensitivität für Androgene die Geschlechterdifferenzierung heteronormativ stabilisiert. Die beiden Geschlechter repräsentieren in diesem Modell zwei entgegengesetzte Pole, Männlichkeit und Weiblichkeit. Dieser Stabilisierungsmechanismus zur Geschlechterdifferenzierung führt laut Rice et al. zu einer Erhöhung der evolutiven Fitness der Eltern (vgl. ebd., S. 352 ff.). Homosexualität ist in dieser Geschichte ein bloßes Nebenprodukt der Evolution dieses Mechanismus, das billigend in Kauf genommen wird, solange der reproduktive Gewinn größer ist als der Verlust an Fitness durch schwule Söhne und lesbische Töchter, die sich – so die Setzung – nicht reproduzieren. Die Annahme der Co-Evolution der Homosexualität ermöglicht den Autoren die Plausibilisierung, dass Homosexualität evolutiv stabil auftritt, obwohl bisher in keiner Studie ein Gen für Homosexualität nachgewiesen werden konnte. Damit sind sie ihrem Versprechen gerecht geworden und haben das „evolutionäre Rätsel“ (Rice et al. 2012, S. 357) gelöst. Dies verweist auf eine Perspektive, die Homosexualität als biologisch funktional statt als pathologisch begreift. Laut Heinz-Jürgen Voß trägt die Metastudie von Rice et al. jedoch nicht dazu bei, die Erblichkeit von Homosexualität zu belegen (vgl. Voß 2013a, S. 14).

Im Rahmen ihres Modells wird Homosexualität über das Argument der Co-Evolution indirekt in den Funktionskreis der Fortpflanzung integriert. Anders als im soziobiologischen Modell der Verwandtenselektion, das auf konkrete Unterstützung durch die homosexuellen Geschwister aufbaut, gibt es hier jedoch keinen direkten Beitrag zur evolutiven Fitness. In dem Modell von Rice et al. ist Homosexualität eine Art Abfallprodukt, das nur rein rechnerisch und indirekt zum evolutiven Reproduktionsgewinn beiträgt.

5 Die biowissenschaftliche Auseinandersetzung mit Homosexualität als Naturphänomen zwischen Pathologisierung und Integration

Aus den vorangegangenen Ausführungen wird deutlich, dass die Biowissenschaften zwei Möglichkeiten haben, mit Phänomenen umzugehen, die sie als Abweichungen thematisieren: Pathologisierung oder Re-Integration in Erklärungsmuster biologischer Funktionen. Das gilt auch für die biowissenschaftliche Auseinandersetzung mit Homosexualität. Ausgehend von der Biologisierung der Homosexualität im neunzehnten Jahrhundert und mit dem Verweis auf die Ausdifferenzierung der Biologie der Homosexualität in den Biowissenschaften, wurde in diesem Beitrag die Entpathologisierung von Homosexualität in den 1980er Jahren nachvollzogen. Zugleich wurde ein Schlaglicht auf die Thematisierung von Homosexualität in der Epigenetik geworfen und die beiden Interpretationen des Phänomens miteinander kontrastiert.

Das Bemühen um die Entpathologisierung reagiert auf das Erstarken sozialer Bewegungen, die das Ziel verfolgen, Homosexualität zu entkriminalisieren und mit Heterosexualität rechtlich gleichzustellen. Die Entpathologisierung der Homosexualität in den Biowissenschaften ist also weniger auf eine innerbiowissenschaftliche Notwendigkeit als vielmehr auf gesellschaftspolitische Veränderungen in den Debatten über Homosexualität infolge politischer Bewegungen zurückzuführen. Parallel zu Debatten um die Einführung der Homoehe vielerorts und zur stärkeren öffentlichen Präsenz von Regenbogenfamilien, finden sich seit Ende der 1990er Jahre vermehrt verhaltensbiologische Werke zum queeren[4] Tier und dessen Familienmodellen (vgl. Ebeling 2007, S. 79–91; Bagemihl 2000). Integration solcher Forschungen ebenso wie Widerstand dagegen findet sich gleichermaßen in biowissenschaftlichen Konzepten wie in verschiedenen gesellschaftlichen Kontexten. Soziale Bewegungen wie die LGBTQA+ wirken also auch in die Biologie hinein. In dem Versuch, die Abweichung der Homosexualität in den Bereich des Regelhaften zu verschieben, indem Homosexualität evolutionsbiologisch für sinnvoll und funktional für die biologische Reproduktion erklärt wird, findet hier jedoch kein tatsächliches Queeren der Biologie statt, da der Bezugspunkt, von dem diese Funktionalität abgeleitet wird, die Heteronormativität bleibt. Die Biologie spielt in diesen Auseinandersetzungen bis heute eine ambivalente Rolle: Die Natürlichkeit der Homosexualität begründet die rechtliche Gleichstellung, delegitimiert sie jedoch zugleich zumindest mittelbar. In dieser

[4] Queer bedeutet hier: nicht heteronormativ organisiert.

Doppelrolle können die Biowissenschaften als Krisenphänomen betrachtet werden: Die Homosexualität bedroht die auch durch Heteronormativität konstituierte Moderne, jedoch vermag die Biologie als Wissenschaft deren Restabilisierung zu befördern, indem sie sie wieder in die Norm der Heterosexualität integriert. Die Integration erfolgt sowohl über Pathologisierung als auch über Einbeziehung in den Funktionskreis der biologischen Fortpflanzung.

Pathologisierung sowie die Re-Integration durch Integration in den Funktionskreis Fortpflanzung führen zur gleichen Bewegung, zur Ausrichtung an der heterosexuellen Matrix. So ist die Homosexualität ein Effekt eines, nicht ausschließlich biowissenschaftlichen, Strukturprinzips. Der Beitrag zeigt exemplarisch, wie in den Biowissenschaften trotz emanzipativer Bestrebungen der Forschenden Heteronormativität nicht überwunden werden kann: Homosexualität dient in den Biowissenschaften letztendlich dazu, die Grundprinzipien heterosexueller zweigeschlechtlicher Fortpflanzung zu bestätigen. So erfüllt sich die Erwartung an die emanzipative Wirkung nicht-pathologisierender Integration nur bis zu dem Punkt, an dem Homosexualität einer biologischen Funktion zugeordnet werden kann. Sollte die gesamte Zoologie auch von queeren Tieren bevölkert sein, so bleibt sie dennoch dem heteronormativ verstandenen binären Code auf allen Ebenen verpflichtet. Gleichzeitig mit den Narrativen zu Geschlecht und Sexualität müssen also die heteronormativen Strukturen in den Blick genommen werden, die in die biologischen Konzepte in allen Feldern der Biowissenschaften eingeschrieben sind, um wirklich neue Geschichten einer queeren Natur-Kultur erzählen zu können.

Literatur

Bagemihl, B. 2000. Biological Exuberance. Animal Homosexuality and Natural Diversity. New York: Stonewall Inn Editions.

Barash, David P. 1980. Soziobiologie und Verhalten, Berlin, Parey Verlag.

Bocklandt, S., und D.H. Hamer. 2003. Beyond Hormones: A Novel Hypothesis for the Biological Basis of Male Sexual Orientation. Journal of Endocrinological Investigation 26: 8–12.

Bock von Wülfingen, B. 2007. Das Lesbenhormon, oder: Geschlechtskörper – hormonell stabilisiert oder flexibilisiert? In Heteronormativität. Empirische Studien zu Geschlecht, Sexualität und Mach, Hrsg. J. Hartmann, C. Klesse, P. Wagenknecht, B. Fritzsche, K. Hackmann, 61–78. Wiesbaden: VS Verlag für Sozialwissenschaften.

Ebeling, S. 2007. Heteronormativität in der Zoologie. In Heteronormativität. Empirische Studien zu Geschlecht, Sexualität und Macht, Hrsg. J. Hartmann, C. Klesse, P. Wagenknecht, B. Fritzsche und K. Hackmann, 79–91. Wiesbaden: VS Verlag für Sozialwissenschaften.

Hamilton, W.D. 1963. The Evolution of Altruistic Behavior. The American Naturalist 97: 354-356.
Hausen, K. 2001, Die Polarisierung der ‚Geschlechtscharaktere'. Zur Codierung der Geschlechter in der Moderne. In Dis/Kontinuitäten: Feministische Theorie, Hrsg. S. Hark, 162–185. Opladen: Verlag Barbara Budrich.
Laufenberg, M. 2010. Die Kunst, nicht dermaßen naturalisiert zu werden. Fragmente einer Kritik biologischer Sexualdiskurse. Onlinejournal Kultur & Geschlecht 6. http://www.ruhr-uni-bochum.de/genderstudies/kulturundgeschlecht/pdf/. Zugegriffen: 18.3.2023.
Mann, S. 1994, Genomic Imprinting – Defusing the Ovarian Time Bomb. Trends in Genetics 10(4): 118–122.
Mauß, B., 2001. Von Mäusen und Menschen, Ansätze feministischer Biologiekritik am Beispiel der feministischen Auseinandersetzung mit der Soziobiologie. In Perspektiven Wechsel. Frauen und Geschlechterforschung zu Mathematik und Naturwissenschaften, Hrsg. H. Götschel und H. Daduna, 97–120. Talheim in Mösslingen: Talheimer Verlag.
Rice, W., U. Friberg, S. Gavrilet. 2012. Homosexuality as a Consequence of Epigenetically Canalized Sexual Development. The Quarterly Review of Biology 87(4): 343–368.
Sommer, V. 1990. Wider die Natur? Homosexualität und Evolution. München: C.H. Beck.
Tariverdian, G., und W. Buselmaier. 1995. Chromosomen, Gene, Mutationen. Humangenetische Sprechstunde. Berlin: Springer Verlag.
Ulrichs, K.H. 1994/1864. Forschungen über das Räthsel der mannmännlichen Liebe. Berlin: Selbstverlag des Verfassers.
Voland, E. 2013. Soziobiologie. Die Evolution von Kooperation und Konkurrenz. Berlin: VERLAG.
Voß, H.-J. 2013a. Epigenetik und Homosexualität, in: Dasendedessex. https://heinzjuergenvoss.de/Voss_2013_Epigenetik_und_Homosexualitaet.html/. Zugegriffen: 13.7.2022.
Voß, H.-J. 2013b. Biologie und Homosexualität. Münster: Unrast Verlag.
Wilson, E.O. 2004/1978. On Human Nature. Cambridge: Harvard University Press.

Bärbel Mauß, Dr., Diplom-Biologin und Dr. phil., wissenschaftliche Mitarbeiterin am Zentrum für Interdisziplinäre Frauen- und Geschlechterforschung (ZIFG) an der Technischen Universität Berlin, Initiatorin und Koordinatorin des Zertifikatsprogrammes Gender Pro MINT für Studierende in MINT und Planung. Forschungsschwerpunkt: Geschlechterforschung zur Biologie. Entwicklung von Lehr- Lern-Konzepten für die Gender Studies-Lehre für Studierende aus den Natur- und Technikwissenschaften zur Vermittlung forschungsbasierter Genderkompetenz.

Geschlechterperspektiven in der medizinischen Forschung und Versorgung

Sabine Oertelt-Prigione

1 Warum Geschlecht und Medizin?

Jahrzehntelang wurde die Nicht-Gleichheit eines weiblichen Körpers nur bei der Untersuchung der primären und sekundären Geschlechtsorgane berücksichtigt. Selbst bei der Untersuchung dieser Geschlechtsorgane wurde oft lediglich nach Analogien zwischen dem männlichen und weiblichen Reproduktionsapparat gesucht (Schiebinger 1994).

Erst die erste und zweite Welle des Feminismus beförderten die breitere Untersuchung von Geschlechterunterschieden und ihrer Auswirkungen im medizinischen Bereich. Dies geschah anfänglich vor allem in der Frauengesundheitsbewegung, später in der geschlechtersensiblen Medizin (Maschewsky-Schneider et al. 2001). In den 1990er Jahren zeigten verschiedene große epidemiologische Studien in den Vereinigten Staaten, dass nicht geschlechtsbezogene Erkrankungen wie etwa der Herzinfarkt eine geschlechtsspezifische Komponente haben können (Vaccarino et al. 1995). Diese geschlechtsspezifische Komponente kann sowohl die Entstehung als auch die Diagnose betreffen (Regitz-Zagrosek et al. 2016). In jüngerer Zeit haben Untersuchungen zudem verdeutlicht, dass Frauen in der medizinischen Versorgung benachteiligt werden (Bugiardini et al. 2017), dass sie später Diagnosen erhalten (Westergaard et al. 2019), häufiger Nebenwirkungen von Arzneimitteln erleiden (Obias-Manno et al. 2007) und dass sie häufiger über eine aus gesundheitsbezogenen Gründen eingeschränkte Lebensqualität klagen (Nolte et al. 2019).

S. Oertelt-Prigione (✉)
Universität Bielefeld, Bielefeld, Deutschland
E-Mail: sabine.oertelt-prigione@uni-bielefeld.de

S. Huch und M. Erlemann (Hrsg.), *Gender & Diversity Studies in MINT meets Naturwissenschaftsdidaktik,* Edition Fachdidaktiken,
https://doi.org/10.1007/978-3-658-43616-2_5

Diese Erkenntnisse liegen den zahlreichen Forderungen zugrunde, Geschlecht in der Versorgung, der Therapie, der Forschungsförderung und der Wissenschaftskommunikation zu berücksichtigen.

2 Konzeptualisierung von Geschlecht (*sex* und *gender*)

Der deutsche Begriff Geschlecht, der biologische und soziokulturelle Aspekte beinhaltet, wird im Englischen mit zwei Begriffen übersetzt: „*sex*“ und „*gender*“.

Sex repräsentiert das biologische Geschlecht, definiert durch Chromosomen, Hormonspiegel und externe Genitale (Schiebinger et al. 2011–2021). Während *sex* historisch binär konzipiert wurde (männlich/weiblich), wird in jüngerer Zeit u. a. durch die Anerkennung der Rechte intergeschlechtlicher Personen („intersex“) und die Anerkennung des Personenstands „divers“ diese Binarität zunehmend infrage gestellt und aufgelöst (Fausto-Sterling 2000).

Gender ist ein Begriff und Konzept, das vorrangig in den Geistes- und Sozialwissenschaften entwickelt und ausführlich beforscht wurde. Die Medizin entdeckte das Konzept erst in den letzten Jahren für sich. Anfänglich wurde *gender* oft pauschal als soziokulturelles Geschlecht verstanden, inzwischen zielt die Operationalisierung in der geschlechtersensiblen Medizin zunehmend auf die Untersuchung verschiedener Dimensionen von *gender* ab. Dabei werden aktuell in der Medizin meist mindestens drei verschiedene Ebenen berücksichtigt: Genderidentität, Genderrollen bzw. -normen und Genderverhältnisse (Tab. 1, Tannenbaum et al. 2016).

Während die alleinige Fokussierung auf *sex* bei Zell- und Tierexperimenten zu rechtfertigen sein kann, vor allem aufgrund der logistischen Schwierigkeiten einer zeitgleichen Untersuchung von *gender* und weil die Laborbedingungen zahlreiche Genderaspekte vertuscht haben könnten, gestaltet sich dies in der

Tab. 1 Standards zur Operationalisierung von Geschlecht in der Medizin. (Quelle: eigene Darstellung in Anlehnung an Tannenbaum et al. 2016)

sex	• Zusammensetzung der Geschlechtschromosomen • Hormonspiegel im Blut • Erscheinung der externen Genitale
gender	• Genderidentität • Gendernormen • Genderrollen • Genderverhältnisse/-interaktionen

Humanforschung schwierig. Teilnehmende an klinischen Studien sind Personen, deren Körper von ihren Lebensumständen beeinflusst sind (Krieger 2005). Praktisch bedeutet dies, dass Zellprozesse etwa von Ernährungsgewohnheiten, von Berufsrisiken und privatem Stress oder anderen Risikofaktoren beeinflusst sein können. Biologische Körper werden darüber hinaus durch gesellschaftliche Lern- und Konditionierungsprozesse beeinflusst. Trotz dieser Ausgangslage fokussiert die Mehrzahl der Forschungsprojekte in der (Bio-)Medizin weder Aspekte, die das biologische Geschlecht betreffen, noch auf Genderidentität.

3 Berücksichtigung von Geschlecht in der Medizin – methodische Grundlagen zur Erfassung von *sex* und *gender* in der (bio-)medizinischen Forschung

Die praktische Berücksichtigung und konkrete Untersuchung von *sex* und *gender* in der Medizin bergen verschiedene Herausforderungen. Einerseits muss Forschung den Standards der Disziplin entsprechen, andererseits sollen innovative Konzepte und Fragestellungen die Forschung weiterentwickeln. Die Einbettung eines grundsätzlich theoretischen Konzeptes wie *gender* in den Methodenkanon der Medizin, welcher binäre positivistische Ansätze bevorzugt, ist eine große Herausforderung. Während die Analyse von biologischer Geschlechtlichkeit *(sex)* vor allem praktische Herausforderungen mit sich bringt, stehen bei der Analyse von *gender* theoretisch-methodische Abwägungen im Vordergrund.

3.1 Sex-spezifische Auswertung in der (Bio-)Medizin

Eine *sex*-spezifische Analyse in der Medizin beruht auf drei Grundlagen:

- die Zusammensetzung der Geschlechtschromosomen,
- die gemessenen Hormonspiegel im Blut und
- die Erscheinung der externen Genitale.

Menschliche Zellen beherbergen zwei Arten von Geschlechtschromosomen: das X und das Y-Chromosom. Das X-Chromosom enthält ca. 1600 Gene, das Y-Chromosom ca. 150 (Cortez et al. 2014; Ross et al. 2005). Einige Regionen der 2 Chromosomen gleichen sich, der größte Teil der Gene auf dem X-Chromosom hat keine Analogien auf dem Y-Chromosom. Besonders hervorzuheben ist hierbei die Sex-Region-Y (SRY) des Y-Chromosoms, welche Gene umfasst, die primär für die Entwicklung typisch männlicher sekundärer Sexualcharakteristika verantwortlich sind (Berta et al. 1990). Biologisch männliche Organismen tragen ein X und ein Y-Chromosom, biologisch weibliche zwei X-Chromosomen. Neben diesen häufigsten Kombinationen existieren ebenfalls eine Reihe von seltenen Ausprägungen, wie etwa die Monosomie des X-Chromosoms oder multiple Ausprägungen des X-Chromosoms in Zusammenhang mit dem Y-Chromosom z. B. XXY, XXXY (Jowhar et al. 2018).

Die Verteilung von Geschlechtschromosomen ist im Tierreich nicht immer analog der menschlichen. So sind bei Singvögeln das längere Z- und das kürzere W-Chromosom folgendermaßen verteilt: Weibliche Singvögel weisen die heteromorphe Kombination WZ auf, männliche Singvögel die homomorphe ZZ. Die Verteilung ist somit das Gegenteil dessen, was in Menschen identifiziert werden konnte (Arnold und Lusis 2012).

Die Bestimmung von Hormonspiegeln basiert meist auf der Bestimmung von Östradiol-, Östriol- und Testosteronwerten. Vor allem bei prämenopausalen Frauen sind die Östrogenwerte allgemein sehr hoch im Vergleich zu gleichaltrigen Männern, während die Testosteronspiegel bei Männern allgemein höher sind als bei Frauen. Innerhalb der Gruppen ist jedoch eine hohe Varianz zu verzeichnen. Zudem können weder Östrogene noch Androgene exklusiv einem Geschlecht zugeordnet werden (Behall et al. 1984). Alle menschlichen Organismen – bis auf diejenigen, bei denen aufgrund von spezifischen seltenen Mutationen diese Produktion unterbunden ist – produzieren beide Hormongruppen, die Mengen unterscheiden sich jedoch meist signifikant. Selbst innerhalb desselben Körpers variieren Hormonkonzentrationen, etwa kurzfristig während des Menstruationszyklus oder langfristig durch die Aromatisierung des Testosterons zu Östrogenen durch peripheres Fettgewebe.

Die Untersuchung der externen Genitale stimmt bei der großen Mehrheit der Bevölkerung mit der bürokratischen Festlegung in zwei anatomisch abgrenzbare Geschlechtskategorien überein. Bei Geburt wird das Genital untersucht und die Geschlechtszugehörigkeit festgelegt. Bei einer Gruppe von Menschen ist dies nicht definitiv möglich; dann werden meist weitere Untersuchungen eingeleitet. Abhängig von den herangezogenen Statistiken fallen ca. 0,3–1,7 % der Bevölkerung in diese Gruppe der Intersex-Personen (Fausto-Sterling 2015).

Nach der Geschlechtsbestimmung bei der Geburt werden im Laufe des Lebens selten weitere Untersuchungen durchgeführt. In der Mehrheit der Fälle ist dies ausreichend zur Definition des biologischen Geschlechts für die medizinische Versorgung, da in der Mehrheit der Bevölkerung hormonelle Werte einer getrennten, wenngleich überlappenden, statistischen Verteilung entsprechen. Meist genügt also die Annahme der hormonellen Gegebenheiten auf Grundlage des anatomischen Geschlechts. Berücksichtigt werden sollte, dass bei Intersex-Menschen in seltenen Fällen das externe Genital nicht der auf dem Chromosomensatz basierten Erwartung entspricht, also etwa die gleichzeitige Präsenz von Penis und XX-Geschlechtschromosomen. Falls dieser Aspekt für die durchzuführenden Untersuchungen relevant ist, sollte eine doppelte bzw. dreifache Bestimmung von Geschlecht, d. h. genetisch, hormonell und anatomisch, in Erwägung gezogen werden. Wenn z. B. ein Arzneimittel mit zirkulierenden Hormonen interagiert, ist deren Bestimmung neben einer anatomisch basierten Annahme sicherlich sinnvoll. Bei der Zell- und Tierforschung können zur Berücksichtigung von *sex* im experimentellen Design noch weitere beeinflussende Faktoren berücksichtigt werden. Beispielsweise können Zellkulturmedien und Färbemittel wie Phenolrot als Östrogenmimetika agieren, Prozesse wie die Reprogrammierung von Zellen führen zu einer De- und Remethylierung von Chromosomen wie den Geschlechtschromosomen, Tierfutter auf Soja-Basis hat Östrogen-ähnliche Effekte (Oertelt-Prigione und Mariman 2020). Diese Effekte verändern nicht das Geschlecht der untersuchten Zellen, können aber die Untersuchung von geschlechtsspezifischen Mechanismen beeinflussen.

3.2 Gender-spezifische Auswertung in der (Bio-)Medizin

Der aktuelle Forschungsstandard in der geschlechtersensiblen Medizin zielt auf die Erfassung verschiedener Dimensionen von *gender*; unabhängig voneinander oder als zusammengestellter Index (siehe weiter unten). Im Allgemeinen werden in der geschlechtersensiblen Medizin mindestens folgende Dimensionen berücksichtigt:

- Genderidentität bezeichnet die subjektiv wahrgenommene Identität als Frau, Mann, nicht-binäre Person, trans* Person usw. Forschungsfragen sind hier etwa: Inwiefern beeinflusst Identität den Zugang zu Gesundheitsversorgung? Welche Identitäten führen zu Einschränkungen der gesundheitlichen Möglichkeiten?
- Gendernormen und -rollen sind gesellschaftliche Vorstellungen, die auf die Einzelnen projiziert werden. Fragen sind hier etwa: Wie habe ich mich als Frau, als Mann, als nicht-binäre Person in bestimmten gesundheitsbezogenen Situationen zu verhalten? Welche Äußerung von Symptomen wird

aufgrund meines Geschlechts erwartet? Welche Präferenzen, z. B. invasive bzw. konservative Therapie, werden mir aufgrund von Gendernormen zugeschrieben?
- Geschlechterverhältnisse – als Effekte des Aufeinandertreffens von Genderidentität und Gendernormen im Rahmen von (hierarchisierten) menschlichen Interaktionen – werfen u. a. folgende Fragen auf: Wie beeinflussen Geschlechterrollen die Verteilung von Macht und Entscheidungen im Berufs- und Privatleben? Unterscheiden sich Entscheidungen innerhalb von medizinischen Teams basierend auf ihrer Zusammensetzung?

Eines der bekanntesten Instrumente ist der Bem Sex-Role Inventory (BSRI), ein von Sandra Bem in den 1970er Jahren entwickelter Index (Bem 1981), der auf Persönlichkeits- und Verhaltenscharakteristika basiert. Er wurde zur Definition von Genderrollen, Gendernormen und selbst von Genderverhältnissen eingesetzt. Obwohl der BSRI auf den ersten Blick als Instrument, das tradierte Geschlechterrollen validiert, eingeordnet werden kann, muss sein Gebrauch nicht auf diese Funktion beschränkt sein. Tatsächlich hat der BSRI in seiner Entwicklung die Wahrnehmung von Männlichkeit und Weiblichkeit als gegensätzliche Pole infrage gestellt. Seine noch immer häufige Nutzung in der Medizin hat nicht zuletzt mit seiner Fähigkeit zu tun, *gender* jenseits von Identität zu veranschaulichen.

Als Alternative zur Messung einzelner Dimensionen können Instrumente angewendet werden, die verschiedene Genderdimensionen kombinieren. Beispiele für diese Integration werden etwa in der Gender-Bundle-Theorie von Tate (Tate et al. 2014) thematisiert. Das „Gender-Bundle" zeigt einerseits die Vielschichtigkeit von *gender* auf, ist aber kein praxisorientiertes Instrument, sondern eher eine Zusammenführung der Dimensionen auf theoretischer Ebene. Eine mögliche Anwendung in der Medizin wurde von der kanadischen Wissenschaftlerin Louise Pilote in der Form des Gender-Index entwickelt (Pelletier et al. 2015). Die Gender-Bundle-Theorie schlägt eine Vielzahl an Dimensionen vor, diese sind aber für die Medizin weder operationalisiert noch validiert. Der Gender-Index wurde hingegen für die Medizin entwickelt und validiert. Er setzt sich aus dem bereits benannten BSRI und mehreren Fragen zu Aufgabenteilung, finanzieller Teilhabe und Arbeitsteilung von Menschen innerhalb ihrer Beziehungen zusammen. Darüber hinaus wird auch Angst als psychologisches Konstrukt abgefragt. Das Ergebnis ermöglicht eine Einordnung in eine Skala von 0–100, bei der 100 Weiblichkeit entspricht. Der Gender-Index konnte erfolgreich innerhalb einer großen Kohortenstudie angewandt werden und bewies, dass *sex* und *gender* (gemessen mit besagtem Index) unterschiedlich mit dem Risiko einer erneuten kardiovaskulären Erkrankung zusammenhingen (Pelletier et al. 2016).

4 Berücksichtigung von Geschlecht in der medizinischen Versorgung

4.1 Prävention

Frauen scheinen im Allgemeinen häufiger an Präventions- und Screeningmaßnahmen teilzunehmen als Männer (Mosca et al. 2011; White et al. 2018). Dieser Trend ist international belegt und trifft auch in Deutschland auf die meisten Screeninguntersuchungen zu. Beispiele hierfür sind der Check-up 35, das Darmkrebs- und das Hautkrebsscreening (Tschaftary et al. 2018). Die Frage nach einer zielgruppenspezifischen Gestaltung von präventiven Maßnahmen ist nicht auf das Feld der Gendermedizin begrenzt. Dennoch stellt Geschlecht eine relevante Variable dar, die sich maßgeblich auf die Bereitschaft und den Zugriff auf die Leistungen auswirkt.

Nach einer Einteilung der Weltgesundheitsorganisation (WHO, World Health Organization) können Interventionen im Gesundheitssystem in mehrere Stufen unterteilt werden (Kagesten und Chandra-Mouli 2020):

- *gender-exploitative programmes* („Gender-nutzende Programme") – Identifikation der Geschlechterunterschiede und ihre Verschärfung durch mangelnde Berücksichtigung der zugrunde liegenden Probleme
- *gender-accommodating programmes* („Gender-entgegenkommende Programme") – Versuch der Minderung negativer Konsequenzen des Ausschlusses von Frauen vom Zugriff auf Gesundheitsleistungen; keine langfristige Veränderung der Strukturen
- *gender-transformative programmes* („Gender-basierte transformative Programme") – Berücksichtigung der Gender-Aspekte und der damit verbundenen Ungleichheiten bei der Planung von Programmen zur Veränderung der systemischen Bedingungen (ebd.).

Diese höchste Stufe der Einbindung von Geschlecht zielt auf die Veränderung der Grundbedingungen, die zu dem Phänomen geführt haben, durch die Präventionsleistung selbst. Das Schema führt somit vor Augen, welche bedeutsame Rolle laut WHO einer Berücksichtigung von Geschlecht zukommt.

4.2 Umsetzung in die Praxis

Faktisch sind geschlechtersensible Präventionsprogramme meistens auch geschlechtsgetrennte Programme. Zwei Beispiele, die hier genannt werden können, sind WISEWOMAN aus den Vereinigten Staaten (Vaid et al. 2011) und Football Fans in Training (FFIT) (Hunt et al. 2014).

WISEWOMAN ist ein von CDC (Centers for Disease Control and Prevention) entwickeltes Programm für Frauen zwischen 40 und 64 Jahren, die übergewichtig und unterversichert sind. Das Programm ist so aufgebaut, dass es verschiedenen lokalen Kontexten angepasst werden kann. Ziel ist es, die Kompetenzen von existierenden lebensraumzentrierten Initiativen zu verstärken, wodurch eine hohe Anpassungsflexibilität des Programms gewährleistet werden soll. Das CDC liefert Grundlagen, sowohl zur Ausgestaltung als auch zur Evaluation, die von den lokalen Akteuren genutzt werden können. WISEWOMAN ist in 22 Staaten lokal implementiert und mehrmals positiv evaluiert worden (WISEWOMAN Workgroup 1999). Was WISEWOMAN jedoch nicht anbietet, ist die Berücksichtigung des ethnischen Kontextes, der in der Regel auch sozioökonomische Auswirkungen besitzt. So wird eine Anpassung für die afroamerikanische Community, die besonders von kardiovaskulären Erkrankungen betroffen ist, nicht angeboten. Tatsächlich kann dieser jedoch ausschlaggebend für die Annahme des Programms sein. Ein Programm, das diesen Aspekt zentral angeht, ist Prime Time Sister Circle (Gaston et al. 2007). Es wurde speziell von afroamerikanischen Frauen für afroamerikanische Frauen entwickelt und berücksichtigt besonders die lokalen Bedingungen.

Das männerzentrierte Programm Football Fans in Training (FFIT) ist für übergewichtige, körperlich wenig aktive Männer entwickelt worden (Hunt et al. 2014). Das Programm ist über mehrere Jahre unter Berücksichtigung verschiedener Männlichkeitskonzepte erarbeitet worden (Gray et al. 2013) und hat seine Effektivität in einer randomisierten Studie bewiesen. Das Besondere an dem Programm ist auch hier die Einbindung der Lebenswelten der teilnehmenden Männer und zusätzlich dazu die Kooperation mit Fußballvereinen. Das dreimonatige Programm besteht aus wöchentlichen Terminen, bei denen verschiedene Aspekte des Gewichtsmanagements besprochen werden und Sport getrieben wird. In der Interventionsgruppe war der erzielte Gewichtsverlust selbst nach zwölf Monaten noch signifikant höher als in der Kontrollgruppe. Das ursprünglich britische FFIT wird aktuell in mehreren europäischen Länder als EuroFIT umgesetzt, wobei auch die Transferfähigkeit untersucht wird.

Die Tatsache, dass die Programme geschlechtsgetrennt entwickelt wurden, ermöglicht einerseits die bessere Anpassung an die Zielgruppe, stellt aber andererseits eine Hürde für Menschen dar, die sich nicht mit einer der binären Geschlechterkategorien identifizieren können. Es zeigt sich mitunter eine Spannung zwischen einer Weiterentwicklung der Methoden, die sich von einem binären Schema löst, und einer noch meist binären Wahrnehmung in der praktischen Umsetzung. Weiterhin werden auch über das Geschlecht hinausgehende Ausschlusskriterien deutlich. Die beschriebenen Programme können z. B. Menschen mit Behinderung ausschließen, und Menschen mit einer ethnischen Herkunft, die nicht der Zielgruppenausrichtung entspricht. Die Berücksichtigung intersektionaler Aspekte ist hier wertvoll. Die Gestaltung der Programme muss stets ein Gleichgewicht zwischen Zielgruppenzentrierung und Anschlussfähigkeit finden.

4.3 Symptomatik und Diagnostik

Die medizinische Diagnostik orientiert sich an der Beschreibung der subjektiv wahrgenommenen Symptome und der statistischen Wahrscheinlichkeit einer Erkrankung. Erkrankungen, die häufiger bei Frauen vorkommen, werden bei Frauen häufiger vermutet; dasselbe gilt für Männer. Eine Diagnose zu vermuten und entsprechende Untersuchungen dafür zu verordnen, stellt Ärzt*innen vor die Herausforderung, einerseits die potenziell unterschiedliche Symptomatik bei Männern und Frauen zu kennen, andererseits die Wirksamkeitsunterschiede von diagnostischen Verfahren bei verschiedenen Geschlechtern (Tab. 2) im Blick zu haben. Unterschiede in der Symptomatik verschiedener Erkrankungen werden in den Unterabschnitten 4.3.1–4.3.4 dargestellt.

4.3.1 Herzinfarkt

Dies ist vermutlich das bekannteste Beispiel für häufige Unterschiede der Krankheitssymptome. Der Herzinfarkt zeichnet sich meist durch Brustschmerz aus, der auf den linken Arm und Kiefer ausstrahlen kann. Weiterhin können andere Symptome, wie Rückenschmerzen, Luftnot, Übelkeit, Schwindelgefühl und starke Müdigkeit einen Herzinfarkt charakterisieren. Besonders letztere Symptome werden häufiger von Frauen, besonders in jüngerem Alter, beschrieben, teilweise auch ohne den typischen Brustschmerz. Dies bedeutet nicht, dass Frauen keinen Brustschmerz erleiden können, es bedeutet vielmehr, dass die beschriebenen Symptome unterschiedlich und zum Teil weniger eindeutig dem Ursprungsorgan, dem Herzen, zugeordnet werden können (Canto et al. 2012). Für behandelnde

Tab. 2 Mögliche Einflussmechanismen von Geschlecht auf Gesundheit. (Quelle: eigene Darstellung)

(Bio-)medizinisch	Beispiele
Krankheitsentstehung	• genetische Unterschiede • unterschiedliche Risikoprofile
Symptomatik	• Entwicklung unterschiedlicher Symptome • unterschiedliche Wahrnehmung von Symptomen
Diagnose	• Diagnosealgorithmus nur in begrenzter Gruppe getestet • Unterschiede in der Wirksamkeit der Diagnostik
Therapie	• unterschiedliche Wirkung aufgrund von physiologischen Unterschieden • höhere Inzidenz von unerwünschten Nebenwirkungen
Sozioökonomisch und kulturell	**Beispiele**
Kommunikation	• unterschiedliche Erwartung aufgrund von Geschlechterstereotypen • unterschiedliche Darstellung von Symptomen
Zugriff auf Ressourcen	• unterschiedlicher Zugriff auf finanzielle Ressourcen im Krankheitsfall • unterschiedliche Resilienz, Unterstützung
Langzeiteffekte	• mangelnde Aufklärung zu geschlechtsspezifischen chronischen Effekten • Veränderung der Genderrolle aufgrund chronischer Krankheit
Mehrfachbelastung	• Abhängigkeit von Angehörigen • unterschiedliche Stressverarbeitung

Ärzt*innen bedeutet dies, das Diagnosespektrum bei dem Verdacht zu erweitern. Prinzipiell ist eine verspätete Diagnosestellung bei Frauen im Vergleich zu Männern immer noch die Regel, obwohl sich in den letzten Jahren dieser Unterschied verringert hat. Besonders hervorzuheben ist hierbei der positive Einfluss von geschlechtersensiblen Behandlungsprotokollen bzw. Flowcharts (Huded et al. 2018). Hochsensible Troponine zur Messung des Herzmuskelschadens scheinen bei Frauen genauere Ergebnisse zu erzielen als die konventionell gemessenen Troponine. Stress-EKG-Protokolle wurden historisch für Männer entwickelt, Anpassungen für Frauen mussten erst erarbeitet werden. Dennoch ist ihre Genauigkeit bei Frauen geringer als bei Männern, deshalb wird in Leitlinien empfohlen, bildgebende Verfahren zur Diagnostik hinzuzuziehen (Regitz-Zagrosek et al. 2016).

4.3.2 Depression

Klinische Kriterien zur Diagnostik von Depressivität sind gedrückte Stimmung, Antriebslosigkeit und Interessenverlust. Diese lang etablierten Diagnosekriterien treffen etwas häufiger auf Frauen zu (Doyle et al. 2015). Neben diesen Symptomen können allerdings auch erhöhte Aggressivität, risikoreiches Verhalten sowie Alkoholmissbrauch oder Drogengebrauch Symptome einer Depression sein. Bei Männern scheinen diese externalisierenden, d. h. nach außen gekehrten Reaktionen, häufiger vorzukommen als bei Frauen. In den früher benannten offiziellen Diagnosekriterien nach DSM wurden diese jedoch nicht aufgeführt. Eine Masculine Depression Scale wurde vorgeschlagen (Magovcevic und Addis 2008).

4.3.3 Darmkrebs

Darmkrebs betrifft beide Geschlechter, Männer in leichtem Überschuss. Obwohl Männer und Frauen betroffen sein können, sind einige Unterschiede hervorzuheben. Frauen erkranken signifikant häufiger an rechtsseitigem Darmkrebs, während Männer häufiger an linksseitigem erkranken (Bray et al. 2018). Häufige Symptome des Darmkrebses sind die Veränderung des Stuhls und Auffinden von Blut im Stuhl. Da sich linksseitige Krebsformen in der terminalen Seite des Darms befinden, d. h. näher am After, ist die Ausscheidung von sichtbarem Blut wahrscheinlicher. Auch die Auffindung von unsichtbarem Blut ist bei dieser Krebsform häufiger. Bei Blutungen des rechtsseitigen Darms ist hingegen die Entfernung zum After länger, was zu einer strukturellen Veränderung des Hämoglobins im Blut führen kann, das somit weniger von Stuhltests aufgefunden wird. Ein Beispiel dieser verringerten Sensibilität sind die traditionellen Guajak-basierten Tests für okkultes Blut im Stuhl, welche bei Frauen weniger sensibel sind als bei Männern (Brenner et al. 2010). Während diese Tests in Deutschland kaum noch verwendet werden, sind sie in vielen Ländern mit weniger Ressourcen noch im Gebrauch.

4.3.4 Osteoporose

Osteoporose wird meist als typische Erkrankung von postmenopausalen Frauen beschrieben. Obwohl dies sicherlich epidemiologisch stimmt, ist die Prävalenz bei Männern über siebzig Jahren auch mit 30–40 % zu beziffern (Willson et al. 2015). Dementsprechend ist Osteoporose eine Volkskrankheit und keine geschlechtsspezifische Erscheinung. Osteoporose ist asymptomatisch und wird entweder mittels

Screenings oder bei Knochenbruch erkannt. Da Frauen ohne zusätzliche Risikofaktoren ab dem Alter von 65 Jahren eine Messung der Knochendichte empfohlen wird, ist hier die frühzeitige Erkennung und Prävention möglich. Bei älteren Männern wird aufgrund des mangelnden Screenings Osteoporose meist erst bei Knochenbruch erkannt (Alswat und Adler 2012). Lange Zeit waren die Standards zur Messung der Knochendichte vor allem auf Frauen ausgerichtet und wurden erst im Nachgang für Männer bestimmt (Wetzel et al. 1998). Ebenfalls haben sich in den letzten Jahren viele internationale Fachgesellschaften für die Einführung des Knochendichtescreenings auch für Männer ausgesprochen (Watts et al. 2012).

4.4 Therapie

Therapeutische Optionen sollten für alle Menschen gleichermaßen verfügbar sein. Während diese für Menschen in Ländern mit hohem Durchschnittseinkommen und bevölkerungsweiter Krankenversicherung größtenteils vorhanden sind, sind sie in anderen Regionen der Welt keine Selbstverständlichkeit. Auch hier kommen Geschlechterunterschiede zum Tragen. Wenn Gesundheitsleistungen selbst bezahlt werden müssen, beeinflussen Geschlechterstereotype oft die Zuweisung der Mittel. Frauen werden hier häufig benachteiligt, da sie nicht die primäre Einnahmequelle der Familie darstellen und ihre unbezahlte Arbeit wenig wertgeschätzt wird (WHO 2008).

Hinsichtlich der Metabolisierung von Medikamenten sind geschlechtsspezifische Unterschiede ausführlich beschrieben worden. Sie sind auf verschiedene physiologische Unterschiede zurückzuführen (Gandhi et al. 2004). Der offensichtlichste Unterschied bei Männern und Frauen ist die durchschnittliche Körpergröße, jedoch ist eine rechnerische Berücksichtigung dieses Unterschieds nicht ausreichend, um die Wirksamkeitsunterschiede auszugleichen. So stellen etwa unterschiedliche Transitzeiten im Verdauungstrakt, der Magensäuregehalt und die Enzymaktivität in der Leber weitere wichtige, auch geschlechterbezogene Unterschiede dar. Weiterhin spielt die unterschiedliche Verteilung von Fett- und Magermasse eine signifikante Rolle für die Verarbeitung von Arzneimitteln (Oertelt-Prigione und Regitz-Zagrosek 2009).

Insgesamt sind Frauen häufiger von unerwünschten Nebenwirkungen betroffen. Dies kann einerseits auf eine relative Überdosierung der Arzneimittel zurückgeführt werden, diese allein erklärt das Phänomen aber nicht (Zucker und Prendergast 2020). Eine Anpassung der Medikamentendosis scheint somit keine allgemeingültige Lösung zu sein. Weiterhin muss auch berücksichtigt werden, dass bei manchen Arzneimittelklassen, etwa bei Chemotherapeutika, die optimale Dosierung zwischen maximal erzielbarer Wirksamkeit und Kontrolle der Nebenwirkung liegt. Frauen erleiden oft mehr Nebenwirkungen bei einer Chemotherapie, diese ist aber häufiger erfolgreich als bei Männern, vermutlich aufgrund der relativen Überdosierung (Wagner et al. 2019). Diese Besonderheiten deuten auf verschiedene potenzielle Lösungsansätze hin.

Die am häufigsten vorgeschlagenen geschlechtsspezifischen Lösungen waren bis jetzt Dosisanpassungsvorschläge, wie z. B. die Halbierung der Dosis des Schlafmittels Zolpidem bei Frauen im Vergleich zu Männern in den Vereinigten Staaten und Kanada (Farkas et al. 2013). In Europa gilt diese Empfehlung nicht. In der Chemotherapie wurde die pauschale Dosiserhöhung bei Männern untersucht. Ein erfolgreiches Beispiel ist hierbei das Chemotherapeutikum Rituximab. Das Medikament wurde in einer kleinen klinischen Studie Männern in vergleichsweise erhöhter Dosis verabreicht. Die Nebenwirkungen stiegen hierbei nicht signifikant an, die Effektivität des Medikamentes jedoch schon (Pfreundschuh et al. 2017). Dosisanpassung stellt somit eine Möglichkeit dar; allerdings sind langfristig auch vollkommen unterschiedliche Therapien für biologisch männliche oder weibliche Körper denkbar. Ein Beispiel hierfür ist die Schmerzbekämpfung. Die Gruppe um den kanadischen Schmerzforscher Jeffrey Mogil hat in Tierexperimenten bewiesen, dass das Schmerzempfinden durch unterschiedliche Immunzellen geregelt werden kann (Mogil 2020), T-Zellen im Vergleich zu Makrophagen. Falls sich diese Unterschiede im Menschen bestätigen sollten, wäre die Schmerzbekämpfung durch vollkommen unterschiedliche Mechanismen bei der Eindämmung ähnlicher Symptome denkbar.

5 Implementierung der Gendermedizin in die medizinische Lehre

Vertreter*innen der ersten und zweiten Welle des Feminismus setzten sich u. a. intensiv für den Erwerb und die Verbreitung von Wissen zur Frauengesundheit ein. Der Fokus lag vor allem auf sexueller und reproduktiver Gesundheit sowie frauenspezifischen Themen. Dieser Wissenserwerb fand nur bedingt Eingang in medizinische Curricula, die stark durch die hauptsächlich männliche Medizinprofessorenschaft geprägt waren. Über die Jahre nahm die Einbindung von frauenspezifischen Themen zwar zu, eine umfangreiche Behandlung von reproduktiven Selbstbestimmungsfragen, wie etwa freiwillige Schwangerschaftsabbrüche, ist dennoch nicht flächendeckend garantiert.

Das Thema der geschlechtersensiblen Medizin findet in Deutschland auch gegenwärtig noch sehr begrenzt Berücksichtigung in der medizinischen Lehre. Die einzigen zwei Fakultäten sind die Charité und die Unniversität Bielefeld, die zum jetzigen Zeitpunkt das Thema in die Pflichtlehre integriert hat, ist die Charité-Universitätsmedizin in Berlin (Ludwig et al. 2015). Gendermedizinische Masterstudiengänge wie in Österreich werden in Deutschland bislang (Stand 2024) nicht angeboten edizin auf. Im Prozess der Entwicklung eines Modellstudiengangs an der Charité und der Universität Bielefeld an anderen Fakultäten haben sich einige wichtige Aspekte herauskristallisiert, die bei der Implementierung gendermedizinischer Lehre beachtet werden sollten: Die Implementierung der Gendermedizin an deutschen und internationalen Fakultäten ist kein Phänomen, das ohne Vorarbeit geschehen kann. An allen Fakultäten in Europa, die gendermedizinische Lehre anbieten, ist dies erst nach vielen Jahren einschlägiger Arbeit geschehen. Wichtige Faktoren waren dabei das Vorhandensein von inhaltlicher Expertise in Form von Professuren oder Arbeitsgruppen, bestehende Wahlfächer zum Thema sowie Unterstützung in finanzieller und ideeller Form vonseiten der Institution.

Bei der inhaltlichen Implementierung sind zwei Optionen möglich: themenspezifische Vorlesungen und Einbettung der geschlechtersensiblen Inhalte in das allgemeine disziplinäre Lehrveranstaltungsangebot. Strategisch bietet sich eine Kombination beider Ansätze an, um einerseits die Spezifizität der Disziplin und andererseits ihre Relevanz für bestehende Fachrichtungen hervorzuheben. Somit kann man die Gendermedizin sowohl als methodischen Ansatz als auch als Querschnittsdisziplin sehen. Im Charité-Curriculum und an der Universität Bielefeld wurde ein kombinierter Ansatz gewählt, mit disziplinären Vorlesungen zu Beginn und Ende des Studiums und mit einer Einbettung in andere Disziplinen in den organ- und systembezogenen Semestern.

6 Ausblick für die geschlechtersensible Medizin in Deutschland

Die höchste Zielsetzung für die Gendermedizin in Deutschland sollte die strukturelle Implementierung sein, wozu eine Vernetzung aller Akteur*innen notwendig ist. Obwohl lokale Initiativen das Thema immer wieder aufgreifen, hängt die Implementierung der Disziplin noch zu sehr an einzelnen Personen. Wenn diese ihre Institution verlassen, wird das gendermedizinische Angebot meistens nicht weitergeführt. Die Weiterführung der Disziplin sollte auf einer Kombination von

Methodenetablierung sowie -präzisierung und klinischer Implementierung basieren. Anwendungsorientierte Methoden sind notwendig, um die Akzeptanz der Disziplin zu fördern und Interessierte einzubinden. Implementierung ist erforderlich, um die langfristige Umsetzung zu garantieren und praxisbasierte Daten zu erheben. Noch oft befindet sich das gendermedizinische Wissen in einem Teufelskreis: Zu wenig praktische Erforschung führt zu einer zu geringen Datenmenge, weshalb kein Evidenzniveau für Leitlinien definiert werden kann. Die Einbindung der Inhalte in Leitlinien ist nur möglich, wenn adäquate Datenmengen vorhanden sind, die wiederum nur durch Erhebung in der Praxis erwachsen. Die Erhebung in der Praxis ist jedoch durch die mangelnde Einbindung in die Leitlinien zum Teil unmöglich. Praktisch heißt dies, dass nur groß angelegte Studien mit dem ausdrücklichen Ziel der Erforschung geschlechtsspezifischer Unterschiede in der medizinischen Praxis die notwendigen Ergebnisse liefern werden. Um dies zu erzielen, ist eine breite Einbindung von Interessensgruppen und Akteur*innen notwendig. Nur durch die Kooperation möglichst vieler Akteur*innen innerhalb des Gesundheitssystems – von den Kliniker*innen und Forscher*innen sowie deren Fachvertretungen über die Gesundheitskassen bis hin zu lokalen und nationalen Akteur*innen der Gesundheitspolitik – wird die Institutionalisierung der Gendermedizin möglich sein.

Literatur

Alswat, K., und S.M. Adler. 2012. Gender differences in osteoporosis screening: retrospective analysis. *Arch Osteoporos* 7: 311–313. https://doi.org/10.1007/s11657-012-0113-0.

Arnold, A.P., und A.J. Lusis. 2012. Understanding the sexome: measuring and reporting sex differences in gene systems. *Endocrinology* 153: 2551–2555. https://doi.org/10.1210/en.2011-2134.

Behall, K.M., D.J. Scholfield, J.G. Hallfrisch, J.L. Kelsay, und S. Reiser. 1984. Seasonal variation in plasma glucose and hormone levels in adult men and women. *Am J Clin Nutr 40*: 1352–1356. https://doi.org/10.1093/ajcn/40.6.1352.

Bem, S. 1981. Bem Sex-Role Inventory. Mental Measurements Yearbook with Tests in Print.

Berta, P., J.R. Hawkins, A.H. Sinclair, A. Taylor, B.L. Griffiths, P.N. Goodfellow, und M. Fellous. 1990. Genetic evidence equating SRY and the testis-determining factor. *Nature* 348: 448–450. https://doi.org/10.1038/348448A0.

Bray, F., J. Ferlay, I. Soerjomataram, R.L. Siegel, L.A. Torre, und A. Jemal. 2018. Global cancer statistics 2018: GLOBOCAN estimates of incidence and mortality worldwide for 36 cancers in 185 countries. *CA Cancer J Clin* 68: 394–424. https://doi.org/10.3322/caac.21492.

Brenner, H., U. Haug, und S. Hundt. 2010. Sex differences in performance of fecal occult blood testing. *Am J Gastroenterol* 105: 2457–2464. DOI:ajg2010301 [pii] https://doi.org/10.1038/ajg.2010.301.

Bugiardini, R. et al. 2017. Delayed Care and Mortality Among Women and Men With Myocardial Infarction. *J Am Heart Assoc* 6. JAHA.117.005968 [pii] https://doi.org/10.1161/JAHA.117.005968.

Canto, J.G. et al. 2012. Association of age and sex with myocardial infarction symptom presentation and in-hospital mortality. *JAMA* 307: 813–822. 307/8/813 [pii] https://doi.org/10.1001/jama.2012.199.

Cortez, D. et al. 2014. Origins and functional evolution of Y chromosomes across mammals *Nature* 508: 488–493. https://doi.org/10.1038/nature13151.

Doyle, F. et al. 2015. Systematic Review and Individual Patient Data Meta-Analysis of Sex Differences in Depression and Prognosis in Persons With Myocardial Infarction: A MINDMAPS Study Psychosom. *Med* 77: 419–428. https://doi.org/10.1097/PSY.0000000000000174.

Farkas, R.H., E.F. Unger, und R. Temple. 2013. Zolpidem and driving impairment – identifying persons at risk. *N Engl J Med* 369: 689–691. https://doi.org/10.1056/NEJMp1307972.

Fausto-Sterling, A. 2000. The five sexes, revisited. *Sciences* (New York) 40: 18–23 https://doi.org/10.1002/j.2326-1951.2000.tb03504.x.

Fausto-Sterling, A. 2015. Intersex: concept of multiple sexes is not new. *Nature* 519: 291. https://doi.org/10.1038/519291e.

Gandhi, M., F. Aweeka, R.M. Greenblatt, T.F. Blaschke. 2004. Sex differences in pharmacokinetics and pharmacodynamics. *Annu Rev Pharmacol Toxicol* 44: 499–523. https://doi.org/10.1146/annurev.pharmtox.44.101802.121453.

Gaston, M.H., G.K. Porter, und V.G. Thomas. 2007. Prime Time Sister Circles: evaluating a gender-specific, culturally relevant health intervention to decrease major risk factors in mid-life African-American women. *J Natl Med Assoc* 99: 428–438.

Schiebinger, L., I. Klinge, I. Sánchez de Madariaga, H.Y. Paik, M. Schraudner, und M. Stefanick. Hrsg. 2011–2021. Gendered Innovations in Science, Health & Medicine, Engineering and Environment. https://genderedinnovations.stanford.edu/. Zugegriffen: 17.4.2023.

Gray, C.M., K. Hunt, N. Mutrie, A.S. Anderson, S. Treweek, und S. Wyke. 2013. Weight management for overweight and obese men delivered through professional football clubs: a pilot randomized trial. *Int J Behav Nutr Phys Act* 10: 121. 1479-5868-10-121 [pii]https://doi.org/10.1186/1479-5868-10-121.

Huded, C.P. et al. 2018. 4-Step Protocol for Disparities in STEMI Care and Outcomes in Women. *J Am Coll Cardiol* 71: 2122–2132. https://doi.org/10.1016/j.jacc.2018.02.039.

Hunt, K. et al. 2014. A gender-sensitised weight loss and healthy living programme for overweight and obese men delivered by Scottish Premier League football clubs (FFIT): a pragmatic randomised controlled trial. *Lancet* 383: 1211–1221. S0140-6736(13)62420-4 [pii]https://doi.org/10.1016/S0140-6736(13)62420-4.

Jowhar, Z. et al. 2018. Effects of human sex chromosome dosage on spatial chromosome organization. *Mol Biol Cell* 29: 2458–2469. https://doi.org/10.1091/mbc.E18-06-0359.

Kagesten, A., und V. Chandra-Mouli. 2020. Gender-transformative programmes: implications for research and action. *Lancet Glob Health* 8: e159–e160. https://doi.org/10.1016/S2214-109X(19)30528-5.

Krieger, N. 2005. Embodiment: a conceptual glossary for epidemiology. *J Epidemiol Community Health* 59: 350–355. https://doi.org/10.1136/jech.2004.024562.

Ludwig, S., S. Oertelt-Prigione, C. Kurmeyer, M. Gross, A. Gruters-Kieslich, V. Regitz-Zagrosek, und H. Peters. 2015. A Successful Strategy to Integrate Sex and Gender Medicine into a Newly Developed Medical Curriculum. *J Womens Health* (Larchmt) 24: 996–1005. https://doi.org/10.1089/jwh.2015.5249.

Magovcevic, M., und M.E. Addis. 2008. The Masculine Depression Scale: Development and Psychometric Evaluation. *Psychol Men Masculin* 9: 117–132. https://doi.org/10.1037/1524-9220.9.3.117.

Maschewsky-Schneider, U., L. Hinze, P. Kolip, und C. Scheidig. 2001. Women and sex-specific health research in the German Society for Social Medicine and Prevention. *Gesundheitswesen* 63. Suppl 1: S89–92. https://doi.org/10.1055/s-2001-12123.

Mogil, J.S. 2020. Qualitative sex differences in pain processing: emerging evidence of a biased literature. *Nat Rev Neurosci* 21: 353–365. https://doi.org/10.1038/s41583-020-0310-6.

Mosca, L., E. Barrett-Connor, und N.K. Wenger. 2011. Sex/gender differences in cardiovascular disease prevention: what a difference a decade makes. *Circulation 124*: 2145–2154. 124/19/2145 [pii]https://doi.org/10.1161/CIRCULATIONAHA.110.968792.

Nolte, S. et al. 2019. General population normative data for the EORTC QLQ-C30 health-related quality of life questionnaire based on 15,386 persons across 13 European countries, Canada and the Unites States. *Eur J Cancer* 107: 153–163. https://doi.org/10.1016/j.ejca.2018.11.024.

Obias-Manno, D. et al. 2007. The Food and Drug Administration Office of Women's Health: impact of science on regulatory policy. *J Womens Health* (Larchmt) 16: 807–817. https://doi.org/10.1089/jwh.2006.0135.

Oertelt-Prigione, S., und E. Mariman. 2020. The impact of sex differences on genomic research. *Int J Biochem Cell Biol* 124: 105774. https://doi.org/10.1016/j.biocel.2020.105774.

Oertelt-Prigione, S., und V. Regitz-Zagrosek. 2009. Gender aspects in cardiovascular pharmacology. *J Cardiovasc Transl Res* 2: 258–266. https://doi.org/10.1007/s12265-009-9114-9.

Pelletier, R., B. Ditto, und L. Pilote. 2015. A composite measure of gender and its association with risk factors in patients with premature acute coronary syndrome. *Psychosom Med* 77: 517–526. https://doi.org/10.1097/PSY.0000000000000186.

Pelletier, R. et al. 2016. Sex Versus Gender-Related Characteristics: Which Predicts Outcome After Acute Coronary Syndrome in the Young? *J Am Coll Cardiol* 67: 127–135. S0735-1097(15)07355-6 [pii]https://doi.org/10.1016/j.jacc.2015.10.067.

Pfreundschuh, M. et al. 2017. Optimization of rituximab for the treatment of DLBCL: increasing the dose for elderly male patients. *Br J Haematol* 179: 410–420. https://doi.org/10.1111/bjh.14860.

Regitz-Zagrosek, V. et al. 2016. Gender in cardiovascular diseases: impact on clinical manifestations, management, and outcomes. *Eur Heart J* 37: 24–34. ehv598 [pii]https://doi.org/10.1093/eurheartj/ehv598.

Ross, M.T. et al. 2005. The DNA sequence of the human X chromosome. *Nature* 434: 325–337. https://doi.org/10.1038/nature03440.

Schiebinger, L.L. 1994. *Nature's body*. London: Pandora.

Tannenbaum, C., L. Greaves, und I.D. Graham. 2016. Why sex and gender matter in implementation research. *BMC Med Res Methodol* 16: 145. https://doi.org/10.1186/s12874-016-0247-7.

Tate, C.C., C.P. Youssef, und J.N. Bettergarcia. 2014. Integrating the Study of Transgender Spectrum and Cisgender Experiences of Self-Categorization From a Personality Perspective. *Rev Gen Psychol* 18: 302–312. https://doi.org/10.1037/gpr0000019.

Tschaftary, A., N. Hess, S. Hiltner, und S. Oertelt-Prigione. 2018. The association between sex, age and health literacy and the uptake of cardiovascular prevention: a cross-sectional analysis in a primary care setting. *J Publ Health* 1: 1–6.

Vaccarino, V., H.M. Krumholz, L.F. Berkman, und R.I. Horwitz. 1995. Sex differences in mortality after myocardial infarction. Is there evidence for an increased risk for women? *Circulation* 91: 1861–1871.

Vaid, I., C. Wigington, D. Borbely, P. Ferry, und D. Manheim. 2011. WISEWOMAN: addressing the needs of women at high risk for cardiovascular disease. *J Womens Health* (Larchmt) 20: 977–982. https://doi.org/10.1089/jwh.2011.2850.

Wagner, A.D. et al. 2019. Gender Medicine and Oncology: Report and consensus of an ESMO Workshop. *Ann Oncol*. https://doi.org/10.1093/annonc/mdz414.

Watts, N.B. et al. 2012. Osteoporosis in men: an Endocrine Society clinical practice guideline. *J Clin Endocrinol Metab* 97: 1802–1822. https://doi.org/10.1210/jc.2011-3045.

Westergaard, D., P. Moseley, F.K.H. Sorup, P. Baldi, und S. Brunak. 2019. Population-wide analysis of differences in disease progression patterns in men and women. *Nat Commun* 10: 666. https://doi.org/10.1038/s41467-019-08475-9.

Wetzel, R., M. Neumann, S. Pfandl, und W. Puhl. 1998. Knochendichte – Referenzwerte deutscher Männer. *Z Orthop Unfall* 136: 260–267.

White, A., L. Ironmonger, R.J.C. Steele, N. Ormiston-Smith, C. Crawford, und A. Seims. 2018. A review of sex-related differences in colorectal cancer incidence, screening uptake, routes to diagnosis, cancer stage and survival in the UK. *BMC Cancer* 18: 906. https://doi.org/10.1186/s12885-018-4786-7.

WHO. 2008. *Women's empowerment and gender equality: Essential goals for saving women's lives*. Geneva.

Willson, T., S.D. Nelson, J. Newbold, R.E. Nelson, und J. LaFleur. 2015. The clinical epidemiology of male osteoporosis: a review of the recent literature. *Clin Epidemiol* 7: 65–76. https://doi.org/10.2147/CLEP.S40966.

WISEWOMAN Workgroup. 1999. Cardiovascular disease prevention for women attending breast and cervical cancer screening programs: the WISEWOMAN projects. The WISEWOMAN Workgroup. *Prev Med* 28: 496–502. S0091743599904620 [pii].

Zucker, I., und B.J. Prendergast. 2020. Sex differences in pharmacokinetics predict adverse drug reactions in women. *Biol Sex Differ* 11: 32. https://doi.org/10.1186/s13293-020-003 08-5.

Sabine Oertelt-Prigione, Prof. Dr., ist Professorin für geschlechtersensible Medizin an der Universität Bielefeld und der Radboud University in den Niederlanden, Organisationsberaterin und Mentorin. Ihr Forschungsschwerpunkt ist die strukturelle Implementierung geschlechtersensibler Ansätze in der medizinischen Forschung, Versorgung und Lehre.

Gender und Diversity in naturwissenschaftlicher Hochschullehre und Fachdidaktik

Open Educational Resources entwickeln: Herausforderungen für Gendering MINT digital

Göde Both, Smillo Ebeling, Felicitas Günther,
Simon Herchenbach, Anna Kraher und Sigrid Schmitz

1 Das Portal „Gendering MINT digital“: Verortung und Aufbau

Spätestens seit Erscheinen des Advice Paper „Gendered Research and Innovation: Integrating sex and gender analysis into the research process“ (Buitendijk und Maes 2015) der League of European Research Universities (LERU) ist die Implementierung von Genderforschung, einhergehend mit entsprechenden

G. Both (✉)
Deutsches Zentrum für Hochschul- und Wissenschaftsforschung, Berlin, Deutschland
E-Mail: both@dzhw.eu

S. Ebeling
Universität Bielefeld, Bielefeld, Deutschland
E-Mail: s.ebeling@uni-bielefeld.de

F. Günther
Berlin, Deutschland
E-Mail: felicitas-guenther@posteo.net

S. Herchenbach
Deutsche Aidshilfe, Berlin, Deutschland
E-Mail: simon.herchenbach@dah.aidshilfe.de

A. Kraher
Berlin, Deutschland
E-Mail: anna.kraher@servus.at

S. Schmitz
HU Berlin, Berlin, Deutschland
E-Mail: sigrid.schmitz@hu-berlin.de

S. Huch und M. Erlemann (Hrsg.), *Gender & Diversity Studies in MINT meets Naturwissenschaftsdidaktik*, Edition Fachdidaktiken,
https://doi.org/10.1007/978-3-658-43616-2_6

Lehr-/Lernformaten und Programmen zur Förderung der Chancengleichheit von Frauen in MINT[1], Teil einer hochschulpolitischen Rhetorik. Die LERU-Initiative reiht sich damit in aktuelle Top-down-Initiativen ein, die deutschlandweit (DFG 2020) und international (European Union 2015, S. 13–14) die Auswirkungen von naturwissenschaftlicher Wissensproduktion und technologischen Entwicklungen auf individuelle und gesellschaftliche Geschlechteraspekte in den Fokus stellen.[2] In den MINT-Fächern selber sind diese Ziele aber bisher nur marginal angekommen – trotz eines inzwischen ausgewiesenen Wissens- und Literaturkorpus zu Gender & MINT.[3] Um Genderforschung in den MINT-Fächern zu fördern, ist es daher notwendig, den Forschungsstand in leicht zugänglichen Lehr-/Lernmaterialien zur Verfügung zu stellen.

Im Projekt Gendering MINT digital, TP II[4] haben wir Open Educational Resources (OER) für Lehrende und Studierende der Natur- und Technikwissenschaften entwickelt. Die OER sollen fachbezogene und fachübergreifende Genderkompetenzen vermitteln und Reflexionskompetenzen stärken. Den Spannungsfeldern und Herausforderungen, die diese Ziele und ihre Umsetzung mit sich bringen, widmen wir uns in diesem Beitrag. Wir möchten zudem Einblicke in den Entwicklungsprozess geben und die Überlegungen darlegen, die dazu führten, wie wir unsere OER sowohl inhaltlich als auch in Hinblick auf ihre Formate gestaltet haben. Dazu beleuchten wir folgende Fragen: Welche (Lern-)Ziele

---

[1] Das Akronym MINT steht für Studienfächer aus den Bereichen der Mathematik, Informatik, Naturwissenschaften und Technik.

[2] Auch wenn diese Rhetorik meist mehr auf ökonomischen Argumenten (Nutzung weiblicher Humanressourcen, Kostenreduktion im medizinischen Feld durch Berücksichtigung ‚geschlechtsspezifischer Differenzen' u. a.) als auf geschlechterpolitischen Forderungen beruht (Schmitz 2018), führte sie zu einem Anstieg von Fördermaßnahmen, die in den letzten Jahren viele Projekte zu Gender & MINT finanzierten.

[3] Übersichten zur mehr als vierzigjährigen Geschichte der Forschung zu Gender & MINT finden sich u. a. in Bath et al. (2017), Ebeling und Schmitz (2006), Götschel und Niemeyer (2009), Lucht und Paulitz (2008), Mauß und Petersen (2006), Schiebinger (2014), Schmitz (2016) und zu lehrspezifischen Ansätzen hinsichtlich Gender in MINT in Balzter, Klenk und Zitzelsberger (2017), Bauer und Götschel (2006), Schmitz (2008), Wedel und Bartsch (2015).

[4] Das Vorhaben Gendering MINT digital, Teilprojekt II war am Zentrum für transdisziplinäre Geschlechterstudien (Humboldt-Universität zu Berlin) angesiedelt und wurde vom Bundesministerium für Bildung und Forschung (BMBF) unter dem Förderkennzeichen 01FP1722 von 2017–2020 gefördert. Es war Teil eines Verbundes Gendering MINT digital mit der Albert-Ludwigs-Universität Freiburg und der Hochschule Offenburg. Informationen zum Teilprojekt finden sich auf https://www.gender.hu-berlin.de/de/forschung/GenderingMINTdig.

streben wir mit unseren OER an? Welche inhaltlichen, institutionellen, gestalterischen und zielgruppenspezifischen Herausforderungen stellten sich uns und wie haben wir diese bearbeitet? Wie sind wir mit Erwartungen und Vorgaben beispielsweise technischer Art etablierter Formate (etwa Erklärvideos) umgegangen? Welche Möglichkeiten und Einschränkungen ergaben die Kooperationen mit Partner*innen in MINT-Fächern?

Unsere OER sind über das Portal „Gendering MINT digital" erreichbar.[5] Zum Einstieg möchten wir einen kurzen Überblick über das Portal geben, um anschließend entlang der von uns entwickelten OER konkrete Herausforderungen zu reflektieren. Eine kommentierte Übersicht über die Inhalte aller unserer OER findet sich auf dem Portal unter den Menüpunkt „Übersicht".

Insgesamt besteht das Portal aus derzeit acht Lerneinheiten (siehe Abb. 1):

- Das fächerübergreifende Modul „Geschlecht ist für alle Fächer da" stellt den Forschungs- und Lehrbereich Gender & MINT vor und erläutert in fünf Kapiteln seine Grundlagen und zentralen Begriffe. Ein Kapitel reflektiert die Lerneinheit aus einer queerfeministischen Perspektive.
- Fünf fachbezogene Module vertiefen zentrale Erkenntnisse von Gender & MINT anhand konkreter Beispiele für die Biologie, Chemie, Informatik, Mathematik und Physik.
- Ein fachübergreifendes Modul stellt Erkenntnisse von Gender & MINT für die Gleichstellungsarbeit in diesen Fächern bereit.
- Das fachübergreifende Modul „Gender in Technoscientific Literacy" behandelt Genderthematiken für die natur- und technikwissenschaftliche Lehramtsausbildung.

Unsere OER fußen auf didaktischen Konzepten zum partizipativen, kollaborativen und selbstständigen Arbeiten, die konstruktivistischen Ansätzen des Lehrens/Lernens folgen. Im Gegensatz zu instruktionistischen Unterrichtsverfahren ermöglichen diese den individuellen Einstieg in das Material, unterschiedliche Wege zum Kompetenzerwerb und eine möglichst kooperative statt einer kompetitiven Lernatmosphäre (Schmitz und Nikoleyczik 2009).

Die Verzahnung von digitalisierten Inhalten und informationstechnischen Formaten für partizipatives und kollaboratives Arbeiten steht im Zentrum. Dies

[5] Das Portal ist zugänglich über https://hu.berlin/gmint. Das Zentrum für transdisziplinäre Geschlechterstudien sowie das Medienrepositorium der Humboldt-Universität (HU) Berlin gewährleisten den Weiterbetrieb des Portals über den Förderzeitraum des Projekts hinaus.

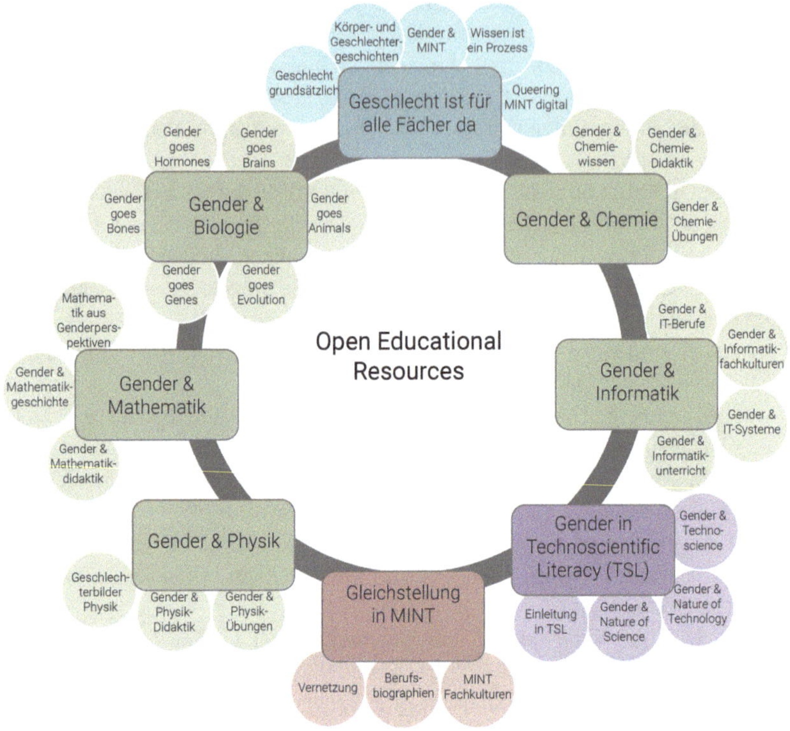

Abb. 1 Übersicht OER von „Gendering MINT digital“. (Quelle: eigene Darstellung)

unterstützt Vernetzung von Theorie, Reflexionskompetenz und Praxis. Die modularen OER bestehen aus Lerneinheiten mit Videos, Quiz-, Reflexions- und Vertiefungsaufgaben. Die Module können zeit- und ortsunabhängig in beliebiger Reihenfolge sowie angepasst an individuelle Bedürfnisse und Vorkenntnisse eingesetzt werden. Nach dem Prinzip des Inverted Classroom[6] können sie zunächst selbstständig in einem bewertungsfreien Umfeld außerhalb der Hochschulen bearbeitet und anschließend im Präsenzunterricht oder in einer Videokonferenz

[6] Inverted Classroom, auch umgedrehter Unterricht bzw. Flipped Classroom, ist eine Form des Blended Learning, bei der Vortrags- und Arbeitsphase vertauscht werden. Der inhaltliche Input erfolgt anfangs über eine Lerneinheit oder ein Kapitel, welche die Studierenden alleine oder in der Gruppe bearbeiten. Während der anschließenden Präsenzsitzung oder Videokonferenz findet die Besprechung von Fragen und die Diskussion der Inhalte statt.

vertiefend diskutiert werden. Unsere didaktischen Vorschläge zum geeigneten Einsatz der einzelnen OER in der Hochschullehre befinden sich ebenfalls auf dem Portal.

Nach dieser kurzen Vorstellung des Portals und seiner OER kommen wir nun zum Aufbau des Beitrags. Die Ziele, Gender- und Reflexionskompetenz zu vermitteln, werden zunächst beispielhaft mithilfe der konzeptionellen Überlegungen zu der Lerneinheit „Gender in Technoscientific Literacy" skizziert. Dabei werden Herausforderungen für die inhaltliche und didaktische Konzeption sowie für die technische Gestaltung sichtbar, die wir im Folgenden entlang unserer Lerneinheiten vorstellen. Die Herausforderungen bei der Vermittlung komplexer Inhalte und Zusammenhänge erläutern wir anhand der Produktion von Erklärvideos für die Lerneinheit „Geschlecht ist für alle Fächer da". Anschließend diskutieren wir projektübergreifende Fragen der digitalen Umsetzung bezüglich der Softwareauswahl (Womit?), der technischen Expertise (Wer?) und der Visualisierung (Wie?). Die Herausforderung, interdisziplinäres Wissen zu vermitteln, gestaltet sich je nach Publikum und Kontext unterschiedlich, auch wenn es selbstverständlich Gemeinsamkeiten gibt. Wir illustrieren unsere inhaltliche Konzeption anhand der Lerneinheiten, die wir für die Fächer Informatik, Biologie, Chemie und Physik entwickelt haben. Das gewählte Beispiel der Lerneinheit „Gender & Informatik" beschäftigt sich mit der Positionierung einer Lehr-/Lerneinheit Gender Studies im Kontext eines Faches, welches für sich beansprucht, geschlechtsneutral zu sein. Die Wechselwirkungen zwischen fachlichen Inhalten und Geschlechterverhältnissen werden exemplarisch an der Lerneinheit „Gender & Biologie" beleuchtet. Anhand der Beispiele „Gender & Chemie" und „Gender & Physik" reflektieren wir über die Entwicklung und Erprobung von OER im Rahmen von fachdidaktischen Lehrveranstaltungen.

2 Reflexionskompetenz stärken: Beispiel „Gender in Technoscientific Literacy"

Die OER sollen Genderkompetenzen vermitteln und Reflexionskompetenzen stärken. Was verstehen wir in diesem Zusammenhang unter Technoscientific Literacy? *Technoscience* bezeichnet in den Science and Technology Studies die enge Verwobenheit der naturwissenschaftlichen Wissensproduktion und technischen Entwicklungen sowie deren Kontextualisierung in der Historie und in der gegenwärtigen Gesellschaft und Kultur. Die in den Bildungswissenschaften inzwischen intensiv diskutierten Konzepte der *(Critical) Scientific Literacy* und der *Technology Literacy* stellen hervorragende Anknüpfungspunkte für die Genderforschung dar.

Literacy bezeichnet die Kompetenz, aufgrund fundierter Informationen eigene Positionen zu entwickeln und Entscheidungen zu treffen (Costa und Mendel 2016; OECD 2013). Als grundlegendes bildungswissenschaftliches Ziel sollen Gesellschaftsmitglieder dazu befähigt und darin bestärkt werden, mit fundiertem Wissen über die Natur- und Technikwissenschaften an gesellschaftlichen Entscheidungsprozessen teilzunehmen. Die Wissensvermittlung zielt aber nicht nur auf naturwissenschaftliche und technische Fachkenntnisse, sondern vor allem auf die Fähigkeit, dieses Fachwissen zu kontextualisieren und zu reflektieren. Welche Bedeutung hatte etwa die Entdeckung der Doppelhelix in den 1950er Jahren oder haben die Entwicklungen der aktuellen Verfahren des Genom Editing für die Gesellschaft? Welche Rolle spielen soziokulturelle Faktoren, wie etwa die Wertschätzung und Menschenrechte von als behindert klassifizierten Menschen in der Wissensproduktion der Natur- und Technikwissenschaften? Mündige Bürger*innen können mit entsprechendem naturwissenschaftlichem und technischem Wissen zur Lösung sozialer und politischer Probleme beitragen (Hodson und Wong 2014), beispielsweise zur Beseitigung von genetisch bedingten Krankheiten oder zur Bekämpfung eines globalen Nahrungsmangels.

Auch im naturwissenschaftlichen und technischen Unterricht sollen die Lernenden ein Verständnis dieser Einbettung in gesellschaftspolitische Kontexte erlangen, um sie in diesem Zusammenhang bewerten zu können. Im Fokus steht also eine kritische Wissenschaftsbildung (Costa und Mendel 2016). Denn die gesellschaftlichen Herausforderungen, Probleme und „socio-scientific issues" (Sadler et al. 2007, S. 371) gehen unbewusst ebenso wie geplant in die naturwissenschaftliche und technische Bildung ein (Hodson 2003).

Die Reflexion, kritische Diskussion und Kontextualisierung von Naturwissenschaft und Technik und die Entwicklung einer verantwortungsvollen Wissenschaft und Technik sind seit über vierzig Jahren Kernelemente der Feminist Science & Technology Studies. Inhaltlich untersuchen die Feminist Science & Technology Studies Geschlecht (und andere Differenzkategorien) als eine Querschnittskategorie der Natur- und Technikwissenschaften, die auf der strukturellen Ebene ‚platzanweisend' mitentscheidet, welche Geschlechter in welchen Positionen mit welcher Wirkungsmacht an Wissenschaft und Forschung teilhaben. Darüber hinaus analysieren sie, welches Geschlechterwissen die Naturwissenschaften mit ihrer hohen Definitionsmacht bereitstellen und wie soziokulturelle Vorstellungen über Geschlecht sowie die gesellschaftlichen Geschlechterverhältnisse in ihre Wissensproduktion eingehen. Grundlegend ist außerdem eine Kritik an den

Postulaten der Objektivität und der Wertneutralität, die Natur- und Technikwissenschaften für sich beanspruchen. Das hohe Reflexionspotenzial von Feminist Science & Technology Studies sowie seine weiterentwickelten Objektivitätskonzepte und Vorschläge für ein verantwortungsvolles und situiertes Wissen (Haraway 1988), führen wir in der Lerneinheit „Gender in Technoscientific Literacy“ mit Konzepten der *Scientific Literacy* und der *Technology Literacy* zusammen. Mit der Reflexion der Natur- und Technikwissenschaften kann diese Lerneinheit über die strukturelle Ebene und Fragen der Geschlechtergerechtigkeit hinausgehen und zu einer genderreflexiven *Critical Technoscientific Literacy* beitragen (z. B. Allchin 2017; Costa und Mendel 2018; Schmitz et al. 2014).

3 Komplexitätsvermittlung: Beispiel „Geschlecht ist für alle Fächer da"

„Gender können wir doch irgendwie alle“. Entgegen dieser häufig zu vernehmenden Ansicht sind die Gender Studies ein überaus komplexer Forschungs- und Lehrbereich, der fachübergreifende Themen behandelt. Das gilt insbesondere für den Bereich Gender & MINT, in dem sich nicht nur die Theorien, Erkenntnisse und Methoden der Sozial-, Kultur- und Geisteswissenschaften mit denen der Natur- und Technikwissenschaften verbinden. Auch die verschiedenen erkenntnistheoretischen Perspektiven und Fachkulturen treffen dort aufeinander und müssen gegenseitig vermittelt werden. Am Beispiel der Lerneinheit „Geschlecht ist für alle Fächer da“ geht dieser Abschnitt auf die damit einhergehende Herausforderung ein, Komplexität leicht verständlich und überschaubar darzustellen. Konkret berichten wir von unserer Auseinandersetzung über die Vermittlung der anspruchsvollen Wissensbestände und vielschichtigen Themen von Gender & MINT in einem siebenminütigen Erklärvideo.

Erklärvideos erzielen aufgrund der verknüpften auditiven und visuellen Informationsaufnahme recht hohe Lernerfolge (Stephan et al. 2010). Sie sind nicht nur aus diesem Grund unter Schüler*innen beliebt (Rat für Kulturelle Bildung 2019; Körber-Stiftung 2019), sondern auch, weil sie ohne Umschweife in medias res gehen. So ermöglichen sie ein zeitökonomisch effektives Lernen. Die Kurzvideos der Lerneinheit „Geschlecht ist für alle Fächer da“ zielen auf eine Sensibilisierung für die Relevanz von Genderthemen und auf die Vermittlung von Grundlagenwissen der Gender Studies. Die Studierenden können Grundlagenbegriffe der Gender Studies kennenlernen und erfahren, welche Bedeutung Genderthemen für ihr naturwissenschaftliches oder technisches Fach hat.

Die Erklärvideos sollen ferner allgemeinverständlich, kurzweilig und unterhaltsam sein. Das birgt Schwierigkeiten. Als Produzent*innen der Kurzvideos müssen wir für die Darstellung Aspekte auswählen. Wir identifizieren das Wesentliche einer Thematik und stellen es leicht verständlich und visuell ebenso wie akustisch ansprechend dar – so ist zumindest der Anspruch. Mit einer hohen Verdichtung auf zentrale – ‚wesentliche' – Themen könnte bei den Lernenden der Eindruck entstehen, dass sie mit einem Erklärvideo erschöpfend Auskunft erhalten haben. Zentrale Erkenntnisse der Gender Studies und der Feminist Science & Technology Studies zeigen aber, dass Wissen nicht als klar abgrenzbare und unveränderliche Einheiten ‚entdeckt' wird (Longino 1990). Stattdessen handeln situierte, verkörperte und vernetzte Wissensproduzent*innen fortwährend modifizierbare Wissensbestände aus (Haraway 1988). Und zur Aushandlung von Wissensbeständen gehören durchaus umfangreiche Erklärungen, Kontextualisierungen, Verortungen, Begründungen und kritisches Hinterfragen. Dieser Spannung zwischen dem eigenen Anspruch einer situierten und verantwortungsvollen (Haraway 2016) Wissensproduktion, die Antworten auf gesellschaftliche Fragen bietet, und der erforderlichen leicht zugänglichen und verständlichen Vermittlung komplexer Wissensbestände eines Erklärvideos sind wir mit dem Kapitel „Wissen ist ein Prozess" begegnet. Dort stellen wir in drei Kurzvideos zentrale Theorien und erkenntnistheoretische Positionen der feministischen Wissenschaftsforschung vor. Dabei versuchen wir, für die Notwendigkeit einer reflektierten und situierten Wissensproduktion durch Reflexionseinheiten zu sensibilisieren. In allen Videos und Lernkursen verweisen wir zudem auf weiterführende wissenschaftliche Literatur, was auch verdeutlicht, dass es mehr über die einzelnen Themen zu wissen und überdenken gibt.

Eine zu stark vereinfachende Beschreibung komplexer Zusammenhänge ist aus einem weiteren Grund problematisch: Aus bildungswissenschaftlicher und aus queerfeministischer Perspektive betrachtet, läuft die Beschränkung auf das ‚Wesentliche' der Notwendigkeit zuwider, zum Verständnis einer komplexen, globalisierten Welt zu befähigen, etwa wenn es darum geht, im Sinne der *Sustainable Development Goals* der UN nachhaltige, zukunftsfähige und damit sozialverträgliche Gesellschaften zu entwickeln.[7] Auch aus diesem Grund sollen unsere Lerneinheiten zum kritischen und reflektierenden Denken motivieren. Um dies zu leisten, lassen wir in den Videos eine ‚queere Stimme' kritische Fragen einwerfen und fügen zudem Reflexionsfragen und Vertiefungsaufgaben in die Lerneinheiten ein.

---

[7] Auffindbar unter https://sdgs.un.org/goals.

4 Die WWWs der digitalen Umsetzung

Zusätzlich zur Vermittlung komplexer Wissensbestände stellten sich bei der technischen Umsetzung weitere Herausforderungen, bei denen es galt, zwischen den verschiedenen Ansprüchen abzuwägen. Diesen Entwicklungsprozess werden wir im Folgenden anhand der drei Ws der Umsetzung – Womit? Wer? Wie? – ausführen.

4.1 Womit? Softwareauswahl in der Projektentwicklung

Um Inhalte schnell medial aufzubereiten, erstellten wir anfänglich verschiedene Videos, etwa von Vorlesungen und von Präsentationen mittels Screen Grabber oder als Whiteboard-Animation. Da sich die Videoproduktion äußerst zeitaufwendig gestaltete und dem gewünschten partizipativen Charakter nicht gerecht wurde, mussten wir unser Repertoire an Tools zur Inhaltsproduktion erweitern.[8] Mitzudenken war auch die Speicherung und Veröffentlichung: Langfristigkeit, also eine Lebensdauer über die Projektlaufzeit hinaus, musste gewährleistet sein und es galt Open-Access-Anforderungen zu berücksichtigen. So griffen wir auf universitäre IT-Strukturen zurück, welche die nötigen Serverkapazitäten bereitstellten und die auf Softwareebene die Pflege- sowie Wartungsarbeiten übernahmen. Diese Kooperation bedeutete jedoch konkret ein Einlassen auf vorhandene IT-Systeme wie -Strukturen der Universität und damit verbundene Restriktionen in der Softwareauswahl.

Konkret bedeutete das, dass die spezifischen Anforderungen der zunächst favorisierten quelloffenen Softwarelösung H5P unvereinbar mit den bestehenden Systemen der Universität waren, weshalb wir nach anderen, kompatiblen Autor*innensystemen suchen mussten. Dies gestaltete sich mühsam, da es nur wenige Tools gibt, mit denen interaktive, konstruktivistische und modulare OER erstellt werden können. Neben diesen Ansprüchen an die OER suchten wir ebenfalls nach einer Softwarelösung, die nicht-kommerziell und kompatibel mit gängigen Lernplattformen wie Moodle ist. Wir entschieden uns schließlich für das LernBar-Autor*innensystem[9], welches von der Goethe-Universität Frankfurt am Main entwickelt wurde. Hiermit konnten wir OER erstellen, welche in

[8] Dabei wandelte sich die Funktion der Videos: Zuerst ein primäres Medium zur Inhaltsvermittlung, funktionierten spätere Videos eher als Unterfütterung in Form von Beispielen und Expert*innenstatements.

[9] Einsehbar unter https://www.studiumdigitale.uni-frankfurt.de/59593095/LernBar-2015.

beliebiger Reihenfolge zeit- und ortsunabhängig sowie angepasst an individuelle Bedürfnisse und Vorkenntnisse bearbeitet werden können. Abstriche waren hingegen hinsichtlich der Modularisierung nötig, da LernBar für die Erstellung von eher linearen Lernkursen vorgesehen ist. So war es nicht möglich, die modularen Lerneinheiten aus fachübergreifenden und fachbezogenen Vertiefungen in einer entsprechend vernetzten Form auf der Navigationsoberfläche darzustellen. Nur innerhalb der Lerneinheiten konnten wir jeweils auf andere Kurse verweisen oder beispielsweise Grundlagenvideos mehrfach in verschiedene Vertiefungen einbinden.

Selbstreflexionsübungen, Quizze und vertiefende Aufgaben konnten wir mit spezifischen Werkzeugen der LernBar in die einzelnen Lerneinheiten einbinden. Möglichkeiten zur simultanen digitalen Kollaboration sieht LernBar hingegen nicht vor, sodass wir hierfür zusätzliche E-Tools einsetzen mussten. Die gemeinsame Diskussion von Ansätzen und Begriffen ermöglichte z. B. kollaboratives Concept Mapping (Schmitz und Grunau 2009), wie wir es in der Fachdidaktik der Informatik zur Bearbeitung und Begriffsdiskussion mit dem E-Tool MindMeister eingesetzt haben.

4.2 Wer? Notwendigkeit technischer Expertise für Digitalisierungsprojekte

Nicht nur hinsichtlich der grafischen Gestaltung fiel der Bedarf an technischer Expertise bedeutend höher aus als gedacht. Dies betraf sowohl die anfängliche Evaluierung der technischen Mittel und deren Auswahl als auch die Erstellung der OER. Im Projekt lag diese Verantwortung hauptsächlich bei den studentischen Hilfskräften.[10] Es entstand eine Dynamik, in der primär die Studierenden Tätigkeiten ausübten, die weit über ihrer Entlohnung und ihrem Arbeitszeitkontingent lagen. Auch jene Digitalisierungsprojekte, die sich auf die Nutzung bereits vorhandener technischer Tools beschränken, benötigten meist anspruchsvollere und innovativere Lösungen als zuvor erwartet. Diese fielen ebenso den studentischen

[10] Der Begriff Hilfskraft gibt nicht den realen Grad an Kollaboration und Gleichwertigkeit wieder, der in vielen Fällen präsent ist, ebenso wenig die Anforderungen an diese Stellen und die übernommene Verantwortung. Der Begriff entspricht allerdings der hier relevanten materiellen Wertung dieser Beschäftigten: geringe Bezahlung, wenige Stunden und Abwertung auf administrativer Seite. Die Einstellung von studentischen Hilfskräften für die Übernahme teils höchst anspruchsvoller (technischer) Aufgaben ist weitverbreitete universitäre Praxis, die tarif- und arbeitsrechtlich zweifelhaft ist, und eine Form des indirekten Lohndumpings darstellt.

Hilfskräften zu, sei es Videobearbeitung, das Aufsetzen von Webseiten oder das Schreiben kleiner Programme. Selbst, wenn ausschließlich mit vorhandenen Tools gearbeitet wurde, sind Akademiker*innen gegenwärtig weder unbedingt in technischer und visueller Umsetzung ausgebildet, noch bringen sie zwingenderweise ein solches Geschick mit. Es stellte sich auch heraus, dass es eine spezifische Schnittstellen-Expertise benötigte, die akademische Wissensproduktion, didaktische Aspekte, technische und visuelle Kompetenz verband. Diese Kompetenzen fehlten in der Anlage des Projekts und ließen sich nicht nebenbei in Schulungen aneignen. Das zu erwarten, entwertet diese Fachkompetenzen; eine Entwertung, die einerseits auf Kosten von Akademiker*innen geht, denen zusätzliche Qualifikationen abverlangt werden. Andererseits wird es denjenigen nicht gerecht, die sich diese Fachkompetenzen durch Ausbildung und Arbeitsprozesse angeeignet haben.

Diese Erfahrungen machten nicht nur wir. Vielmehr werden Anforderungen an die Qualifikationen der Mitarbeitenden bei Digitalisierungsprojekten oft, wenn nicht sogar strukturell vernachlässigt. Das führt dazu, dass Einzelpersonen und -projekte mit diesen Anforderungen alleingelassen sind, wie nicht zuletzt an der „Blitzdigitalisierung“ aufgrund der Covid-19-Pandemie vielerorts bemängelt wurde (Schmitz und Both 2021). Die mangelnde Berücksichtigung der digitalen Kompetenzen und Arbeitsaufwände reflektiert nach unserer Einschätzung die Erwartung, dass informationstechnische Innovation Arbeit spart – in vielen Fällen findet aber primär eine Verlagerung und Verschleierung von Arbeit statt. Die derzeitige Praxis von autodidaktischer Aneignung mit kleinen Schulungen und Rückgriff auf billigere, flexiblere Arbeitskräfte, wie im unsrigen Fall Studierenden, ist kein haltbarer Zustand und ein grundsätzliches Problem. Es ist zu empfehlen, dem Bedarf an technischer Kompetenz und Expertise schon bei Mittelausschreibung, Projektkonzeption und Mittelverteilung Rechnung zu tragen (siehe Abschn. 8). Eine Möglichkeit wäre, diesen Bedarf in Form von Stellen, die hinsichtlich der einkalkulierten Arbeitsstunden und der Entlohnung dem Qualifikationsniveau angemessen sind, im Entwicklungsteam zu verankern. So könnten Studierende in Zusammenarbeit mit qualifiziertem Personal durch herausfordernde Arbeitsaufgaben ihre Kompetenzen erweitern, ohne dafür bei geringer Entlohnung die volle Verantwortung zu übernehmen.

4.3 Wie? Visualisierung von Interdisziplinarität

Der modulare Ansatz des Projekts warf auch bei der visuellen Umsetzung von Interdisziplinarität Fragen auf: Wie kann die komplexe Vernetztheit der verschiedenen Inhalte visuell umgesetzt werden? Wie sind die Inhalte in Lerneinheiten aufzuteilen und sollen diese den Disziplinen entsprechend benannt werden? Die getroffenen Entscheidungen hatten konkrete Auswirkungen auf die grafische und technische Umsetzung, die etwa die Bebilderung der Inhalte betraf sowie die visuelle und strukturelle Gestaltung der Website, in welche die Lerneinheiten eingebunden wurden.

Die Verwobenheit von Ansätzen aus Gender & MINT zu vermitteln, ist auch eine Frage der visuellen Kommunikation. Dies stellte eine Herausforderung dar, da die visuelle Präsentation leicht zur simplifizierten Übersetzung von Inhalten führen kann (siehe Abschn. 3). Klassische Prinzipien für den Aufbau von Websites sind anhand verschiedener Kriterien für Usability in der ISO-Norm 9241 standardisiert. Unter Usability werden hierbei u. a. die Ebenen der Effektivität, der Effizienz und der Zufriedenstellung der Nutzer*innen benannt (vgl. Herczeg 2009, S. 160). In der Software-Ergonomie werden beispielsweise „Intuitivität" (ebd., S. 197) und „Natürlichkeit" (ebd., S. 196) der Nutzung als zentrale Qualitäten beschrieben; Darstellungen sollen „unmittelbar verständlich" und „offensichtlich" (ebd., S. 172) sein, sowie „hierarchischen Navigations- und Informationsstrukturen" (ebd., S. 192) folgen. Interdisziplinäre Inhalte sind aber nicht unbedingt eindeutig und intuitiv zuordenbar, Themen werden aus verschiedenen Fachdisziplinen diskutiert, miteinander in Verbindung gebracht und ihre Verwobenheit wird herausgearbeitet. Komplexe Zusammenhänge, die aufeinander Bezug nehmen, sind schwer zusammenzubringen mit Konzepten visueller Hierarchien.

Die Herausforderung, interdisziplinäres Wissen zu vermitteln, gestaltete sich je nach Publikum und fachlichem Kontext unserer Kooperationspartner*innen unterschiedlich. Unsere OER wurden in Kooperation mit Lehrenden der MINT-Fachdidaktiken, mit dem Lehrgebiet *Informatik im Kontext* und mit der Gleichstellungsinitiative *Women in Natural Science* erprobt, evaluiert und anschließend überarbeitet. Die Rückmeldungen der Studierenden und der Lehrkräfte lieferten wertvolle Informationen über die Anwendbarkeit der OER – etwa in Bezug auf Inhalt, Umfang, Gestaltung und Didaktik – und ermöglichten gezielte Anpassungen. Wir illustrieren dies nun anhand der Lerneinheiten, die wir für die Fächer Biologie, Chemie, Informatik und Physik entwickelt haben. Trotz aller Unterschiede zwischen den Fächern gibt es durchaus auch Gemeinsamkeiten.

5 Spannung von Politisierung und Entpolitisierung: Beispiel Informatik

Gender Studies werden nur an wenigen bundesdeutschen Hochschulen in den MINT-Fächern gelehrt.[11] Im Unterschied hierzu sind Maßnahmen zur Frauen- und Mädchenförderung sowie zur Gleichstellung in vielen – jedoch nicht allen – institutionellen Kontexten der MINT-Fächer verbreitet: sei es in Form von Werbeanzeigen der Industrie für MINT-Absolventinnen oder das Werben der Hochschulen um Schülerinnen und Schulabgängerinnen durch Aktionen, wie etwa den Girls‘ Day, oder andere schulbegleitende Angebote für Schülerinnen. Dieser Kontext schafft eine Herausforderung für die Integration von Gender-Studies-Inhalten in bestimmte MINT-Fächer, die wir exemplarisch für das Fach Informatik erläutern.

Wenn Gender-Studies-Inhalte in Informatik-Lehrveranstaltungen vorkommen, werden diese von Teilen der Studierendenschaft als fremd, nicht-technisch bzw. nicht-mathematisch erlebt und so als irrelevant abgewertet (Bath 2001). Diese Positionierung von Gender Studies konnten wir auch bei einer unserer Erprobungen in einer Informatikpflichtvorlesung beobachten. Allerdings gibt es auch andere Erfahrungen. Bei einer Erprobung in einem Wahlpflichtseminar durch Bernadette Spieler bewerteten die Informatikstudierenden die Lerneinheiten als positiv und gewinnbringend (Spieler und Both 2021). Insgesamt ist es eine Herausforderung, Genderthemen produktiv in die Informatiklehre einzubringen: Lehrende bewegen sich in einem Spannungsfeld, das durch eine Politisierung durch Frauenförderung sowie Gleichstellungsmaßnahmen geschaffen wird, und einer Entpolitisierung, indem im Fach selbst Neutralität beansprucht wird.

5.1 Entpolitisierung

Die hegemoniale Auffassung von Informatik besagt, dass das Fach neutrales und standortungebundenes Wissen und kontextunabhängige Verfahren bereitstelle. Ein Kernprinzip des informatischen Denkens *(computational thinking)* und dessen präferiertes Vorgehen bestehen in der Abstraktion und Dekomposition (Wing 2006), d. h. im Vereinfachen von komplexen Problemen durch Zerlegung und Weglassen ‚unnötiger‘ Aspekte. Abstraktion ist eine epistemische, kulturelle und

[11] Ausnahmen sind etwa die MINT-Professuren Gender, Technik & Mobilität (TU Braunschweig, bis Februar 2022), Gender/Diversity in Information Systems (Universität Kassel) und Gender Studies in STEM (Albert-Ludwigs-Universität Freiburg, bis März 2023).

ideologische Brandmauer, mit der die Informatik sich und ihre Objekte abkapselt (Malazita und Resetar 2019). Hegemonial ist im Fach selbst die Vorstellung der Informatik als geschlechtsneutral (Koreuber 2010). Vor dem Hintergrund der Informatikkultur ist dies wenig verwunderlich: Eine der Kernkompetenzen von Informatiker*innen besteht darin, von allem abstrahieren zu können – nicht zuletzt von dem, was gemeinhin mit Gender in Verbindung gebracht wird.

Das Informatikstudium kann zur Entpolitisierung ihrer Absolvent*innen beitragen (Malazita und Resetar 2019; Schneider 2013). Informatikstudierende lernen im Studium zwischen einer kontextfreien, ‚reinen' Informatik und der ‚dreckigen' Welt der Anwendungen bzw. Nutzung von informatischen Verfahren und Artefakten zu unterscheiden (Schinzel 2015). Diese stehen zudem in einem hierarchischen Verhältnis. Wissen, das für allgemein, entkörpert, neutral und kontextlos gehalten wird, hat einen höheren Status als Wissen, das als spezifisch, verkörpert und standortgebunden gilt.

Eine Entpolitisierung stellt sich nicht nur für die Informatik dar. Sie gilt auch für andere MINT-Fächer wie etwa Physik (Götschel 2010; Pettersson 2011), Chemie (Balzter et al. 2016; Weller 2006) oder Biologie (Schmitz und Ebeling 2015), wenn geschlechterbezogene Wissensinhalte des Faches als neutral und unbeeinflusst von gesellschaftlich-historischen Kontexten angesehen werden, was erst durch genderreflektierte Ansätze aufgedeckt wurde. Gender Studies gehen davon aus, dass Wissen immer situiert und verkörpert ist (Haraway 1988). Das schafft eine schwierige Ausgangslage für die Integration von Genderthemen in MINT, da sie von diesem hegemonialen Standpunkt aus gesehen von vornherein in der Wissenshierarchie weit unten stehen.

5.2 Politisierung

Zurück zur Informatik: Die Rhetorik von einer geschlechtsneutralen Informatik steht der Verbreitung von Frauenförderungs- und Gleichstellungsmaßnahmen gegenüber. Das hat den Effekt, dass Gender Studies in der Informatik nicht selten mit Frauenförderung und Gleichstellungsmaßnahmen gleichgesetzt werden. Diese verengte Wahrnehmung von Gender Studies in der Informatik reduziert ihre Vielfalt auf die Frage, wie denn mehr Frauen für das Informatikstudium zu gewinnen wären, wie ‚sie' – die ‚Frauen' oder die ‚Mädchen' – motiviert werden könnten, Berufe in diesem Bereich zu ergreifen. Die Figur der ‚fehlenden Frauen' ist allgegenwertig, wenn es um Gender und Informatik geht. Dies führt dazu, Gender als einen ‚äußeren Faktor' zu sehen, der keinen inhaltlichen Bezug zur ‚neutralen' Informatik hat. Trotz des unübersehbaren Männerüberhangs in ihren

Lehrveranstaltungen halten viele Informatikstudierende selektiv an der Idee der Geschlechtergleichheit fest. Eine Thematisierung von Gender in der Lehre führt nicht selten zu Abwehr bei den Studierenden. Schon Anfang des Jahrtausends beobachtete etwa Susanne Maaß in Lehrveranstaltungen, dass Informatikstudierende sich in ihrem „persönlichen Gleichheitsanspruch verletzt“ sehen, wenn Gender zum Thema gemacht wird (Maaß 2003, S. 215). Corinna Bath (2001, S. 59) spricht in diesem Zusammenhang gar von einem „Geschlechterdifferenzierungstabu“, das die Beschäftigung mit Gender in Informatiklehrveranstaltungen erschwere. Die Beanspruchung von Neutralität und der selektive Bezug auf das Ideal der Geschlechtergleichheit in der Informatik kann damit auch als Reaktion auf die Politisierung gedeutet werden.

5.3 Wie begegnen wir der Herausforderung?

Das Konzept der Lerneinheit „Gender & Informatik“ folgt dem Ansatz der Fachkulturforschung (vgl. Paulitz 2014), die Aufmerksamkeit weg von den ‚fehlenden Frauen‘ und hin zur Ko-Konstruktion von Gender und Fach zu verschieben. Anstatt Gender als etwas vorgeblich Außerfachliches an den Rand der Informatik und ihrer Berufsfelder zu rücken, zeigen wir auf, wie Geschlecht und Fach miteinander verwoben sind. Die Spannung zwischen Politisierung und Entpolitisierung der Informatik lösen wir in den einzelnen Kapiteln der Lerneinheit auf unterschiedliche Weise auf:

Das entpolitisierte – vermeintlich geschlechtsneutrale – ‚Innere‘ der Informatik wird z. B. in Bezug auf das Berufsfeld Softwareentwicklung aufgebrochen. Im Kapitel „Gender & IT-Berufe“ wird gezeigt, wie das Wissen über Softwareentwicklung mit Geschlechterbildern in Beziehung steht. Anschaulich wird illustriert, wie Unterscheidungen zwischen vorgeblich technischen und sozialen Elementen in widersprüchlicher Weise an Geschlechterbilder gekoppelt sind. Der Gegensatz von innen und außen kommt auch in Diskussionen um das Fremd- und Selbstbild der Informatik zum Tragen. Im Kapitel „Gender & Fachkulturen“ greifen wir die Gegenfigur zu den ‚fehlenden Frauen‘ auf: den Nerd. Genauso wie die ‚fehlenden Frauen‘ ist der Nerd eine Ko-Konstruktion von Gender und Informatik. Das Kapitel zeigt die Flexibilität von Männlichkeitskonstruktionen auf. So kann der Nerd außerhalb wie innerhalb der Informatik sowohl in der Distanzierung als auch in der Identifikation zur Ko-Konstruktion von Männlichkeit und Informatik dienen.

Die Entpolitisierung findet zudem ihren Niederschlag in der Ideologie, IT-Systeme seien neutral und diversitätsgerecht. Im Kapitel „Gender & IT-Systeme“

zeigen wir, warum IT-Systeme nicht neutral sind, sondern u. a. Sexismus und Rassismus aufrechterhalten oder verstärken können. Entpolitisierung und Politisierung treffen in der Ausbildung von Informatiklehrkräften aufeinander. Das nur vermeintlich geschlechtsneutrale Schulfach Informatik ist vergeschlechtlicht und wirkt vergeschlechtlichend. Zukünftigen Informatiklehrkräften stellt sich die Herausforderung, wie sie ihren Unterricht gendersensibel gestalten können. Das Kapitel „Gender & Informatikunterricht" bietet Anregungen und Übungen zur Entdramatisierung von Geschlechterdifferenz (vgl. Faulstich-Wieland 2000).

6 Geschlechtereinschreibungen in Fachinhalte reflektieren: Beispiel Biologie

Obwohl die Biologie, ähnlich wie Chemie, Physik und Informatik, eine objektive, wertneutrale Wissensproduktion für sich in Anspruch nimmt und hinsichtlich des fachlichen Selbstverständnisses eine *Entpolitisierung* festzustellen ist, haben zahlreiche genderperspektivische Analysen der Biologie anderes verdeutlicht. So steht gerade die biomedizinische Wissensproduktion mit den gesellschaftlichen Geschlechterverhältnissen und mit den soziokulturellen Vorstellungen von Geschlecht in Wechselwirkung.[12] Gleichzeitig kommt biologischen und medizinischen Wissensbeständen über Geschlecht eine hohe Autorität und Definitionsmacht in der Gesellschaft zu. Aus diesem Grund ist es wichtig, die soziokulturelle Einbettung ihrer Wissensproduktion zu analysieren.

Ein zentraler Kritikpunkt von Genderanalysen der Biologie ist die Erklärung der Geschlechter- und anderer sozialer Ungleichheitsverhältnisse: Ihre Theorien über Geschlechtschromosomen und -hormone, weibliche und männliche Gehirne, geschlechtsspezifische Skelette oder über die Evolution der Menschheit beinhalten Naturalisierungen von normierten, soziokulturellen Vorstellungen über Geschlecht und Sexualität. Auch mit Tiernarrationen lassen sich Ansichten über die menschlichen Geschlechter in der Natur verorten und in binäre Kategorien sowie in Norm oder Abweichung einteilen. Diesen etablierten Begründungszusammenhang der Biologie und das grundlegende Problem von Normierung und

[12] Eine kleine Auswahl: Ah-King (2015), Birke (1986), Bleier (1984), Ebeling (2002), Fausto-Sterling (1992), (2000), Haraway (1989), Hubbard (1990), Keller (1986), Schiebinger (2004), (1999), (1989), Mauß (2008), Oudshoorn (1994), Schmitz (2004), Spanier (1995), Voß (2010). Beispiele für die fachübergreifende Lehre liefern Ebeling und Schmitz (2006). Inzwischen wird dies auch in der Scientific Literacy aufgegriffen, z. B. von Costa und Mendel (2018).

Naturalisierung bestimmter Geschlechter und sexueller Orientierungen behandelt die Lerneinheit „Gender & Biologie".

In sechs Themenfeldern zu Chromosomen, Hormonen, Gehirnen, Knochen, Tieren und der Evolution der Menschheit arbeitet die Lerneinheit heraus, dass nicht allein die Biologie bestimmt, wie die Geschlechter, ihre Verhältnisse und ihre Rollen in der Gesellschaft beschaffen sind. Vielmehr ist ein Zusammenspiel von biologischen und soziokulturellen Faktoren entscheidend. Wie war es etwa möglich, unter den chemischen Stoffen, die Anfang des zwanzigsten Jahrhunderts ‚entdeckt' und als Moleküle definiert wurden, die in einem Organ hergestellt und in vielen anderen Organen wirken, Geschlechtshormone von genau zwei Geschlechtern auszumachen? Warum lassen sich mit den modernen bildgebenden Verfahren eben nicht Männer- und Frauengehirne beschreiben? Wie kann es angehen, dass die Molekularbiologie ein geschlechtsbestimmendes Gen über Jahrzehnte nur auf dem sogenannten männlichen Geschlechtschromosom suchte und sowohl das ‚weibliche' Geschlechtschromosom als auch alle anderen Chromosomen außeracht ließ? Warum wissen wir so wenig über ‚queere' Tiere? Und warum werden zwei versteinerte Fußspuren, die 3,4 bis 3,8 Mio. Jahre alt sind, selbstverständlich einem bewaffneten Mann in einer führenden Position und einer folgsamen Frau mit Kind auf dem Arm zugeschrieben?

Die Lerneinheit vermittelt den aktuellen Wissensstand über diese Themen aus der Perspektive der feministischen Naturwissenschaftsforschung und legt im Detail dar, auf welche Art und Weise Biologie und Medizin zusammen mit anderen Akteur*innen[13] in ein Netzwerk eingebettet sind und in soziokulturellen Zusammenhängen Wissensbestände über Geschlecht und Sexualität herstellen. Sie regt zur Reflexion darüber an, dass biomedizinische Beschreibungen von Geschlecht als veränderliche Wissensbestände zu verstehen sind, die sich in Wechselwirkung mit gesellschaftlichen Verhältnissen konstituieren. Die biologische Wissensproduktion wird dabei als historisch und kulturell bedingt erkennbar. Alle Themenbereiche laden mit entsprechenden Tools (siehe Abschn. 4) zur Reflexion der Wissensbestände über Geschlecht und Sexualität ein. Denn in unseren Lerneinheiten geht es nicht nur um Wissensvermittlung, sondern auch um die Befähigung zur fundierten Positionierung zu Geschlechterthemen im eigenen Fach. Schließlich verdeutlicht die Lerneinheit, dass die Grenzen zwischen Natur, Kultur und Technik durchlässig sind und öffnet den Blick für interdisziplinäre Dialoge zwischen den Natur- und Technikwissenschaften und den Sozial- und

[13] Gemeint ist eine breite Palette, wie etwa Aktivist*innen, die sich für die Rechte von Frauen* und LGBTQI* einsetzen, Rassismen bekämpfen, sich für Frieden einsetzen, sowie Sozialreformer*innen und Menschenrechtler*innen, ebenso wie die untersuchten Organismen, Pharmazieunternehmen und geldgebende Institutionen.

Kulturwissenschaften. Die Genderforschung und die Biologie profitieren dabei gleichermaßen voneinander (z. B. Schmitz und Ebeling 2015; Schmitz 2019).

7 Genderforschung für und mit Fachdidaktik vermitteln: Beispiel Chemie/Physik

Im Zuge unserer Kooperation mit den MINT-Fächer haben wir zunächst Kolleg*innen aus den Fachdidaktiken gewonnen. Diese Kooperation mit den MINT-Fachdidaktiken stellte ebenso eine Herausforderung dar wie eine zweifache Chance. Zu Letzteren zählte, einen Teil unserer OER so zu entwickeln, dass sie anschlussfähig an die Fachdidaktiken der MINT-Fächer sind. Damit konnten wir zum einen die OER speziell auf die Lehramtsstudierenden als Zielgruppe ausrichten. Zum anderen konnten wir durch die Kooperationen mit den MINT-Kolleg*innen von den fachdidaktischen Ansätzen und insbesondere von der bildungswissenschaftlichen Debatte zu *Scientific Literacy* profitieren. Die Fachkulturforschung zur Physik und Chemie liefert (wie für die Informatik in Abschn. 5) wichtige Ansätze zur genderrelevanten Analyse im Spannungsfeld von Politisierung und Entpolitisierung, beispielsweise auf Grundlage der Arbeiten von Erlemann (2018) sowie Petterson (2011) für die Physik oder von Pascher-Kirsch und Jansen (2014) für die Chemie. Diese Anknüpfungspunkte haben wir in den OER zu Wissensrepräsentationen von Chemie und Physik eingebunden und vielfältige Verlinkungen zu anderen Kapiteln des Portals eingebaut. Eine vertiefenden Bearbeitung von Fragen der Fachkulturforschung bietet insbesondere die Lerneinheit „Gender in Technoscientific Literacy“ (siehe Abschn. 2). Diese Kapitel und die zugehörigen Videos und Reflexionsaufgaben können unabhängig voneinander genutzt werden.

Exemplarisch wollen wir hier jedoch am Beispiel der Entwicklung und Erprobungen der Lerneinheiten „Gender & Chemie“ und „Gender & Physik“ in den Fachdidaktiken der Chemie und Physik einen Überblick über die Potenziale, aber auch die Einschränkungen von Themen und Inhalten durch die kooperationsbedingte fachdidaktische Ausrichtung geben.

7.1 Gender in Fachwissen, Didaktik, Methodik und Unterrichtspraxis

Genderbezogene fachdidaktische Ansätze in MINT betreffen verschiedene Ebenen: Zum einen geht es um Genderaspekte im zu vermittelnden Fachwissen, zum zweiten um eine genderreflektierte Didaktik und konkrete Umsetzungen für den Schulunterricht und zum dritten um eine Sensibilisierung für Genderaspekte im pädagogischen Umgang mit Schüler*innen (zur Übersicht siehe Amon et al. 2012).

Für Chemie und Physik gilt ebenfalls, dass das zu vermittelnde Fachwissen als neutral angesehen wird. Ziel unserer Lerneinheiten ist es daher, historische ebenso wie aktuelle Geschlechtereinschreibungen in die Vermittlung von Fachwissen von Chemie und Physik zu beleuchten (zur Auseinandersetzung mit fächerübergreifenden Genderaspekten in der Wissensproduktion in MINT, siehe Abschn. 3). Einen Einstieg in das Genderwissen der Chemie bieten historisch tief verankerte geschlechterbinäre Zuschreibungen, so etwa an Stoffe, die hierarchische Geschlechterverhältnisse spiegeln, wie in der alchemistischen ‚Hochzeit' zwischen dem ‚männlichen' Schwefel und der ‚weiblichen' Quecksilber (vgl. Prechtl 2005). Doch wie sieht es heute mit Geschlechtereinschreibungen in chemisches Wissen aus? Dies ist die Frage, die unweigerlich von Studierenden gestellt wird. Hierzu lieferte uns der Bezug zur Fachdidaktik Chemie Beispiele und Möglichkeiten zur Reflexion. Anthropomorphisierende Geschlechterzuschreibungen können bis in aktuelle Schulbücher oder Schul-Cartoons verfolgt werden. Sie liefern konkretes Material für vertiefende Übungen.

Bezogen auf konkrete fachdidaktische Umsetzungen von reflexiven Gender-Perspektiven haben Anja Lembens (2012) und Ilse Bartosch (2012) für Chemie und Physik hervorragende Ansätze zusammengestellt, u. a. das Arbeiten mit kontextualisierten Beispielen und Selbstreflexionen oder mit Concept Cartoons. Wir nutzen diese Ansätze und lassen Studierende damit aktuelle Unterrichtsbeispiele der Webseite „Gender & Schule"[14] auf genderadäquate Umsetzung im Inverted Classroom bearbeiten und mit entsprechenden Tools reflektieren (siehe Abschn. 4) bzw. in Präsenz diskutieren. Anreichern konnten wir dankenswerterweise unsere Übungskapitel der beiden Lerneinheiten mit Aufgaben aus den Lesson Plans von Elvira Scheich et al. (2018) für die Physik und einer interaktiven Übungseinheit zur aktuellen Problematik von „Internet-Challenges" von Markus Prechtl (2016, 2020), zu der Jonas Jakob 2020 für unsere OER zur Chemie ein entsprechendes Lehrvideo entwickelte.

Die OER enthalten neben den Übungen auch Anleitungen zur Reflexion und eigenen Positionierung, in denen Studierende ihre Ergebnisse sichern können. Allerdings sind solche selbstreflexiven Einheiten eher für den Präsenzunterricht geeignet. Denn eine Reflexion von Erfahrungen im realen Handeln und der

[14] Auffindbar unter http://www.genderundschule.de.

Austausch darüber in Gruppen mit digitalen OER zum vorwiegenden Online-Selbstlernen ist begrenzt. Videomaterial von Florian Klenk (2016) und die Lesson Plans von Scheich et al. (2018) bieten anschauliche Beispiele für Übungen.

7.2 Möglichkeiten und Einschränkungen der Vermittlung von Genderforschung mit Fachdidaktik

Die Einbindung unserer OER in Fachdidaktiken der Chemie und Physik ermöglicht eine Verbindung von Genderforschung mit fachdidaktischen Fragestellungen. Allerdings führt der Fokus auf die Zielgruppe der Lehramtsstudierenden dieser Fächer auch zu Einschränkungen: Zwar finden die Lehrenden differenzierte ebenso wie intersektionale Ansätze in den genderbezogenen Fachdidaktiken wichtig, Zugangspunkt für Studierende bildet jedoch – wenn sie überhaupt Interesse zeigen – in der Regel die „Bewältigung" von Unterschieden zwischen Mädchen und Jungen. Erfahrungen aus den Erprobungen verdeutlichen meist ein alltagsbezogenes binäres Geschlechterkonzept, das bestenfalls mit der Hinterfragung der vermeintlich natürlichen Geschlechterdifferenzen angegangen werden kann. Auch wir müssen hier ansetzen, um die Studierenden nicht zu verlieren, was unsere Lerneinheiten zunächst einmal zur Benennung von Geschlechterunterschieden und deren Dekonstruktion nötigt – mit dem bekannten Problem ihrer unvermeidlichen Reifizierung (siehe Abschn. 3).

Ansätze einer queeren Fachdidaktik sind bisher noch rar (Balzter et al. 2016). Eine lohnenswerte Intervention liefert Helene Götschel (2016) zu queerer Physikdidaktik, die wir freundlicherweise mit einem Video-Kurzstatement in die Lerneinheit zur Physik integrieren konnten. Genau hier zeigt sich aber die Grenze der Auseinandersetzung in den Fachdidaktiken. Diese queere Intervention wurde beispielsweise in einer Präsenzsitzung nach der Inverted-Classroom-Phase in einem gemischten Kurs mit Sekundarstufe-I- und II-Lehramtsstudierenden kontrovers diskutiert. Während Physik-Studenten (sic) mit Schwerpunkt Sek. II den Ansatz eher ablehnten, gingen Physikstudentinnen (sic) mit Schwerpunkt Sek. I die in der Lerneinheit vorgestellten geschlechterdekonstruktiven Ansätze noch nicht weit genug. Sie forderten den frühzeitigen Einbezug intersektionaler und queerer Ansätze. Durch Rückfragen stellte sich heraus, dass sich diese Studentinnen in ihrem fachdidaktischen Grundlagenstudium schon fundiert mit intersektionalen Inhalten auseinandergesetzt hatten.

Die Verbindung von Genderforschung und Fachdidaktik in der Physik und Chemie eröffnen die OER viele gute Ansatzpunkte (ebenso wie für die Biologie und Informatik). Sie haben aber auch noch einiges Entwicklungspotenzial. Nicht zuletzt beschränkt der voll virtuelle ebenso wie der Blended-Learning-Einsatz unserer OER die Möglichkeiten für kollaboratives Arbeiten (Abschn. 4). Dies wurde bei unseren Erprobungen besonders in den selbstreflexiven Ansätzen zu Genderaspekten im Umgang mit Schüler*innen deutlich.

8 Ausblick

Der Förderzeitrahmen des Projekts Gendering MINT digital ist abgelaufen. Das Portal ist dank des Zentrums für transdisziplinäre Geschlechterstudien langfristig an der HU Berlin verankert. Angesichts der zunehmenden wissenschafts-, gender-, vielfalts- und demokratiefeindlichen Videos in den sozialen Medien halten wir es für wichtig, hochwertige Lernvideos für die Lehre und für ein Selbststudium her- und bereitzustellen. Nach den ersten Evaluationen und den Praxiseindrücken unserer Kooperationspartner*innen zu urteilen (auf dem Portal unter dem Stichwort „Überblick" zu finden), ist uns mit den Erklärvideos und Lerneinheiten ein guter Beitrag für das Selbststudium von Studierenden gelungen.

Einiges spricht allerdings dafür, Lernvideos zukünftig in Zusammenarbeit von Fachwissenschaftler*innen, Medienagenturen und als EduTuber tätigen Journalist*innen herzustellen. Die visuelle Vermittlung von interdisziplinärem Wissen muss weiterentwickelt werden, da technische und grafische Prinzipien beeinflussen, welche Konzepte vorstellbar werden bzw. denkbar gemacht werden können. Die Herausforderung besteht darin, Visualisierung als Forschungsbereich – auch mit entsprechenden Personalstellen – einzubeziehen, hier könnte z. B. überlegt werden, ob und wie Ansätze aus der Diagrammatik[15] für Inhalte aus Genderforschung und MINT-Disziplinen nutzbar gemacht werden können.

Während des Projekts entstanden auch Ideen zur Weiterentwicklung des Portals. Neben zusätzlichen Fächern, insbesondere aus dem Bereich der Ingenieurwissenschaften, würden wir gerne weitere Differenzlinien und deren Verschränkung mit Geschlecht in den Blick nehmen, was wir bislang nur in Ansätzen getan haben. MINT-Fächer aus intersektionalen Perspektiven sowie Postcolonial Science & Technology Studies (Harding 2011) wären dringende Themen für zusätzliche Lerneinheiten.

[15] Die Diagrammatik ist ein interdisziplinäres Forschungsfeld, welches sich nicht nur mit veranschaulichtem Wissen in Form von Diagrammen befasst, sondern auch ein „Entwurfs- und Erkenntnisverfahren" (Bauer und Ernst 2010, S. 17) darstellt.

Literatur

Ah-King, M. 2015. *Genderperspektiven in der Biologie.* Marburg: Philipps-Universität Marburg.

Allchin, D. 2017. *Sacred Bovines: The Ironies of Misplaced Assumptions in Biology.* Oxford: Oxford University Press.

Amon, H., I. Bartosch, A. Lembens, und I. Wenzl, Hrsg. 2012. *Gender_Diversity-Kompetenz im naturwissenschaftlichen Unterricht. Fachdidaktische Anregungen für Lehrerinnen und Lehrer.* Klagenfurt: Institut für Unterrichts- und Schulentwicklung.

Balzter, N., F.C. Klenk, und O. Zitzelsberger, Hrsg. 2017. *Queering MINT. Impulse für eine dekonstruktive Lehrer_innenbildung.* Opladen: Budrich.

Bartosch, I. 2012. Den Blick der Physik auf die Welt verstehen – physikalische Bildung für ALLE. In *Gender_Diversity-Kompetenz im naturwissenschaftlichen Unterricht. Fachdidaktische Anregungen für Lehrerinnen und Lehrer,* Hrsg. H. Amon, I. Bartosch, A. Lembens und I. Wenzl, 55–72. Klagenfurt: Institut für Unterrichts- und Schulentwicklung.

Bath, C. 2001. Für die Geschlechterforschung und -lehre in der Informatik Sorge tragen wie Coyote? Über die Schwierigkeit, in einer Doppelstruktur zwischen Informatik und feministischen Studien zu arbeiten. *Frauenarbeit und Informatik* 23: 56–61.

Bath, C., G. Both, P. Lucht, B. Mauß, und K. Palm, Hrsg. 2017. *rebootING. Handbuch Gender-Lehre in den Ingenieurwissenschaften.* Berlin, Münster, Wien, Zürich und London: LIT Verlag.

Bauer, R., und H. Götschel. 2006. *Gender in Naturwissenschaften. Ein Curriculum an der Schnittstelle der Wissenschaftskulturen.* Mössingen: Talheimer.

Bauer, M., und C. Ernst. 2010. *Diagrammatik: Einführung in ein kultur- und medienwissenschaftliches Forschungsfeld.* Bielefeld: Transcript Verlag.

Bleier, R. 1984. *Science and Gender.* New York, Oxford: Pergamon Press.

Bosch, A., C. Kraetsch, und J. Renn. 2001. Paradoxien des Wissenstransfers. Die ‚Neue Liaison' zwischen sozialwissenschaftlichem Wissen und sozialer Praxis durch pragmatische Schließung und Grenzerhaltung. *Soziale Welt* 52(2): 199–218.

Buitendijk, S., und K. Maes. 2015. Gendered research and innovation: integrating sex and gender analysis into the research process. LERU. https://www.leru.org/publications/gendered-research-and-innovation-integrating-sex-and-gender-analysis-into-the-research-process. Zugegriffen: 22.2.2023.

Birke, L. 1986. *Women, Feminism and Biology – the Feminist Challenge.* Brighton: Methuen.

Costa, R., und I. Mendel, Hrsg. 2018. Tatsächlich. Feministische Zugänge zu Wissenschaft vermitteln. Wien: Universität Wien.

https://politikwissenschaft.univie.ac.at/fileadmin/user_upload/i_politikwissenschaft/diverses/2018/LehrbuchTatsaechlich_2.Auflage_2018.pdf. Zugegriffen: 16.4.2023.

Costa, R., und I. Mendel. 2016. Zwischen Anpassung und Widerstand: Critical Science Literacy in der Wissensgesellschaft. *Magazin Erwachsenenbildung.at* 28(3). http://nbn-resolving.org/urn:nbn:de:0111-pedocs-123326. Zugegriffen: 16.1.2022.

DFG. 2020. DFG betont die Bedeutung von Geschlecht und Vielfältigkeit in Forschungsvorhaben. DFG Informationen für die Wissenschaft, Pressemitteilung 18 vom 25.5.2020.

https://www.dfg.de/foerderung/info_wissenschaft/2020/info_wissenschaft_20_31/index.html. Zugegriffen: 16.1.2022.

Ebeling, S. 2002. *Die Fortpflanzung der Geschlechterverhältnisse. Das metaphorische Feld der Parthenogenese in der Evolutionsbiologie.* NUT-Schriftenreihe Band 9. Mössingen-Talheim: Talheimer.

Ebeling, S., und S. Schmitz, Hrsg. 2006. *Geschlechterforschung und Naturwissenschaften. Einführung in ein komplexes Wechselspiel.* Wiesbaden: VS Verlag.

Erlemann, M. 2018. *Fachkulturen und Geschlecht in den Natur- und Technikwissenschaften – Forschungsergebnisse am Beispiel der physikalischen Fachkulturen.* Schriftenreihe der Hochschule Emden/Leer, Band 27.

European Union. 2015. European Research Area (ERA) Roadmap 2015–2020. https://era.gv.at/object/document/1845. Zugegriffen: 16.1.2022.

Faulstich-Wieland, H. 2000. Dramatisierung versus Entdramatisierung von Geschlecht im Kontext von Koedukation und Monoedukation. In *Hochschulreform und Geschlecht,* Hrsg. S. Metz-Göckel, C. Schmalzhaf-Larsen und E. Belinszki, 196–206. Wiesbaden: VS Verlag für Sozialwissenschaften.

Fausto-Sterling, A. 2000. *Sexing the Body: Gender Politics and the Construction of Sexuality.* New York: Basic Books.

Fausto-Sterling, A. 1992. *Myths of Gender: Biological Theories about Women and Men.* New York: Basic Books.

Fischler, H., U. Gebhard, und M. Rehm. 2018. Naturwissenschaftliche Bildung und Scientific Literacy. In *Theorien in der naturwissenschaftsdidaktischen Forschung*, Hrsg. D. Krüger, I. Parchmann und H. Schecker, 11–29. Berlin und Heidelberg: Springer.

Gebhard, U., D. Höttecke, und M. Rehm. 2017. *Pädagogik der Naturwissenschaften: Ein Studienbuch.* Wiesbaden: Springer VS.

Götsch, M. 2014. Bilder von Informatik und Geschlecht. In *Vielfalt der Informatik. Ein Beitrag zu Selbstverständnis und Außenwirkung*, Hrsg. A. Zeising, C. Draude, H. Schelhowe und S. Maaß, 79–92. Bremen: Staats- und Universitätsbibliothek Bremen.

Götschel, H. 2016. Drehmomente fallender Pinguine. Queer-dekonstruktive Perspektiven in der Physik. In *Queering MINT. Impulse für eine dekonstruktive Lehrer_innenbildung*, Hrsg. N. Balzter, F.C. Klenk und O. Zitzelsberger, 129–152. Leverkusen und Opladen: Verlag Barbara Budrich.

Götschel, H. 2010. The Entanglement of Gender and Physics: Beings, Knowledges and Practices. In *Never mind the gap! Gendering Science in Transgressive Encounters*, Hrsg. M. Blomqvist und E. Ehnsmyr, 41–64, Uppsala: Uppsala Universitet.

Götschel, H., und D. Niemeyer, Hrsg. 2009. *Naturwissenschaften und Gender in der Hochschule. Aktuelle Forschung und erfolgreiche Umsetzung in der Lehre.* Mössingen-Talheim: Talheimer Verlag.

Haraway, D. 2016. *Staying with the Trouble. Making Kin in the Chthulucene.* Durham: Duke University Press.

Haraway, D. 1989. *Primate Visions. Gender, Race, and Nature in the World of Modern Science.* Routledge: New York.

Haraway, D. 1988. Situated Knowledges: The Science Question in Feminism and the Privilege of Partial Perspective. *Feminist Studies* 14(3): 575–599.

Harding, S., Hrsg. 2011. *The postcolonial science and technology studies reader.* Durham: Duke University Press.

Herczeg, M. 2009. Kriterien und Qualitätsmerkmale interaktiver Systeme. In *Software-Ergonomie. Theorien, Modelle und Kriterien für gebrauchstaugliche interaktive Computersysteme*, 155–199. Berlin und Boston: De Gruyter Oldenbourg.

Hodson, D. 2003. Time for action: Science education for an alternative future. *International Journal of Science Education* 25(6): 645–670. http://fcis.oise.utoronto.ca/~jwallace/Reading_8.pdf. Zugegriffen: 25.4.2023.

Hodson, D., und S.L. Wong. 2014. From the Horse's Mouth: Why scientists' views are crucial to nature of science understanding. *International Journal of Science Education* 36(16): 2639–2665. https://doi.org/10.1080/09500693.2014.927936.

Hubbard, R. 1990. *The Politics of Women's Biology*. New Brunswick: Rutgers University Press.

Hubbard, R. 1989. Hat die Evolution die Frauen übersehen? In *Denkverhältnisse. Feminismus und Kritik*, Hrsg. E. List und H. Studer, 301–333, Frankfurt a.M.: Suhrkamp.

Keller, E.F. 1986. *Liebe, Macht und Erkenntnis*. München: Carl Hanser.

Klenk, F.C. 2016. (Un)gewissheit bezüglich „Geschlecht". Professionalisierung im Lehramt anhand von videographierten Fallbeispielen. *Unterricht Chemie* 151: 42–45.

Körber-Stiftung. 2019. Lernen ohne Schule. Wie Youtube und Co. die Bildungswelt verändern. www.koerber-stiftung.de/fileadmin/user_upload/koerber-stiftung/allgemein/koerber-topics/pdf/2019/Lernen_ohne_Schule.pdf. Zugegriffen: 15.6.2020.

Koreuber, M. 2010. Geschlechterforschung in Mathematik und Informatik. Eine (inter)disziplinäre Herausforderung. In *Geschlechterforschung in Mathematik und Informatik. Eine (inter)disziplinäre Herausforderung*, Hrsg. dies., 9–18. Baden-Baden: Nomos Verlagsgesellschaft. https://doi.org/10.5771/9783845221922-9.

Lembens, A. 2012. Chemielernen und Gender – Zugänge für ALLE ermöglichen. In *Gender_Diversity-Kompetenz im naturwissenschaftlichen Unterricht. Fachdidaktische Anregungen für Lehrerinnen und Lehrer*, Hrsg. IMST Gender_Diversitäten Netzwerk, 39–54. Klagenfurt: Institut für Unterrichts- und Schulentwicklung.

Lembens, A., und I. Bartosch. 2012. Genderforschung in der Chemie- und Physikdidaktik. In *Handbuch Geschlechterforschung und Fachdidaktik*, Hrsg. M. Kampshoff, und C. Wiepcke, 83–97. Wiesbaden: Springer VS.

Longino, H. 1990. *Science as Social Knowledge*. Princeton: Princeton University Press.

Lucht, P., und T. Paulitz, Hrsg. 2008. *Recodierungen des Wissens. Stand und Perspektiven der Geschlechterforschung in Naturwissenschaft und Technik*. Frankfurt a.M.: Campus.

Malazita, J.W., und K. Resetar. 2019. Infrastructures of abstraction: how computer science education produces anti-political subjects. *Digital Creativity* 30(4): 300–312. https://doi.org/10.1080/14626268.2019.1682616.

Mauß, B. 2008. Ursprung und Geschlecht: Paradoxien in der Konzeption von Geschlecht in Erzählungen der Molekularbiologie. In *Recodierungen des Wissens. Stand und Perspektiven der Geschlechterforschung in Naturwissenschaft und Technik*, Hrsg. P. Lucht und T. Paulitz, 213–229. Frankfurt a.M.: Campus.

Mauß, B., und B. Petersen, Hrsg. 2006. *Das Geschlecht der Biologie*. Mössingen: Talheimer Verlag.

Maaß, S. 2003. Technikgestaltung im Kontext. Grenzgänge und Verbindungen. In *Feministische Forschung. Nachhaltige Einsprüche*, Hrsg. K. Heinz und B. Thiessen, 211–235. Opladen: Leske + Budrich.

Nature. 2015. Why interdisciplinary research matters. Scientists must work together to save the world. Special Issue. *Nature* 525(7569): 289–418.

OECD. 2013. PISA 2015 Science Framework. http://www.oecd.org/callsfortenders/Annex IA_ PISA 2015 Science Framework.pdf. Zugegriffen: 16.1.2022.

Oudshoorn, N. 1994. *Beyond the Natural Body. An Archeology of Sex Hormones.* London and New York: Routledge.

Pascher-Kirsch, U., und K. Jansen. 2014. Chemiker machen Karriere. Und Chemikerinnen? Eine Annäherung an die Karrierebilder im Fachdiskurs der Chemie. *Gender* 3: 61–77. https://doi.org/10.3224/gender.v6i3.18546.

Paulitz, T. 2014. Fach und Geschlecht. Neue Perspektiven auf technik- und naturwissenschaftliche Wissenskulturen. In *Vielfalt der Informatik. Ein Beitrag zu Selbstverständnis und Außenwirkung*, Hrsg. A. Zeising, C. Draude, H. Schelhowe und S. Maaß, 95–106. Bremen: Staats- und Universitätsbibliothek Bremen.

Pettersson, H. 2011. Making masculinity in plasma physics: machines, labour and experiments. *Science Studies* 24: 47–65.

Prechtl, M. 2020. Lehrkräfte sollten sie kennen: Internet-Challenges. *Chemie in unserer Zeit* 54(1): 56–62. https://doi.org/10.1002/ciuz.201900877.

Prechtl, M. 2016. Geschlechterdifferenzen, -differenzierungen und -diffraktionen. Lesarten von Geschlecht in der Fachdidaktik Chemie am Beispiel von substanzbezogenem Risikoverhalten. In *Queering MINT. Impulse für eine dekonstruktive Lehrer_innenbildung*, Hrsg. N. Balzter, F.C. Klenk und O. Zitzelsberger, 153–170. Opladen: Barbara Budrich.

Prechtl, M. 2005. *„Doing Gender" im Chemieunterricht. Zum Problem der Konstruktion von Geschlechterdifferenz – Analyse, Reflexion und mögliche Konsequenzen für die Lehre von Chemie.* Universität zu Köln, Dissertation. https://kups.ub.uni-koeln.de/1825/. Zugegriffen: 3.5.2022.

Rat für Kulturelle Bildung e.V. 2019. Jugend/Youtube/Kulturelle Bildung. Horizont 2019. www.rat-kulturelle-bildung.de/fileadmin/user_upload/pdf/Studie_YouTube_Webversion_final.pdf. Zugegriffen: 15.6.2020.

Sadler, T.D., S. Barab, und B. Scott. 2007. What do students gain by engaging in socioscientific inquiry? *Research in Science Education* 37(4): 371–391.

Scheich, E., M. Erlemann, und L. Schiestl. 2018. Lesson Plan Series: Reflection on Gender & Physics. Berlin: Freie Universität Berlin. https://www.physik.fu-berlin.de/einrichtungen/ag/ag-erlemann/projekte/diversity_in_the_cultures_of_physics/Aktivitaeten/Lesson-Plans/Broschuere.pdf. Zugegriffen: 16.1.2022.

Schiebinger, L., Hrsg. 2014. *Women and Gender in Science and Technology.* New York: Routledge.

Schiebinger, L. 2004. *Nature's Body: Gender in the Making of Modern Science.* New Brunswick: Rutgers University Press.

Schiebinger, L. 1999. *Has Feminism Changed Science?* Cambridge: Harvard University Press.

Schiebinger, L. 1989. *The Mind Has No Sex? Women in the Origins of Modern Science.* Cambridge: Harvard University Press.

Schinzel, B. 2015. „Sehnsucht nach dem Objektiven". Gemeinsamkeiten und Diversität, Widersprüche und Zusammenhänge zwischen Informatik-Weltbildern. In *Akademische*

Wissenskulturen und soziale Praxis. Geschlechterforschung zu natur-, technik- und geisteswissenschaftlichen Fächern, Hrsg. T. Paulitz, B. Hey, S. Kink und B. Prietl, 118–137. Münster: Westfälisches Dampfboot.

Schmitz, S. 2019. Sex/Gender: Neue Ansätze zur Verschränkung von Natur und Kultur für die Forschung. In *Handreichung Gendering MINT. Vernetzung und Austausch von Gender-Perspektiven und Natur- und Technikwissenschaften,* Hrsg. M. Mangelsdorf, 36–51. https://www.genderingmint.uni-freiburg.de/wp-content/uploads/2019/04/Handreichung_GenderingMINT.pdf. Zugegriffen: 16.1.2022.

Schmitz, S. 2018. On the use of innovation arguments for getting gender research into STEM. In *Gender Studies and the New Academic Governance. Global Challenges, Glocal Dynamics, and Local Impacts,* Hrsg. H. Kahlert, 129–152. Wiesbaden: Springer VS.

Schmitz, S. 2016. Science. In *Handbook Gender: Sources, Perspectives, and Methodologies,* Hrsg. R.C. Hoogland, 347–362. MA: Macmillan.

Schmitz, S., Hrsg. 2008. *Gendergerechtes Lehren und Diversity Management.* Special Issue. *Zeitschrift für Hochschulentwicklung* 3(2).

Schmitz, S. 2004. Wie kommt das Geschlecht ins Gehirn? Über den Geschlechterdeterminismus in der Hirnforschung und Ansätze zu seiner Dekonstruktion. *Forum Wissenschaft* 4. http://www.linksnet.de/de/artikel/19193. Zugegriffen: 16.1.2022.

Schmitz, S., und G. Both. 2021. Gender Studies Digital: Perspektiven, Angebote und Rahmenbedingungen. Ein Positionsportfolio. *Freiburger Zeitschrift für Geschlechterstudien* 27(1), Schwerpunkt Digitalisierung und Geschlecht: 125–129. https://doi.org/10.3224/fzg.v27i1.09.

Schmitz, S., und S. Ebeling. 2015. Gender und Biologie. Von der kritischen Analyse zur reflexiven Intervention. In *Erkenntnis, Wissen, Intervention.,* Hrsg. B. Rendtorff, B. Riegraf, C. Mahs und M. Schröttle für die FG Gender, 37–52. Weinheim: Beltz Juventa.

Schmitz, S., und E. Grunau. 2009. Concept Mapping from a Perspective of Gendered Diversity. Conference Papers 5th European Symposium on Gender & ICT, Bremen. http://www.informatik.uni-bremen.de/soteg/gict2009/proceedings/GICT2009_Schmitz.pdf. Zugegriffen: 16.1.2022.

Schmitz, S., und K. Nikoleyczik. 2009. Transdisciplinary and Gender-Sensitive Teaching: Didactical Concepts and Technical Support. *International Journal of Innovation in Education* 1(1): 81–95.

Schmitz, S., C. Bath, W. Ernst, P. Lucht, B. Mauß, und K. Palm. 2014. Deconstructivist understandings of gender in STEM: research-led approaches to critical literacy. Panel. 8th European Conference on Gender Equality in Higher Education. Wien: Technische Universität Wien.

Schneider, C. 2013. „Das muss man immer für sich selber abwägen" oder: Das moralische Wissen von Studierenden der Informatik. *Informatik-Spektrum* 36(3): 287–292. https://doi.org/10.1007/s00287-013-0695-y.

Spanier, B. 1995. *Im/Partial Science: Gender Ideology in Molecular Biology.* Bloomington: Indiana University Press.

Spieler, B., und G. Both. 2021. Gender & Diversitäts-Aspekte in der Informatik: Beispiele aus der Hochschullehre. In *Buzzword Digitalisierung. Relevanz von Geschlecht und Vielfalt in digitalen Gesellschaften,* Hrsg. F. Apelt, J. Grabow und L. Suhrcke, 69–90. Opladen, Berlin und Toronto: Verlag Barbara Budrich.

Stephan, A., G. Hölbing, T. Rabl, F. Lehner, und H. Kosch. 2010. Autorentool für interaktive Videos im E-Learning. In *E-Learning 2010: Aspekte der Betriebswirtschaftslehre und Informatik,* Hrsg. M. Breitner, F. Lehner, J. Staff und U. Winand, 139–150. Heidelberg: Springer.

Voß, H.-J. 2010. *Making Sex Revisited: Dekonstruktion des Geschlechts aus biologisch-medizinischer Perspektive.* Bielefeld: Transcript.

Wedel, J., und A. Bartsch. 2015. *Teaching Gender? Zum reflektierten Umgang mit Geschlecht im Schulunterricht und in der Lehramtsausbildung.* Bielefeld: Transcript.

Weller, I. 2006. Geschlechterforschung in der Chemie: Spurensuche in der Welt der Stoffe. In *Geschlechterforschung und Naturwissenschaften. Einführung in ein komplexes Wechselspiel.* Hrsg S. Ebeling und S. Schmitz.,117–137. Wiesbaden: VS Verlag für Sozialwissenschaften.

Wing, J.M. 2006. Computational thinking. *Communications of the ACM* 49(3): 33–35. https://doi.org/10.1145/1118178.1118215.

Göde Both, Dr., Diplom-Informatiker und promovierter Sozialwissenschaftler, wissenschaftlicher Referent am Deutschen Zentrum für Hochschul- und Wissenschaftsforschung in Berlin, Abteilung Forschungssystem und Wissenschaftsdynamik. Lehr- und Forschungsschwerpunkte: Digitalisierung, Künstliche Intelligenz, Autonomes Fahren, Geschlechter-Technik-Verhältnisse, Informatikkulturen, (Feminist) Science & Technology Studies und Ethnographie.

Smillo Ebeling, Dr., wissenschaftliche Mitarbeiterin im Projekt „Thinking Diversity with Animals. Anthropomorphe Deutungsmuster und Diversitätsvorstellungen von Jugendlichen“ an der Universität Bielefeld. 2018–2020 wissenschaftliche Mitarbeiterin im Projekt „Gendering MINT digital“. Biologin und Wissenschaftsforscherin mit den Schwerpunkten: Feminist Science & Technology Studies, Human Animal Studies, Museumsforschung und Wissenschaftskommunikation. Verschiedene Positionen an Universitäten in Berlin, Bielefeld, Oldenburg, Hannover, Basel, Graz, Linz und Minnesota und Geschäftsleitung des queeren Kulturcafés café munck (Hamburg).

Felicitas Günther hat im Projekt Gendering MINT digital multimedialen und technischen Support geleistet, vor allem im Bereich der Videoproduktion. Aktuell studiert sie Bibliotheks- und Informationswissenschaften sowie Geschichtswissenschaft an der Humboldt-Universität Berlin und engagiert sich in einer feministischen Kiezbibliothek.

Simon Herchenbach arbeitete als Studentische Hilfskraft im Projekt Gendering MINT digital am Zentrum für transdisziplinäre Geschlechterstudien der Humboldt-Universität Berlin im Bereich der Umsetzung von Open Educational Resources. Er ist jetzt tätig bei der Deutschen Aidshilfe in der strukturellen HIV/STI-Prävention.

Anna Kraher arbeitet an der Schnittstelle zwischen Technologie, Design und Gesellschaft, vor allem zu den Themen algorithmischer Gerechtigkeit und der Schaffung und Vorstellung gerechter Zukünfte. Sie hat einen Hintergrund in Design & Computation, Informatik und Gender Studies.

Sigrid Schmitz, Dr.in habil., assoziiertes Mitglied und Lehrbeauftragte für Feministische Science & Technology Studies am Zentrum für transdisziplinäre Geschlechterstudien (ZtG) der Humboldt-Universität zu Berlin; entwickelte 2017–2020 das Portal Gendering MINT digital am ZtG; Forschungs- und Lehrschwerpunkte: Gender & MINT, NeuroGender & NeuroCultures, Feministische Science & Technology Studies, Körperdiskurse, feministische Epistemologie.

Gender- und diversitysensible Perspektiven in der Biologiedidaktik – Impulse zur Lehrer*innenprofessionalisierung

Sarah Huch

1 Einleitung

Auseinandersetzungen über gesellschaftlich produzierte hierarchische Strukturen und Diskriminierung, über den (vielfaltsorientierten) Personenstand (männlich, weiblich, divers, keine Angabe), über #BlackLivesMatter, die Aufnahme von Geflüchteten oder über Geschlechterungleichheiten in der Covid-19-Pandemie sind in den letzten Jahren immer wieder neu entbrannt. Im Unterricht bestand und besteht immer schon die gesellschaftliche Aufgabe, mit Pluralität und Diskriminierungen auf der Basis sozialer Kategorien wie etwa Geschlecht, sexuelle Orientierung, soziale Herkunft, (zugeschriebenem) Migrationshintergrund sowie deren Zusammenwirken umzugehen. Diese Herausforderung ist im naturwissenschaftsdidaktischen Diskurs erst seit relativ kurzer Zeit explizit in den Fokus gerückt. Vor allem im Kontext ungleicher Bildungschancen und einer heterogenen Schüler*innenschaft wird zunehmend reflektiert, welche Rolle soziale Differenzierungen wie Geschlecht in der Bildung spielen (Barsch et al. 2020; Massumi 2019). Auch Kultusminister- und Hochschulrektorenkonferenz befassen sich mit dem Thema und formulieren bildungspolitische Vorgaben: „Diversität in einem umfassenden Sinne ist [als] Realität und Aufgabe jeder Schule" zu verstehen. Die Vorbereitung „auf einen konstruktiven und professionellen Umgang mit Diversität" (KMK und HRK 2015, S. 2) gilt als bundesweite Querschnittsaufgabe der universitären Lehramtsausbildung für alle Lehrkräfte. Auch als handelnde Personen mit ihren Einstellungen und Überzeugungen stellen sie (un-)bewusst

S. Huch (✉)
Freie Universität Berlin, Berlin, Deutschland
E-Mail: sarah.huch@fu-berlin.de

S. Huch und M. Erlemann (Hrsg.), *Gender & Diversity Studies in MINT meets Naturwissenschaftsdidaktik*, Edition Fachdidaktiken,
https://doi.org/10.1007/978-3-658-43616-2_7

soziale Kategorisierungen wie Geschlecht im Sinne von Doing Gender und Doing Difference (Fenstermaker und West 2001) her. Dabei reproduzieren sie auch Ausschlüsse und Hierarchien. Ebenso wie die Fachkulturen nehmen sie in hohem Maße Einfluss auf die Selbstkonzepte, die Identitätsentwicklung und den schulischen Erfolg der Schüler*innen (Mahler et al. 2017).

Vor dem Hintergrund dieser (fach-)didaktischen Herausforderungen stellt sich notwendigerweise die Frage: Wie kann eine Auseinandersetzung der Lehrkräfte mit Gender und Diversity initiiert werden? Angehende wie praktizierende Lehrer*innen fühlen sich für den Umgang mit geschlechtlicher und sexueller Vielfalt nicht hinreichend qualifiziert (SeBiLe 2020). Oft wird das Fehlen von diversitysensiblem Handlungswissen insgesamt beklagt. Das impliziert für die Lehramtsausbildung, aber auch generell für den Fachkanon der Fachdidaktik Biologie den Auftrag, sich stärker vielfaltsorientiert und diskriminierungskritisch auszurichten. Im nächsten Teil dieses Beitrags wird zunächst der Status quo betrachtet: Dazu werden schlaglichtartig Entwicklungen hinsichtlich Gender- und Diversity-Aspekten im Fachkanon der Biologiedidaktik beleuchtet. Der daran anschließende dritte Abschnitt gibt Einblick in ein laufendes Forschungsprojekt zu Gender- und Diversity-Perspektiven von Biologielehramtsstudierenden. Dies eröffnet einen konzeptionellen Rahmen für die Integration von Gender und Diversity in die biologiedidaktische Lehrer*innenbildung. Abschließend liefert der Beitrag Impulse, wie Gender und Diversity als biologiedidaktische Prinzipien einbezogen werden können.

2 Zum Stand von Gender und Diversity in der Biologiedidaktik

2.1 Zur Verwendung der Begriffe in diesem Beitrag

In diesem Beitrag wird ein vielfältiges, mehrdimensionales und (de-)konstruktives Verständnis von Geschlecht zugrunde gelegt: Geschlecht wird nicht als determinierte und unveränderliche biologische Gegebenheit verstanden (vgl. Walgenbach 2014). Definitionen von Geschlecht sind wandelbar und in historischen, kulturellen und sozialen Prozessen hervorgebracht. Körperliche Aspekte *(sex)* und soziokulturelle Aspekte von Geschlecht (Gender) werden als soziokulturell vernetzt gedacht. Das körperliche Geschlecht umfasst aus biologischer Sicht ein vielfältiges Spektrum an genetischen, entwicklungsbiologischen, hormonellen, anatomischen und morphologischen Erscheinungen (mehrdimensional) (Montañez 2017). Über die körperliche Ebene hinaus beinhaltet Geschlecht die

Geschlechtsidentität, den Geschlechtsausdruck und die sexuelle Orientierung. Angelehnt an die soziologische Geschlechterforschung wird Geschlecht als soziale Kategorie in seiner intersektionalen Verflechtung mit weiteren sozialen Differenzkategorien gesehen und als interdependente Kategorie verstanden (vgl. Walgenbach 2014). Damit sind die Reflexion geschlechtlicher Macht- und Herrschaftsverhältnisse sowie damit einhergehender Diskriminierungen impliziert. Geschlecht als Analyseinstrument verfolgt das Ziel, soziale Ungleichheiten in der biologiedidaktischen Theorie und Lehr- und Lernpraxis zu erkennen und abzubauen. Im deutschsprachigen Forschungsraum hat sich für Geschlecht als körperlich und soziokulturell vernetztes Konstrukt auch der Begriff Gender etabliert; in diesem Beitrag werden diese beiden Begrifflichkeiten weitgehend synonym verwendet.

Der Begriff Diversity bündelt verschiedene Differenzkategorien wie etwa Geschlecht, sexuelle Identität, soziale Herkunft oder (zugeschriebener) Migrationshintergrund. Über die Wertschätzung dieser vielfältigen sozialen Gruppenmerkmale bzw. -identitäten (Vielfalt) hinaus wird hier ein Diversity-Verständnis zugrunde gelegt, das die Verschränkungen von Identitäten und Zugehörigkeiten (Diversity-Dimensionen) mit sozialen Konstruktionen und gesellschaftlichen Ungleichheitsstrukturen in den Blick nimmt. Letztere wirken bis in persönliche Identitätsprozesse hinein. Im Unterschied dazu steht das Konzept der Heterogenität, das in fachdidaktischen Zusammenhängen eher Lernvoraussetzungen und Phänomene der Leistungsheterogenität bezeichnet.[1]

2.2 Ausgangspunkte des biologiedidaktischen Fachkanons[2]

Die Biologiedidaktik als wissenschaftliche Disziplin beschäftigt sich mit dem Lehren und Lernen von Biologie (vgl. Gropengießer et al. 2018). Dabei versteht sie sich zum einen als Teildisziplin der Biologie bzw. Biowissenschaften als Wissenschaft vom Leben und integriert deren fachwissenschaftliche Inhalte, Theorien und Arbeitstechniken. Mit interdisziplinärer Ausrichtung sollen gesellschaftlich relevante Themen mit „ihren biologischen Dimensionen" (ebd., S. 194) in die Biologiedidaktik Eingang finden. Der ausgewiesene Kompetenzbereich der

[1] Für einen detaillierten Überblick zum Diskursfeld Diversity und unterschiedlichen Begrifflichkeiten sowie zu den Elementen einer *Diversity Education* mit ihren Kompetenzen siehe u. a. Hauenschild et al. (2013), Rott (2018), Massumi (2019) und Lindenberg (2020).

[2] Berücksichtigt wird der Forschungsstand bis zur Einreichung des Beitrags im Frühjahr 2023.

Biologiedidaktik *Bewerten* stellt ethische Aspekte und die kritisch-konstruktive Auseinandersetzung mit Normen und Werten zentral. Zum anderen orientiert die Biologiedidaktik sich in ihrer Vermittlungsfunktion nach eigenem Wissenschaftsverständnis explizit an den Erziehungswissenschaften. Dadurch vermag sie in doppelter Hinsicht ihre Theoriebildung an innovativen Aspekten der fachimmanenten Geschlechter- und Diversity-Forschung ausrichten (Huch 2018).

Ins Auge springen aktuell Tagungsformate wie „Diversitätssensible sexuelle Bildung in Biologieunterricht und Biologiedidaktik" (2021) und „Vielfaltsorientierung und Diskriminierungskritik" der Lehr- und Lernforschung (2022). Dies mag zu der Annahme verleiten, die Theorien und Impulse der (biologischen) Geschlechter- und Diversity-Forschung hätten inhaltlich wie konzeptionell Eingang in den Mainstream der Biologiedidaktik gefunden. Ein Blick in die Standardwerke relativiert dies. Vielmehr scheinen „diversitätssensible Zugänge [...] im Biologieunterricht immer noch nicht selbstverständlich zu sein." (Schaal und Schaal 2022, S. 2). Die Auseinandersetzung mit Geschlecht im Sinne eines objektiv feststehenden, körperlich binären Grundschemas *(sex)* hat – besonders augenscheinlich in humanbiologischen Themen (wie etwa Bau und Funktion der Geschlechtsorgane, Fortpflanzung, Vererbung) – eine bis heute fest verwurzelte curriculare Tradition (vgl. Huch 2018). Geschlecht wird aber in der Biologiedidaktik nicht ausschließlich als feststehende anthropologische Konstante aufgefasst, sondern zunehmend auch als Ergebnis gesellschaftlicher und sozialer Prozesse wie Praktiken, die sich wandeln. Es wird angestrebt, die „Naturalisierung von Geschlechtsunterschieden" (Gebhard et al. 2017, S. 139) und damit „die ‚natürliche' Zweigeschlechtlichkeit in Frage [zu] stellen" (Etschenberg 2018, S. 165). Umsetzungspotenzial scheint es dabei noch zu geben, weisen doch kritische Stimmen darauf hin, dass sich durch Standardwerke und Unterrichtsmaterialien nach wie vor mehrheitlich ein unterschwelliges binäres und heteronormatives Differenzdenken zieht (vgl. Bösche-Teuber et al. 2021; Gustke et al. 2018). Das betrifft verschiedene Ebenen: Eine cis- und heteronormative Ausrichtung in Inhalt, Sprache und Bild bestimmt das dargestellte Wissen über Sexualität etwa im Kontext von Reproduktion, Elternschaft und Freundschaften. Vielfältige nicht-cisgeschlechtliche Subjektivitäten und Existenzweisen wie trans*, inter*, nicht-binär (TIN) bleiben unbenannt. Darüber hinaus sind Unterrichtsmaterialien meist einer unsichtbaren weißen Norm verhaftet (Auma 2020). Abbildungen etwa eines schwarzen Embryos im Mutterleib begegnen Lernenden nicht. Neue Impulse mit Rückbindung an die gegenwärtige biologische Geschlechter- und Intersektionalitätsforschung gehen von biologiedidaktischen Einzelbeiträgen wie der Handreichung „BIO-DIVERS!" (2021) und dem Heft „Sexualität" (Schaal und Schaal 2022) aus. Diese greifen neben der Mehrdimensionalität und Vielfalt von Körpern sowie Geschlechtsausprägungen geschlechtlich vielfältige und auch BIPoC[3]-Selbstidentifikationen auf und thematisieren gesellschaftliche Normen. Ansätze zu sexueller Vielfalt im Handlungsfeld Schule und im Biologieunterricht (Huch und Lücke 2015; Huch 2017; Lotz 2020; Gerdtz et al. 2022), sowie pragmatische Konzepte zum *Teaching Gender* (Wedl und Bartsch 2015) liegen zur Umsetzung bereit. Auf Geschlecht als soziale Differenzkategorie mitsamt der damit verbundenen Praxen, die Ungleichheiten hervorbringen, erstrecken sich biologiedidaktische Perspektiven nur ansatzweise, etwa auf Doing-Gender-Ansätze von Geschlechterkonstruktionen der Schüler*innen (Kokott et al. 2018). Methodisch-didaktische Handlungsempfehlungen dagegen fokussieren mehrheitlich auf zwei Geschlechter (vgl. Groß et al. 2019; ESERA 2019). Soziale Zugehörigkeiten von Schüler*innen stehen vor allem in empirischen Studien zur Förderdiagnostik im biologiedidaktischen Interesse. Leistungsunterschiede nach Geschlecht, sozialer Herkunft und Zuwanderungshintergrund von Schüler*innen werden mehrheitlich differenz- und defizitorientiert thematisch, um gezielt den Förderbedarf zu ermitteln (VBIO 2018). Innovative Ansätze, die Individualisierung ohne wertende Benennung von Differenzen fokussieren, wären hier interessant. Resümierend gilt Anja Lembens und Markus Prechtls Feststellung für die Chemiedidaktik auch für die Biologiedidaktik: „Bislang wenig Beachtung fanden intersektionale, dekonstruktivistische und queere Lesarten von Geschlecht und marginalisierte Identitäten (trans*, inter*, nicht-binär)“ (vgl. p. 152f in diesem Band Lembens und Prechtl).

Inwiefern findet Diversity als Konzept explizit Eingang in den biologiedidaktischen Korpus? Grob gesagt: eher selten. Präzise inhaltliche Definitionen stehen noch aus. Häufig scheint Diversity mit der prominenteren biologieimmanenten Begrifflichkeit Bio-Diversität konnotiert und gleichgesetzt zu werden (s. Düsing et al. 2018). Diversität (engl. diversity) steht in der Biologie für biologische Vielfalt. Sie bezieht sich auf die Artenvielfalt, die genetische Vielfalt, die ökosystemare Vielfalt und die Vielfalt an Verhaltensweisen (MPG 2022). Weitgehend entpolitisiert wird auf eine anerkennende Auseinandersetzung mit (biologischer) Vielfalt rekurriert: Geschlecht, sexuelle Orientierung, religiöse Zugehörigkeit, soziale Herkunft treten als Dimensionen zur Individualisierung von Lernprozessen und weniger als verquickte, Ungleichheit erzeugende Kategorien in Erscheinung. Expliziter zeigen sich Reflexionen von hierarchisierenden Konstruktionen in Überlegungen eines „Biologieunterricht[s] gegen Rassenideologie und ihre Folgen“, in dem „Rassismus weiterhin ein gesellschaftliches

[3] BIPoC ist die Abkürzung von Black, Indigenous, People of Color und wird im Sinne politischer Selbstbezeichnungen etwa vom Migrationsrat Berlin empfohlen.

Problem [ist], dessen soziale Ursachen zu reflektieren sind." (Kattmann 2020, S. 207). Dieser Anspruch wird zunehmend eingelöst. A. Dittmer (2023) spricht sich für einen diversitätssensiblen wissenschaftspropädeutisch reflektierten und politischen Biologieunterricht aus, der im Kontext der ethischen Dimension des Unterrichts auf die Auseinandersetzung mit Vielfalt, Identitäten, stereotypisierenden Zuschreibungen sowie Diskriminierungen zielt. Dabei wird aus fachimmanenter Perspektive der Biologie Diversität ins Zentrum pädagogischer und didaktischer Überlegungen gestellt und betont, wie notwendig „ein Verständnis der Diversität und Individualität biologischer Phänomene als auch eine Reflexion der kulturellen und politischen Kontexte biologischer Forschung und der Verlockungen biologistischer Argumentationen und Ideologien" (ebd., S. 45) im Biologieunterricht sind.

2.3 Geschlecht und Diversity in der Lehramtsausbildung Biologie

Die schon 2014 international konstatierte Forschungs- wie Methodenlücke der Didaktiken der Naturwissenschaften[4] besteht weiterhin. Erst heute beginnt sie sich durch erste modellhafte Konzepte zur inhaltlichen Konkretisierung von Gender- und Diversity-Kompetenzen in Professionalisierungsmaßnahmen der Lehramtsausbildung Biologie zu schließen (Düsing et al. 2018), sowie durch die Analyse von „Gender Construction in Experiment-Based Biology Lessons" (Kokott et al. 2018, S. 115). Das Kompetenzmodell für „Diversitätssensibilität im Biologieunterricht" (vgl. Düsing et al. 2018) zielt ähnlich wie allgemeine schulpädagogische Gender- und Diversitykompetenz-Modelle im Rekurs auf Wissen, Wollen und Können darauf ab, die professionelle Handlungskompetenz der Biologielehrkräfte zu stärken. Biologiespezifische Themen wie „Problematik Rassebegriff/Rassismus" und „sexuelle und geschlechtliche Vielfalt" (ebd., S. 131 f.) dienen als inhaltliche Referenz zum Kompetenzerwerb. Zwar stehen noch empirische Grundlagenforschungen auf lern-, bildungs- und professionstheoretischer Ebene dazu aus, wie Gender- und Diversity-Kompetenzen in der universitären Lehramtsausbildung der Biologiedidaktik evidenzbasiert vermittelt werden können, pragmatische Ansatzpunkte in ausgewählten Themenfeldern bestehen hingegen. Die Professionalisierungsbedarfe der Lehramtsstudierenden im fachdidaktischen Umgang mit geschlechtlicher und sexueller Vielfalt und

[4] Siehe etwa Scantlebury (2014, S. 199): „[T]eachers may need more direction on how to inject queer into the science curriculum and pedagogy."

sozialen Ungleichheiten sind hoch, wie aktuelle Studien und Initiativen über die Biologie hinaus konstatieren (vgl. Klenk 2019; SeBiLe 2020). Studien belegen auch, dass Lehrkräfte durch ihre Einstellungen, Handlungs- und Denkweisen starken Einfluss auf die subjektive Identitätsentwicklung der Schüler*innen im positiven wie auch im negativen Sinn haben (vgl. Klocke et al. 2020). Umso notwendiger ist die Entwicklung empirisch gestützter Lernsettings für eine erfolgreiche Lehrkräftequalifikation. Das verlangt im Sinn der konstruktivistischen Lehr- und Lernforschung (Riemeier 2007), die subjektiven Verstehens- und Bewertungsprozesse der Lehrkräfte zu berücksichtigen. Dieses Ziel verfolgt ein Forschungsprojekt, dessen erste Ergebnisse im Folgenden umrissen werden.

3 Exemplarische Einblicke in die Perspektiven von Lehramtsstudierenden der Biologie auf Gender und Diversity

3.1 Perspektiven auf Geschlecht

Was wird mit „Geschlecht“ verbunden? Welche Auffassungen von Geschlecht haben Lehramtsstudierende der Biologie? Zu diesen Fragen wird in dem laufenden Forschungsprojekt der Freien Universität Berlin „Gender und Diversity in der Lehre der Biologiedidaktik“[5] geforscht. Validierte Erhebungsinstrumente für den deutschsprachigen Raum, die sich speziell auf die Biologie richten, lagen nicht vor. In explorativer Ausrichtung wurde in der Forschungsarbeit von Meissner (2021) ein Fragebogen mit halboffenem und offenem Antwortformat entwickelt (vgl. ebd.). Zwei übergeordnete Inhaltskategorien stehen im Zentrum: Perspektiven auf Geschlecht und Konzepte von Diversity. Der Fragebogen wurde hinsichtlich der inhaltlichen Relevanz, der Verständlichkeit und der Plausibilität evaluiert. Dies erfolgte durch die Beurteilung und Kommentierung der Items

[5] Dieses bündelt qualitative Forschungsarbeiten in der Biologiedidaktik. Biologie-Lehramtsstudierende werden v. a. nach ihrem Gender- und Diversity-Verständnis, zu geschlechtlicher und sexueller Vielfalt, zur Wahrnehmung und Entstehung von Diskriminierungsformen, zu Strategien im Umgang mit schulischen Diskriminierungen sowie zur Berücksichtigung von Gender und Diversity in der Biologiedidaktik befragt, um evidenzbasierte Professionalisierungszugänge in der Lehrer*innenbildung zu generieren.

sowohl von Expert*innen der Biologiedidaktik als auch von Masterstudierenden der Biologie nach der Technik des „lauten Denkens“[6]. Zum Einsatz kam der Fragebogen an der Freien Universität Berlin und der Humboldt-Universität zu Berlin im Masterstudiengang Lehramt für Biologie. Es wurde inhaltsanalytisch in Anlehnung an Mayring (2015) vorgegangen, wodurch verschiedene qualitative Geschlechterauffassungen der Biologiestudierenden (n = 36) identifiziert werden konnten. Sie umfassen ein weites Spektrum: binär-biologistische Auffassungen, *sex* und Gender bezogene Auffassungen, identitätsbezogen fluide sowie vielfaltsorientierte Auffassungen, aus denen sich verschiedene Perspektiven ergeben. Dabei wird im **binären Verständnis** ein eindeutiges biologisches Geschlecht vorausgesetzt. „Ich bin Biologe und für mich gibt es im menschlichen Geschlechterverhältnis nur männlich und weiblich“ (Meissner 2021, FU25, Pos. 29–30). Kriterien zur Bestimmung des biologischen Geschlechts werden als biologisch determiniert aufgefasst, „es muss immer möglich sein, eine Person entweder als männlich oder weiblich zuzuordnen, auch wenn die Person vielleicht nicht 100 % weiblich ist.“ (ebd., FU30, Pos. 32–35). Im Sinne der Evolution und der sexuellen Reproduktion wird von einer anderen Studierenden angeführt: „Männlich und weiblich sind Prinzipien, die den Fortbestand des Menschen sichern und auf biologischen Voraussetzungen basieren“ (ebd., FU19, Pos. 45–46). Demgegenüber stehen auf die Unterscheidung von ***Sex* und Gender** Bezug nehmende Auffassungen, die essenzialistische und binäre Geschlechtervorstellungen verneinen und zum einen „ein gesellschaftliches Geschlecht, welches an konstruierte Erwartungen und Verhaltensweisen geknüpft ist“ (ebd., FU28, Pos. 52–55), benennen. Zum anderen wird die biologische Geschlechtlichkeit selbst als soziales Konstrukt aufgefasst, wobei „die gesellschaftlichen Verhältnisse bedingen, wie diese biologischen Organe kategorisiert, vereinheitlicht, vereindeutigt und mit gesellschaftlicher Bedeutung aufgeladen werden. Insofern gibt es kein einfaches biologisches Geschlecht“ (ebd., FU16, Pos. 55–59). Auch evolutive und geschlechtsspezifische Rollenbilder werden in dieser Perspektive als sozial konstruiert beschrieben. „Männliche und weibliche Verhaltensmuster hängen von […] Gesellschaft, Kultur, Religion ab und es gibt keine universellen Verhaltensmuster“ (ebd., FU18, Pos. 50–52). In einer weiteren Auffassung gilt Geschlecht als zentrales **identitätsstiftendes Merkmal**: „Für mich bedeutet Geschlecht die Ausprägung, die man selbst fühlt und sich wünscht zu sein“ (ebd., FU1, Pos. 54–55) und die sich auch wandeln kann (ebd., FU31, Pos. 66–67). Mit Bezug zur

[6] Das „Laute Denken“ stellt eine bewährte Methode der Itemerprobung dar. Proband*innen werden auf-gefordert, bei Vorlage des Items Assoziationen und Gedanken zu verbalisieren. Verständnis- und Inter-pretationsschwierigkeiten können so aufgedeckt werden (Moosbrugger und Kelava 2012) und die Validität der Testwertinterpretation kann erhöht werden.

juristischen Öffnung des Personenstands wird artikuliert, „[e]s sollte jeder Person freigestellt sein, welchem Geschlecht sie sich zuordnet. Die Kategorie divers sollte nicht nur aufgrund von medizinischen Diagnosen, sondern auch aus subjektiven und individuellen Gründen anwendbar sein" (ebd., HU21, Pos. 28–31). In **vielfaltsorientierten Auffassungen** wird auf Geschlechtervielfalt, u. a. mit Bezug zum Tierreich, verwiesen und dies als eine Möglichkeit der Akzeptanzförderung im Unterricht eingestuft. „Ich finde die Idee nicht schlecht, Beispiele aus der Natur zur Akzeptanz von Vielfalt heranzuziehen." (ebd., FU3, Pos. 85–86).

Auffällig ist, dass im Kontext von sexueller Vielfalt Tiere mit ihnen zugeschriebenen biologisch determinierten Verhaltensweisen als Legitimation etwa für gleichgeschlechtliche menschliche Lebensweisen genutzt werden: „Diese Beispiele sind gut geeignet, um zu zeigen, dass diverse sexuelle oder geschlechtliche Orientierungen, anders als die heteronormativen, nicht nur ein menschliches Phänomen sind, sondern öfter auftreten und somit natürlich sind" (ebd., FU11, Pos. 74–77). Demgegenüber finden sich Äußerungen, die solche Naturalisierungen kritisch betrachten, „da gerade der Vergleich zwischen Mensch und Tier zu Fehlschlüssen oder absichtlicher Fehldeutung (siehe ‚Drittes Reich') führen kann" (ebd., FU34, Pos. 90–94).

3.2 Diversity-Konzepte

Was verstehen Biologielehramtsstudierende unter dem Begriff Diversity? Welche Ansatzpunkte können für die Förderung von professioneller Handlungskompetenz (Baumert und Kunter 2006, S. 478) angehender Lehrkräfte gewonnen werden?

Validierte Erhebungsinstrumente lagen nicht vor. In ihren Forschungsarbeiten entwickelten J. Meissner (2021, n = 36) und R. Haack (2021, n = 28) theoriegeleitet Items für eine Fragebogenerhebung im halboffenen und offenen Antwortformat. Es zeigte sich bei beiden in Vortests, dass diese Instrumente testwertbezogene Interpretationen erlauben (ebd.). Inhaltsanalytisch konnten verschiedene Diversity-Konzepte identifiziert werden: ein begriffsorientiertes Konzept, ein Konzept, das Vielfalt als Naturphänomen ansieht, ein identitäts- und differenzorientiertes Konzept, ein toleranzorientiertes Konzept, ein Konzept der Chancengleichheit und Gerechtigkeit sowie ein politisiertes diskriminierungskritisches Konzept.

Während Studierende mit einem **begriffsorientierten** Konzept Diversity schlicht etymologisch vom Begriff „Vielfalt" ableiten und die Definition damit als abgeschlossen ansehen (s. Meissner 2021, FU15, Pos. 6), wird Diversity für andere vornehmlich inhaltlich gefüllt: Als ein der Biologie fachimmanentes

Konzept der biologischen Vielfalt im Sinne eines Naturphänomens (Diversität) beschreibe es „die Vielfalt der lebenden Organismen (Fauna, Flora, Bakterien usw.) und der Ökosysteme auf der Erde" (ebd., FU36, Pos. 11–13). Diversity wird von den befragten Lehramtsstudierenden aber auch in einen Zusammenhang mit menschlichen sozialen Gemeinsamkeiten und Unterschieden gestellt. So betont ein **identitäts- und differenzorientiertes Kategorienkonzept** die „Pluralität von Geschlechtern, Neigungen, Anschauungen und Lebensweisen, die in jedem Menschen individuell ausgebildet und gelebt werden" (ebd., FU1, Pos. 6–8). Über diese Aufzählung identitätsstiftender Differenzen hinaus kommt im **toleranzorientierten Konzept** „[d]as gemeinschaftliche Tolerieren und Akzeptieren von verschiedenen Lebensweisen, Herkünften, Weltanschauungen etc." (ebd., FU23, Pos. 6–7) zum Ausdruck. In einem anderen, an **Chancengleichheit und Gleichberechtigung orientiertem Diversity-Verständnis** stehen Verteilungsgerechtigkeit und gesellschaftliche Teilhabe im Fokus. Das verbindet sich mit der Forderung, verschiedene „Identitäten sollten gleiche Rechte in allen Belangen (Heirat, Adoption, Berufsfreiheit etc.) zustehen" (ebd., FU28, Pos. 6–9).[7] Darüberhinausgehend wird in einem **politisierten und diskriminierungskritischen Konzept** Diversity als Analyseinstrument von Macht- und Herrschaftsverhältnissen aufgefasst. Demnach existieren ungleichheitsgenerierende Differenzkategorien, nach denen gesellschaftlich diskriminiert wird. Diese werden als Grundlage für gesellschaftliche Privilegien und Ausschlüsse beschrieben. So wird hervorgehoben, „Personen haben verschiedene konstruierte Identitäten. Diese kategorisierten Identitäten verfügen über unterschiedliche Ressourcen und Macht. In Debatten geht es um Identitäten-, Gleichheits- und Verschiedenheits-Diskurse und die Veränderung von Machtverhältnissen" (ebd., FU31, Pos. 6–10). Befragte nehmen Sprache auch als Machtinstrument wahr: „Ich würde diversitätssensible Sprache auf jeden Fall in den Unterricht integrieren. […] Ich halte es für sehr wichtig, da Sprache gesellschaftliche Herrschafts- und Machtstrukturen aufzeigt und reproduziert." (Haack 2021, F21, Z. 88–90).

[7] Das toleranzorientierte Konzept weist z. T. Überlappungen mit dem inhaltsnahen Konzept der Chancengleichheit und Gerechtigkeit auf. Folgeuntersuchungen können hier weitere Erkenntnisse liefern.

4 Impulse für eine gender- und diversityorientierte Biologiedidaktik in der Lehrer*innenprofessionalisierung

Die Ergebnisse der vorgestellten Befragungen von Lehramtsstudierenden ermöglichen, inhaltliche Ansatzpunkte für gender- und diversityorientierte Bildungssettings in der biologiedidaktischen Lehramtsausbildung abzuleiten. Deutlich wird ein Spektrum von Auffassungen und Konzepten. Es zeigt sich eine fortgesetzte Präsenz von Annahmen wie „es gibt aus biologischer Sicht nur zwei Geschlechter". Diese erschweren eine offene Auseinandersetzung mit geschlechtlicher und sexueller Vielfalt. Das erfordert, das dichotome Grundschema von Geschlecht (körperlich, psychologisch, identitätsbildend), inklusive der damit einhergehenden Hierarchisierungen, biologisch und wissenschaftspropädeutisch fundiert zu de- und rekonstruieren (vgl. Huch 2018; Götschel und Klenk 2018). Wissensbestände der aktuellen biologischen Geschlechterforschung bieten sich hier als Grundlagen an. Dort wird das körperliche Geschlecht als ein komplexes Konstrukt mit individuellen Ausprägungen auf genetischer, entwicklungsbiologischer, hormoneller, anatomischer und morphologischer Ebene (vgl. Ainsworth 2015; Montañez 2017) definiert. Jeweils variierende individuelle Ausprägungen charakterisieren das biologisch-körperliche Geschlecht als vielfältiges Kontinuum. Biologische Kriterien zur Bestimmung lassen mehr als zwei Geschlechter zu. Zuspitzen lässt sich das auf die These, dass es so viele Geschlechter gibt, wie es Menschen gibt. Aber auch in einer weniger zugespitzten Fassung wird, indem eine eindeutige Geschlechtsdefinition und -zuordnung nicht widerspruchsfrei möglich ist, eine Grenze des Konzeptes der ‚natürlichen' Zweigeschlechtlichkeit deutlich. Auch am Beispiel von Intergeschlechtlichkeit und Geschlechtstests (hinsichtlich *Sex*) im Sport wird dies deutlich. Das lässt sichtbar werden, dass die Festlegung auf eines von zwei gegensätzlich konzipierten Geschlechtern die faktische Komplexität bzw. Vielgestaltigkeit reduziert und dass sie gesellschaftlich hervorgebracht ist.

In dem Forschungsprojekt deutet sich hinsichtlich dieser gesellschaftlichen Hervorbringung aber auch eine Sensibilisierung angehender Lehrkräfte an (siehe Abschn. 3.1), nämlich in Äußerungen, dass die biologische Geschlechtlichkeit durch die Interpretation körperlicher Merkmale ein gesellschaftliches Konstrukt ist, anhand dessen Zugehörigkeit wirkmächtig hergestellt wird. Reflektiert wird auch die damit verbundene jeweilige Wertzuschreibung von bestimmten Geschlechterkategorien. Die biologische Wissensproduktion wird von den Befragten als kulturell und gesellschaftlich bedingt erkannt. Damit werden die

Vorgänge naturwissenschaftlicher Wissensbildung mit ihrer Konstitution von Forschungsobjekten, ihren Vorannahmen bei der Bildung von Hypothesen und der Interpretation von Befunden angesprochen (Lederman 2007).[8] Diese Vorgänge und der von ihnen ausgehende gesellschaftliche Einfluss sollten inhaltlicher Bestandteil der Lehramtsausbildung sein. Die Reflexion darüber, dass sich biologische Wissensbestände über Geschlecht, Sexualität, Hautfarbe/whiteness etc. in Wechselwirkung mit historischen, sozialen, politischen und kulturellen Faktoren konstituieren und zu Hierarchisierungen beitragen, fördert die ethische Bewertungskompetenz (Huch und Lücke 2024). Dies entspricht dem biologiedidaktischen Bildungsanspruch eines adäquaten Wissenschaftsverständnisses *(Nature of Science)* und kann wiederum eine gender- und differenzreflexive Professionalität unterstützen.[9]

Zusätzlich führt diese Reflexion zu einem nachhaltigen Verständnis von biologischen Strukturen, Funktionsprozessen und Theorien von Geschlecht, Körpern und Sexualitäten. Die Förderung einer wissenschaftskritischen Reflexionsperspektive in der Lehramtsausbildung erscheint auch angesichts biologistischer Auffassungen bei Lehrenden gewinnbringend, besonders mit Blick auf ein normatives Naturverständnis. In einem solchen Naturverständnis gilt die Existenz von zwei klar voneinander abgrenzbaren Geschlechtern (Frau/Mann), die sich in ihrer Sexualität im Kontext der Reproduktion und Evolution aufeinander beziehen, als von Natur aus gegeben und angemessen. Das bildet als ‚natürlich' eine universell gültige Legitimationsgrundlage (Naturalisierung) für menschliche Geschlechterverhältnisse. Naturalisierungen können aber auch zu einer akzeptierenden Haltung im Kontext geschlechtlicher und sexueller menschlicher Vielfalt beitragen, wie die vielfaltsorientierten Auffassungen der Lehramtsstudierenden von vielfältigen Geschlechtlichkeiten und von Homosexualität als ‚natürliche' Grundlagen im Tierreich zeigten. Eine Durchbrechung des „Zirkelschlusses der Naturalisierung" (Ebeling und Schmitz 2006, S. 57) soziokultureller

[8] Diese wissenschaftlichen Kompetenzen im Umgang mit Konzepten oder Wesenszügen der Naturwissenschaften werden im englischsprachigen Raum als *Nature of Science* bezeichnet (vgl. https://www.nsta.org/nstas-official-positions/nature-science). Nach Lederman (2007: 833) besitzt naturwissenschaftliches Wissen einen vorläufigen Charakter und verändert sich im Laufe der Zeit. Es stützt sich auf empirische Belege, Beobachtungen und Experimente. Zugleich ist es aber auch subjektiv und ein Produkt menschlicher Kreativität. Soziale, kulturelle und technologische Aspekte beeinflussen die Gewinnung naturwissenschaftlichen Wissens; folglich entsteht dieses nicht isoliert.

[9] Zu Möglichkeiten der didaktischen Aufbereitung siehe die Open Educational Resource „GenderingMINTdigital", https://www2.hu-berlin.de/genderingmintdigital/.

Geschlechter- und Ungleichheitsverhältnisse ist dennoch ein Muss und zentraler Ansatzpunkt, um menschliches Verhalten und Handeln nicht unreflektiert ethisch rechtfertigen oder abwerten zu können. Aus der ‚Natur' sind keine ethischen Maßstäbe sowie normative Vorgaben abzuleiten, Beurteilungsgrundlage sind vielmehr die Menschenrechte. Diesem Verständnis kommt in der Lehramtsausbildung insofern besondere Bedeutung zu, ist es doch die „Grundlage für eine Reflexion biologistisch rassistischer oder sexistischer Argumentationen im Sinne einer fachintegrierten Förderung ethischer Bewertungskompetenz" (Dittmer 2023, S. 53).

Wie dargestellt, verfügen Lehramtsstudierende über unterschiedliche Diversity-Konzepte sowie über verschiedenes vielfaltsförderliches und diskriminierungskritisches Hintergrundwissen. Die biologisch fachwissenschaftlich orientierte Auffassung von Diversity als biologische Vielfalt hat Potenzial für eine berufliche Handlungskompetenz der Biologielehrkräfte, wenn von dieser ausgehend die Individualität jedes einzelnen Menschen wertgeschätzt und durch die Schaffung eines lernförderlichen Klimas pädagogisch gefördert wird. Das heißt, wenn Vielfalt als systematische Perspektive für den Unterricht etwa bei der Gestaltung der Unterrichtsmaterialien zugrunde gelegt wird, überwindet dies starre dichotome Kategorisierungen und Identitätsvorstellungen sowie Kontrastierungen von Norm und Abweichung zugunsten einer gleichwertigen Vielfalt. Dies geschieht auch durch eine Offenheit z. B. gegenüber vielfältigen (geschlechtlichen) Identitäten, verbunden mit dem Mitdenken in biologischen Teilgebieten wie Wissenschaftsethik, Entwicklungsbiologie oder Sexualbildung. Die biologisch-fachwissenschaftlich orientierte Auffassung von Diversity als biologische Vielfalt regt dazu an, das grundlegende biologische Prinzip der Vielfalt über die naturwissenschaftliche Sicht hinaus in gesellschaftliche und ethische Diskurse zu verweben.

Dabei bietet es sich an, gesellschaftliche Machtverhältnisse, die auf diese Vielfalt wirken, zu reflektieren. Prozesse wie die Herstellung von hierarchischen Einteilungen mit (De-)Privilegierungen im Sinne des Doing difference können hier im Fokus stehen (Massumi 2019). Angelehnt an das von Lehramtsstudierenden vertretene politisierte diskriminierungskritische Diversity-Konzept wäre ein wichtiger didaktischer Ansatzpunkt, ein Bewusstsein für soziale Differenzkategorien, die Chancen eröffnen oder verschließen und die immer wieder im schulischen Alltag hergestellt werden, zu schaffen und ihre Wirkmächtigkeit zu illustrieren. Ein Sensibilisieren für das eigene Lehrer*innenhandeln mitsamt der individuellen, fachkulturellen und strukturellen Verstrickungen in Macht- und Herrschaftsverhältnisse (vgl. Klenk 2019) sollte Teil eines selbstreflexiven, diversityorientierten Bildungs- und Professionsverständnisses der Biologiedidaktik sein. Dazu gehört auch – wie von den befragten Lehramtsstudierenden betont –, sensibel zu sein für die inkludierende oder diskriminierende Wirkung von Sprache. Der eigene Sprachgebrauch, insbesondere die Verwendung des generischen Maskulinums, sexistischer und binärer Geschlechterappelationen, kolonialer Wortschöpfungen, symbolischer Schlechterstellung von (vorgeblich) Zugewanderten, rassifizierender und beHindernder Gruppenzuweisungen (vgl. Hornscheidt 2017, S. 801), sollte reflektiert werden. Eine Pronomenrunde, in der alle ihren Namen und ihr gewünschtes Personalpronomen (sie, sie*er, xier, er usw.) nennen, fördert eine vielfaltsbejahende Lehr- und Lernatmosphäre. Sprachliche Sensibilität für Schüler*innen, deren Erstsprache nicht Deutsch ist, ist ebenfalls relevant. Wenn antidiskriminierende Sprachhandlungen stärker als bisher Eingang in die Lehramtsausbildung, in den biologiedidaktischen Fachkanon und die Wissensproduktionen der Biologie fänden, wäre das ein weiterer Schritt zu einer gender- und diversityorientierten Ausrichtung.

5 Ausblick

Gender- und diversitysensible Ausrichtungen sind in der Biologiedidaktik und auch in ihrer Lehrer*innenprofessionalisierung punktuell vorhanden. Eine ausreichende systematische Verortung sowie empirisch gestützte Fördermaßnahmen von Gender- und Diversity-Kompetenzen lassen noch auf sich warten. Biologielehrkräfte, die neben aktuellen biologischen Wissensbeständen der Geschlechterforschung über ein selbstreflexives, gender- und diversityorientiertes Bildungs- und Professionsverständnis verfügen, eröffnen vielfältige Entfaltungs- und Entwicklungsmöglichkeiten für *alle* Schüler*innen. Lindenberg (2020, S. 6 f.) betont die Notwendigkeit, „sich als Lehrende*r gegenüber vielfältigen Lebensweisen und Perspektiven [zu] öffnen.“. Dies sei „unweigerlich mit einer (machtkritischen) Selbstreflexion verbunden, sodass beispielsweise eigene ausschließende Normalitätskonstruktionen oder Lehrmethoden erkannt [werden]“. Die Reflexion eigener Privilegien ist ebenfalls zentral, um Diskriminierungen von weniger privilegierten Schüler*innen zu erkennen. Für Unterrichtssettings, die sich kritisch mit sozialen Macht- und Ungleichheitsverhältnissen auseinandersetzen, sind Sensibilität und Fehlerfreundlichkeit (Goel, 2016) unumgänglich.

In den Aussagen der Lehramtsstudierenden, die im Rahmen der vorgestellten Forschungsarbeiten befragt wurden, ist ein Bewusstsein für (geschlechtliche und sexuelle) Vielfalt, normierende Strukturen in Prozessen der biologischen Wissensproduktion sowie für Diskriminierungen erkennbar. Das zeugt sicherlich auch von positiven Entwicklungen in der universitären Lehramtsausbildung. Noch stärker könnte der Blick jedoch auf Ungleichheits- und Machtkonstellationen entlang sozialer Differenzlinien insgesamt und auf die eigene Einbindung in Diskriminierungsverhältnisse gerichtet werden. Für die Lehr- und Lernpraxis liefern etwa die „Checkliste zur gender- und diversitätsbewussten Didaktik“ (Ebenfeld 2017) sowie der Fragenkatalog „Reflexion des eigenen Handelns“ von Bönkost und Apraku (2018, S. 18) Impulse zu mehreren unterrichtsrelevanten Dimensionen, so etwa zu Inhalten, Lehrenden, Lernenden, Forschungsmethoden, Rahmenbedingungen und Methodik. Auf dieser Basis können Lehrsettings einer konstruktiven Analyse unterzogen werden. Die von Letzteren vorgeschlagenen Reflexionsfragen lassen sich für die Biologiedidaktik modifizieren. Gefragt werden könnte beispielsweise: Welche „Botschaften“ in Bezug auf Gender und Diversität werden durch die Themenwahl vermittelt? Welche unhinterfragten Normen und Normalitäten implizieren die biologischen Inhalte? Wessen Perspektiven werden im Bildungsmaterial dargestellt? Wessen Perspektiven werden nicht repräsentiert? Inwiefern finden binäre Geschlechterauffassungen Eingang in die Methodik, etwa bei Gruppenbildungen nach Jungen und Mädchen, in der Reihenfolge bei Präsentationen? Erfolgen Zuschreibungen der Lehrkraft hinsichtlich Geschlecht, Hautfarbe etc.? (vgl. ebd.).

Wünschenswert wären weitere Ausarbeitungen solcher Art, um in der biologiedidaktischen Lehrer*innenprofessionalisierung ebenso wie übergreifend in der Didaktik der Biologie mit ihrer Forschung, Theoriebildung und Praxis einer gender- und diversityreflektierten Ausrichtung und damit der Bildungsgerechtigkeit einen weiteren Schritt näherzukommen. Theoretische Grundlagen – etwa in der biologischen Geschlechterforschung, in Konzepten zum kritischen Weißsein (Stichwort: Decolonizing Classroom) sowie Modelle für eine gender- und differenzreflexive Lehre in den Erziehungswissenschaften – existieren bereits (Klenk 2019; Lindenberg 2020), der Bogen dahin muss nur noch stärker gespannt werden.

Literatur

Ainsworth, C. 2015. Sex redefined. In *Nature*, 518: 288–291.

Auma, M.-M. 2020. Zwischen Kulturalisierung und Empowerment. Sexualpädagogische Repräsentationen von Schwarzen Menschen und People-of-Color im deutschsprachigen Raum. In *Bilder befragen – Begehren erkunden. Repräsentationskritische Einsätze in der Bildungsarbeit,* Hrsg. A. Pritz, R. Siegenthaler und M. Thuswald, Textsammlung der Zeitschrift Kunst Medien Bildung. http://zkmb.de/zwischen-kulturalisierung-und-emp

owerment-sexualpaedagogische-adressierungen-von-schwarzen-menschen-und-people-of-color-im-deutschsprachigen-raum. Zugegriffen: 1.11.2022.

Baumert, J., und M. Kunter. 2006. Stichwort: Professionelle Kompetenz von Lehrkräften. *Zeitschrift für Erziehungswissenschaft* 9(4): 469–520.

Barsch, S., B. Degner, C. Kühberger, und M. Lücke, Hrsg. 2020. *Handbuch Diversität im Geschichtsunterricht. Inklusive Geschichtsdidaktik*. Schwalbach/Ts.: Wochenschau.

Bönkost, J., und J. Apraku. 2018. Organisation Schule. Lehr- und Fortbildungsmaterial, Institut für diskriminierungsfreie Bildung (IDB). In *Handreichung für das übergreifende Thema Bildung zur Akzeptanz von Vielfalt (Diversity),* Hrsg. Landesinstitut für Schule und Medien Berlin-Brandenburg (LISUM), 17–21. Ludwigsfelde. https://bildungsserver.berlin-brandenburg.de/fileadmin/bbb/themen/diversity/HR_uebergrThema_AkzeptanzVonVielfalt_2018_10_15.pdf. Zugegriffen: 1.11.2022.

Bösche-Teuber, R., Y. Feuge, und A. Lotz. 2021. BIO-DIVERS! Vier Module zur Förderung der Akzeptanz sexueller und geschlechtlicher Vielfalt im Biologieunterricht der Sekundarstufe 1. https://www.queerformat.de/wp-content/uploads/Handreichung_Bio_divers_FINAL.pdf. Zugegriffen: 1. 11.2022.

Desch, I., M. Basten, N. Großmann, und M. Wilde. 2017. Geschlechterdifferenzen in der wahrgenommenen Erfüllung der Prozessmerkmale gemäßigt konstruktivistischer Lernumgebungen – Die Effekte von Autonomieförderung durch Schülerwahl. *Journal for Educational Research Online* (JERO) 9(2): 156–182.

Dittmer, A. 2023. Vielfalt, Varianz und Prototypen Diversität als Gegenstand eines wissenschaftspropädeutisch reflektierten und politischen Biologieunterrichts. *PFLB – Praxis-ForschungLehrer*innenBildung*, 5(2): 45–61.

Diversitätssensible sexuelle Bildung in Biologieunterricht und Biologiedidaktik. Tagung vom 2.9.– 4.9.2021 an der Friedrich-Schiller-Universität Jena. https://www.biodidaktik.uni-jena.de/aktuelles/diversitaetssensible-sexuelle-bildung-in-biologieunterricht-und-didaktik. Zugegriffen: 1.11.2022.

Düsing, K., H. Gresch, und M. Hammann. 2018. Diversitätssensibler Biologieunterricht – Veränderungen im Lehramtsstudium zur Vorbereitung auf das Unterrichten in heterogenen Lerngruppen. In *Dealing with Diversity. Innovative Lehrkonzepte in der Lehrer*innenbildung zum Umgang mit Heterogenität und Inklusion,* Hrsg. D. Rott, N. Zeuch, C. Fischer, E. Souvignier und E. Terhar, 127–139. Münster: Waxmann.

Ebeling, S., und S. Schmitz, Hrsg. 2006. *Geschlechterforschung und Naturwissenschaften. Einführung in ein komplexes Wechselspiel*. Wiesbaden: VS Verlag für Sozialwissenschaften.

Ebenfeld, M. 2017. Checkliste zur gender- und diversitätsbewussten Didaktik. In *Freie Universität Berlin. Toolbox Gender und Diversity in der Lehre*. http://www.genderdiversitylehre.fuberlin.de/toolbox/_content/pdf/methodenblatt_checkliste.pdf. Zugegriffen: 1.11.2022.

ESERA European Science Education Research Association 2019. 26 to 30 August 2019 Italy, Bologna. https://www.esera.org/esera-conference-2019-bologna-italy/

Etschenberg, K. 2018. Sexualbildung. In *Fachdidaktik Biologie,* Hrsg. H. Gropengießer, U. Harms und U. Kattmann, 157–168. Hallbergmoos: Aulis Verlag.

Fenstermaker, S., und C. West. 2001. ‚Doing difference' revisited: Probleme und Aussichten und der Dialog in der Geschlechterforschung. *Kölner Zeitschrift für Soziologie und Sozialpsychologie*. Sonderheft 41: 236–249.

Gebhard, U., D. Höttecke, und M. Rehm. 2017. *Pädagogik der Naturwissenschaften. Ein Studienbuch.* Wiesbaden: Springer VS.

Gerdtz, M., C. Konnemann, und H. Martens. 2022. Hetero, homo, bi, trans*, inter*, queer... – ICH! Über geschlechtliche und sexuelle Vielfalt reflektieren. *Unterricht Biologie* 471: 25–30.

Goel, U. 2016. Die (Un)Möglichkeit der Vermeidung von Diskriminierungen. In *Diskriminierungskritische Lehre. Denkanstöße aus den Gender Studies*, Hrsg. Geschäftsstelle des Zentrums für transdisziplinäre Geschlechterstudien der Humboldt-Universität zu Berlin, 39–47.

https://www.gender.hu-berlin.de/de/studium/diskriminierungskritik-1/broschuere-der-ag-lehre-diskriminierungskritische-lehre-denkanstoesse-aus-den-gender-studies

Götschel, H., und F.C. Klenk. 2018. Biologisches Wissen im pädagogischen Geschlechterdiskurs. In *Das Geschlecht in der Biologie. Anregungen zu einem Perspektivwechsel*, Hrsg. M. Koreuber und B. Aßmann, 267–298. Schriften zur interdisziplinären Frauen- und Geschlechterforschung, Bd. 11. Baden-Baden: Nomos-Verlag.

Gropengießer, H., U. Harms, und U. Kattmann, Hrsg. 2018. *Fachdidaktik Biologie.* Seelze: Aulis Verlag.

Groß, J., M. Hammann, P. Schmiemann, und J. Zabel. 2019. *Biologiedidaktische Forschung: Erträge für die Praxis.* Berlin: Springer Spektrum.

Gustke, R., J. Wedl, und A. Spahn. 2018. Heteronormativität und Cisnormativität in Bildungsmaterialien. In *Schule lehrt/lernt Vielfalt - Praxisorientiertes Basiswissen und Tipps für Homo-, Bi-, Trans- und Inter*freundlichkeit in der Schule*, Band 1, Hrsg. A. Spahn und J. Wedl, 86–89. Göttingen: Waldschlösschen Verlag.

Haack, R. 2021. *Erfassung von Diversity-Kompetenzen im Themenfeld sexuelle Orientierung bei Lehramtsstudierenden der Biologie.* Unveröffentl. Masterarbeit, Freie Universität Berlin.

Hauenschild, K., S. Robak, und I. Sievers, Hrsg. 2013. *Diversity Education. Zugänge – Perspektiven – Beispiele.* Frankfurt a.M.: Brandes & Aspel.

Hornscheidt, L. 2017. Nicht-diskriminierende Sprachverwendung und politische Correctness. In *Handbuch Diskriminierung,* Hrsg. A. Scherr, A. El Mafaalani und Y. Gökcen, 793–809. Wiesbaden: VS-Verlag für Sozialwissenschaften.

Huch, S. 2015. Geschlechtliche und sexuelle Vielfalt in der Didaktik der Biologie. Ausgangspunkte und Perspektiven für die Initiierung von Bildungsprozessen. In *Sexuelle Vielfalt im Handlungsfeld Schule. Konzepte aus Erziehungswissenschaft und Fachdidaktik*, Hrsg. S. Huch und M. Lücke, 181–205. Bielefeld: Transcript.

Huch, S., und M. Lücke, Hrsg. 2015. *Sexuelle Vielfalt im Handlungsfeld Schule. Konzepte aus Erziehungswissenschaft und Fachdidaktik.* Bielefeld: Transcript.

Huch, S., und M. Lücke, Hrsg. 2024. Geschlechtliche und sexuelle Vielfalt in der schulischen Bildung – Perspektiven der Geistesund Naturwissenschaften. In *Vielfaltsorientierung und Diskriminierungskritik. Ansprüche und Widersprüche schulischer Bildung*, Hrsg. K. Bräu, J. Budde, M. Hummrich und F. C. Klenk, 185–198. Opladen: Verlag Barbara Budrich.

Huch, S. 2017. *Bildungsprozesse zum Umgang mit sexueller Vielfalt (diversity) im Biologieunterricht – Empirische Analyse der Einstellungen von Schüler*innen zu Geschlecht- und sexuellen Orientierungen.* Dissertation, Freie Universität Berlin.

Huch, S. 2018. Zur Relevanz von „Geschlecht" im biologiedidaktischen Kontext: Theoretische Konzepte und praktische Implikationen. In *Das Geschlecht in der Biologie. Anregungen zu einem Perspektivwechsel*, Hrsg. M. Koreuber und B. Aßmann, 299–325. Schriften zur interdisziplinären Frauen- und Geschlechterforschung, Bd. 11. Baden-Baden: Nomos-Verlag.

Kattmann, U. 2020. Die Vielfalt der Menschen: Biologieunterricht gegen Rassenideologie und ihre Folgen.

In *Rassismuskritische Fachdidaktiken. Theoretische Reflexionen und fachdidaktische Entwürfe rassismuskritischer Unterrichtsplanung,* Hrsg. K. Fereidooni und N. Simon, 207–232. Wiesbaden: Springer.

Klenk, F.C. 2019. Interdependente Geschlechtervielfalt als un/be/deutende Anforderung an pädagogische Professionalität. In *Geschlechterreflektierte Professionalisierung – Geschlecht und Professionalität in pädagogischen Berufen,* Jahrbuch erziehungswissenschaftliche Geschlechterforschung, Hrsg. R. Baar, J. Hartmann und M. Kampshoff, 57–81. Opladen: Verlag Barbara Budrich.

Klocke, U., S. Salden, und Watzlawik, M. 2020. *Lsbti* Jugendliche in Berlin: Wie nehmen pädagogische Fachkräfte ihre Situation wahr und was bewegt sie zum Handeln?* Berlin: Senatsverwaltung für Bildung, Jugend und Familie.

KMK & HRK. 2015. *Lehrerbildung für eine Schule der Vielfalt. Gemeinsame Empfehlung von Hochschulrektorenkonferenz und Kultusministerkonferenz.* Beschluss der Kultusministerkonferenz vom 12.3.2015 und Beschluss der Hochschulrektorenkonferenz vom 18.3.2015.

https://www.kmk.org/fileadmin/Dateien/veroeffentlichungen_beschluesse/2015/2015_03_12-Schule-der-Vielfalt.pdf. Zugegriffen: 1.11.2022.

Kokott, K., D. Lengersdorf, und K. Schlüter. 2018. Gender Construction in Experiment-Based Biology Lessons. *Education Sciences*, 8(3) 115: 1–13.

Lederman, N.G. 2007. Nature of science: Past, present, and future. In *Handbook of research on science education,* Hrsg. S.K. Abell und N.G. Lederman, 831–880. Mahwah, NJ: Lawrence Erlbaum Associates.

Lindenberg, N.M. 2020. *Intersektionale Hochschullehre in der Lehramtsausbildung*. Edition Waldschlösschen

Materialien, Heft 25. Göttingen: Waldschlösschen Verlag.

Lotz, A., Hrsg. 2020. *Vielfalt in Sexualität und Geschlecht – Sekundarstufe I.* Biologie Klasse 5 – 10. Berlin: Cornelsen.

Mahler, D., J. Großschedl, und U. Harms. 2017. Using doubly latent multilevel analysis to elucidate relationships between science teachers' professional knowledge and students' performance. *International Journal of Science Education* 39(2): 213–237.

Massumi, M. 2019. Diversitätssensibilität in der Lehrer*innenbildung. In *Praxishandbuch Habitussensibilität und Diversität in der Hochschullehre*, Hrsg. D. Kergel und B. Heidkamp, 153–170. Wiesbaden: Springer VS.

Mayring, P. 2015. *Qualitative Inhaltsanalyse – Grundlagen und Techniken*. Weinheim: Beltz.

Meissner, J. 2021. *Entwicklung eines offenen Fragebogens zur Erhebung der Gender- und Diversity-Kompetenzen im Themenfeld Geschlechtervielfalt von Lehramtsstudierenden der Biologie.*

Unveröffentl. Masterarbeit, Freie Universität Berlin.

Migrationsrat Berlin e.V. https://www.migrationsrat.de/. Zugegriffen: 1.11.2022.

Montañez, A. 2017. Beyond XX and XY. *Scientific American* 317(3): 50–51.
Moosbrugger, H., und A. Kelava, Hrsg. 2012. *Testtheorie und Fragebogenkonstruktion.* Berlin: Springer.
MPG (Max Planck Gesellschaft). 2022. Biodiversität – Vielfalt des Lebens. https://www.mpg.de/biodiversitaet. Zugegriffen: 1.11.2022.
Riemeier, T. 2007. Moderater Konstruktivismus. In *Theorien in der biologiedidaktischen Forschung*, Hrsg. D. Krüger und H. Vogt, 69–79. Berlin: Springer.
Rott, D. 2018. Diversity als Anhaltspunkt für die Hochschullehre. Fragen zu Gestaltungsmöglichkeiten in der Lehrer*innenbildung. In *Dealing with Diversity. Innovative Lehrkonzepte in der Lehrer*innenbildung zum Umgang mit Heterogenität und Inklusion,* Hrsg. D. Rott, N. Zeuch, C. Fischer, E. Souvignier und E. Terhar, 29–40. Münster: Waxmann.
Scantlebury, K. 2014. Gender Matters. Building on the Past, Recognizing the Present, and Looking Toward the Future. In *Handbook of research on science education I,* Hrsg. S.K. Abell und N.G. Lederman, 187–203. New York: Routledge.
Schaal, S., und S. Schaal. 2022. Sexualität. *Unterricht Biologie* 471. Hannover: Friedrich Verlag.
SeBiLe (Sexuelle Bildung für das Lehramt). 2020. Ergebnisse der quantitativen Online-Erhebung. Hochschule Merseburg. https://sebile.de/ergebnisse/. Zugegriffen: 1.7.2022.
VBIO (Verband Biologie, Biowissenschaften und Biomedizin in Deutschland e.V.). 2018. Stabile Leistungen in Mathematik und Naturwissenschaften. https://www.vbio.de/aktuelles/stabile-leistungen-in-mathematik-und-naturwissenschaften/. Zugegriffen: 1.11.2022.
Vielfaltsorientierung und Diskriminierungskritik. Ansprüche und Widersprüche schulischer Bildung. Tagung der DGfE-Kommission „Schulforschung und Didaktik" am 6. und 7. Oktober 2022 an der Johannes Gutenberg-Universität Mainz. https://tagung-diskriminierungskritik.schulforschung.uni-mainz.de/. Zugegriffen: 1.7.2022.
Wedl, J., und A. Bartsch, Hrsg. 2015. *Teaching Gender? Zum reflektierten Umgang mit Geschlecht im Schulunterricht und in der Lehramtsausbildung.* Bielefeld: Transcript.
Walgenbach, K. 2014. *Heterogenität – Intersektionalität – Diversity in der Erziehungswissenschaft.* Stuttgart: UTB.

Sarah Huch, Dr.in, ist wissenschaftliche Mitarbeiterin und Dozentin für Gender & Diversity in den Naturwissenschaften und Sexuelle Bildung in der Didaktik der Biologie der Freien Universität Berlin. Zusätzlich arbeitet sie als Gender & Diversity Consultant für verschiedene naturwissenschaftliche Sonderforschungsbereiche in Kooperation mit Prof. Dr. Rainer Haag. Lehr- und Forschungsschwerpunkte: Gender, Diversity und intersektionale Perspektiven in der Biologie und den Naturwissenschaftsdidaktiken, geschlechtliche und sexuelle Vielfalt, Sexuelle Bildung, empirische Sozialforschung.

Sensibilisierung von (angehenden) Lehrer*innen für geschlechterbezogene Aspekte in der Didaktik der Chemie

Anja Lembens und Markus Prechtl

„Natürlich bin ich bemüht, das auch auf diese Weise ein bisschen zu steuern, aber […] wenn jetzt ein Mädchen sagt, ich möchte da nicht experimentieren und ich will da nicht ran, dann bitte dräng sie nicht. […] Wir müssen akzeptieren, dass es Unterschiede und Differenzierungen gibt." (Äußerung eines Chemielehrers, zitiert in Töscher 2019, S. 29).

Unterrichtliches Handeln von Lehrer*innen erfolgt in einem spannungsreichen Kontext; dies ist eine Lesart der eingangs zitierten Äußerung einer Lehrperson. In Balance zu bringen sind stets aufs Neue verschiedene Anliegen: Das sind vor allen der Wunsch, den Bedürfnissen der Schüler*innen gerecht zu werden, der Anspruch, ihnen spezifische Methoden des Fachs, wie Versuche und Modellierungen, nahezubringen sowie adäquat zwischen der wahrnehmbaren und submikroskopischen Welt durch Fachsprache und Symbolik zu vermitteln (vgl. Atit et al. 2020; Johnstone 1991). Die komplexen Herausforderungen des Berufsalltags befördern bei Lehrer*innen zuweilen eine Hinwendung zu vertrauten und damit sicher erscheinenden Mustern. Außerdem steht nur begrenzt Zeit für eine intensivere Auseinandersetzung mit vermeintlich randständigen Themen, wie

A. Lembens (✉)
Österreichisches Kompetenzzentrum für Didaktik der Chemie, Universität Wien, Wien, Österreich
E-Mail: anja.lembens@univie.ac.at

M. Prechtl
Technische Universität Darmstadt, Darmstadt, Deutschland
E-Mail: markus.prechtl@tu-darmstadt.de

S. Huch und M. Erlemann (Hrsg.), *Gender & Diversity Studies in MINT meets Naturwissenschaftsdidaktik*, Edition Fachdidaktiken,
https://doi.org/10.1007/978-3-658-43616-2_8

z. B. der Kategorie Geschlecht, zur Verfügung. Gerade deswegen ist es wichtig, in der Lehrer*innenbildung geschlechterbezogene Reflexionen zu implementieren, eine eigene Perspektivbildung aufseiten der Lehramtsstudierenden anzuregen sowie das Mitdenken von Geschlecht in Unterrichtsplanungen mit sinnstiftenden Inhalten zu untermauern.

Der Beitrag bietet Kolleg*innen der Gender Studies und der Didaktik der Chemie von den Autor*innen erprobte Konzepte für die Integration von auf Geschlecht bezogenen Themen in das Lehramtsstudium im Fach Chemie. Wenn wir nachfolgend das Wort Geschlecht verwenden, meinen wir damit überwiegend dessen sozial konstruierte Erscheinungsform, die in Interaktionen intersubjektiv bestätigt und kontextadäquat inszeniert wird. Aus unserer Sicht hat diese Wortwahl ein integrierendes Potenzial, da Sex und Gender damit konzeptionell verschränkt gedacht werden können. Der Beitrag ist in zwei Abschnitte gegliedert. Teil 1 informiert über aktuelle Perspektiven zu geschlechterbezogenen Aspekten in der Didaktik der Chemie. Teil 2 widmet sich der Professionalisierung von Lehramtsstudierenden im Fach Chemie bezüglich geschlechterbezogener Herausforderungen im Chemieunterricht.

1 Perspektiven auf Geschlecht in der Didaktik der Chemie

Eine Auseinandersetzung mit der Kategorie Geschlecht findet in der Didaktik der Chemie seit über dreißig Jahren mit unterschiedlichen Fragestellungen und Forschungsansätzen statt (vgl. Adolphy 1997; Lembens 2012; Lembens und Bartosch 2012; Prechtl 2006; Prechtl und Sieve 2016; Sgoff 1999; Weller 2012; Wienekamp 1990; Winheller 2007). Methodisch spannt sich das Spektrum von quantitativen über qualitative zu hermeneutischen Forschungsdesigns. Fokussiert werden Interessen, Attributionen, Selbstwirksamkeitserwartungen, Selbstkonzepte, räumliche Fähigkeiten, Kurs-, Studien- und Berufswahlen, Biografien und Role Models, Unterrichtsmethoden und Schüler*innenbeteiligung, Nature of Science sowie Doing Gender. In Standardwerken der Didaktik der Chemie erscheint die Thematik jedoch nicht in nennenswerter Weise. So wird beispielsweise im Band „Wirksamer Chemieunterricht“ (Rehm 2018) in den 15 Interviews mit Didaktiker*innen, Fachleiter*innen und Schulpraktiker*innen in nur 2 Beiträgen auf Diversität und in 3 Beiträgen auf Geschlechteraspekte eingegangen. Bislang wenig Beachtung fanden intersektionale, dekonstruktivistische und queere Lesarten von Geschlecht, marginalisierte Identitäten (trans*, inter*, nicht-binär) sowie Einflüsse von Testkonstruktionen auf die Performanz von Teilnehmer*innen in Studien. Im Folgenden skizzieren wir Fokusse gegenwärtiger chemiedidaktischer Forschung, wobei wir im Besonderen gender- bzw. diversitätssensible Zugänge betrachten. Das sind erstens fachspezifische Geschlechterdifferenzen, beispielhaft anhand der Gruppierung Interessen, Kompetenzen und Selbstwirksamkeitserwartungen von Schüler*innen dargelegt, zweitens der reflektierte, auf Diversität abzielende Einsatz von Unterrichtsmethoden durch Lehrer*innen, drittens Kritik am Einsatz von Medieninhalten, die Stereotypen reproduzieren, sowie viertens Berufswahlen von Schüler*innen. In den nächsten Abschnitten folgen hierzu Vertiefungen.

1.1 Fokus: Fachspezifische Geschlechterdifferenzen

Im deutschsprachigen Raum werden Naturwissenschaften in der Schule meist als drei getrennte Fächer – Biologie, Chemie, Physik – unterrichtet. Untersuchungen zeigen, dass sich diese Fächer unterschiedlicher Beliebtheit bei den Schüler*innen erfreuen, bei insgesamt sinkendem Interesse an Naturwissenschaften (siehe z. B. MINT Nachwuchsbarometer 2020). Biologie ist bei Mädchen und Jungen gleichermaßen hoch beliebt. Chemie und in noch höherem Maße Physik sind bei Jungen deutlich beliebter als bei Mädchen, jedoch insgesamt unbeliebter als Biologie. Jungen zeigen zudem durchweg eine signifikant höhere naturwissenschaftsbezogene Selbstwirksamkeitserwartung als Mädchen (Schiepe-Tiska et al. 2016, S. 113 ff.). Vergleicht man die PISA-Studien 2015 (mit Schwerpunkt Naturwissenschaften) und 2018 (mit Schwerpunkt Lesen) wird deutlich, dass 2015 Österreich und Deutschland zu den Ländern gehörten, in denen Jungen in Physik und Chemie auffällig bessere Leistungen erbrachten (vgl. Bartosch et al. 2017; Schiepe-Tiska et al. 2016; Suchań und Breit 2016). In PISA-2018 waren leistungsbezogene Geschlechterasymmetrien statistisch nicht mehr nachweisbar (vgl. Reiss et al. 2019; Suchań et al. 2020). Diese Angleichung wird mit nachlassenden Leistungen der Jungen begründet. Die internationalen Vergleichsstudien (TIMSS, PISA) verdeutlichen zudem, dass die dokumentierten (Leistungs-)Differenzen zwischen den binär als Mädchen und Jungen ausgewiesenen Teilnehmer*innen in den naturwissenschaftlichen Fächern keinesfalls, wie häufig postuliert, naturgegeben sind. Denn es gibt Länder, in denen Mädchen besser abschneiden, und solche, in denen Jungen besser abschneiden.

Empirische Studien, die über Geschlechterdifferenzen berichten, werden in der Didaktik der Chemie häufiger rezipiert als Publikationen, die zweigeschlechtliche Zuschreibungen in der Lehr-Lern-Forschung kritisch reflektieren. Zwar wird in fachdidaktischen Debatten bedacht, dass die Mittelwerte von Verteilungen, je nach Disziplin, mehr oder weniger deutlich voneinander abweichen; dennoch geraten quantifizierte tendenzielle Unterschiede im Rahmen von Interpretationen zu Befunden mitunter zu qualitativen Unterschieden. Problematisch wird es, wenn daraus Unterschiede abgeleitet werden, statt das Entstehen der Differenz kritisch zu hinterfragen. Obwohl oftmals berücksichtigt wird, dass eine nach Mädchen und Jungen differenzierende Sicht das System der Zweigeschlechtlichkeit reifiziert (vgl. Gildemeister und Wetterer 1992), bildet die Markierung von Geschlechterdifferenzen manchmal die Grundlage für die methodische Gestaltung des Chemieunterrichts, z. B. als Anlass für Binnendifferenzierungen und als strategisches Instrument bildungspolitischer Interventionen. Da Lehramtsstudierenden solche Abwägungen nicht vertraut sind, scheint es dringend geboten, die Studierenden anzuleiten, auf binäre Geschlechterdifferenzen abzielende Forschungsansätze zu reflektieren.

1.2 Fokus: Unterrichtsmethoden

Einen hohen Stellenwert in der Lehrer*innenbildung hat das inklusive Inquiry-based Learning, da es in Hinblick auf Vorwissen, Sprache, Geschlecht oder andere Diversitätsdimensionen verschiedene Schüler*innen gleichermaßen anspricht und fördert (vgl. Bartosch et al. 2017; Scruggs et al. 1998; Zocher 2000). Ein tiefgehendes Verstehen von Naturwissenschaften soll hierbei entlang fachlicher Konzepte und naturwissenschaftlicher Untersuchungen sowie über deren Reflexion entwickelt werden (vgl. Abrams et al. 2008). Die hierfür benötigten Kompetenzen werden sukzessive, in unterschiedlich stark strukturierten Lernumgebungen eingeübt (Lembens und Abels 2015, 2018). Wenn Lehramtsstudierenden vermittelt wird, inwiefern sich Inquiry-based Learning vom eher klassischen fragend-entwickelnden Unterricht unterscheidet, sollte herausgearbeitet werden, dass das fragend-entwickelnde Unterrichten jenen Schüler*innen entgegenkommt, die vorrangig analytisch-instrumentell lernen. Hingegen bieten umsichtig implementierte Phasen des Inquiry-based Learnings einer vergleichsweise großen Gruppe an Schüler*innen die Chance, eine fragende Haltung einzunehmen. Diese gilt als Gelenkstelle für subjektive Sinnkonstruktionen, die für Lernprozesse von Schüler*innen, die tendenziell empathisch-intuitiv lernen, zuträglich ist (vgl. Blonder et al. 2015; Zeyer 2017). Subjektive Sinnkonstruktion wird möglich, wenn das Gelernte in den Augen der Schüler*innen einen Beitrag zur Erklärung von Welt liefert (vgl. Bartosch et al. 2017; Lembens und Bartosch 2012). Dementsprechend lässt sich in der Lehrer*innenbildung am Inquiry-based

Learning exemplifizieren, dass die methodische Gestaltung von Unterricht Einfluss darauf hat, ob nur einzelne oder alle Schüler*innen an Bildung partizipieren können.

1.3 Fokus: Medieneinsatz im Chemieunterricht

Im Lehramtsstudium im Fach Chemie sollte zudem erörtert werden, wie Medien, die kollektive Vorstellungen von Femininität und Maskulinität stützen, Mechanismen des Doing Gender im Chemieunterricht in Gang setzen (vgl. Prechtl 2006, Kap. 3). Hierfür können in Seminaren z. B. Schulbuchanalysen (vgl. Herzog et al. 2019; Walford 1981) herangezogen werden. Die Studierenden können daraus ersehen, dass die Verlage mittlerweile für eine ausgewogene, nicht-stereotype Darstellung von Frauen und Männern sensibilisiert sind, sich allerdings längst noch nicht alle Dimensionen von Diversität in Schulbüchern angemessen widerspiegeln (vgl. z. B. Lembens et al. 2022). Einen weiteren Reflexionsanlass für die universitäre Lehre bieten Biografien von Chemiker*innen. Deren Einsatz im Unterricht ist herausfordernd. Das liegt an einer alleinigen Fokussierung auf gesetzliche Zugangsbeschränkungen von Frauen zur Wissenschaft, auf den harten Kampf von Wissenschaftlerinnen um Anerkennung unter den Fachkollegen, auf den Spagat von Frauen zwischen beruflicher und familiärer Rolle sowie auf dem Erscheinungsbild von Protagonistinnen und dessen Bewertung durch Männer in Text und Bild (vgl. Prechtl 2014).

1.4 Fokus: Berufswahlen von Schüler*innen

Das Geschlechterverhältnis bezogen auf die Fächergruppe Mathematik/ Naturwissenschaften ist in den Hochschulen nahezu ausgewogen. In den vergangenen Jahren stieg die absolute Anzahl an Studentinnen und Studienanfängerinnen in Deutschland, was sich positiv auf den prozentualen Frauenanteil ausgewirkt hat (2015/2016: 47 %, 2019/2020: 49 %, Statistisches Bundesamt 2020). Ähnlich sieht die Situation in Österreich aus. Der Frauenanteil im Fach Chemie ist hoch. Er beträgt im Bachelor 60,4 % und im Master 56,1 % (vgl. Statistik Austria 2020). In der chemisch-pharmazeutischen Industrie liegen die Gehälter über dem Durchschnitt des verarbeitenden Gewerbes. Das Arbeitsfeld ist somit finanziell lukrativ und sollte eine gewisse Attraktivität für Jugendliche in der Berufsfindungsphase haben. Befragungen zeichnen jedoch ein anderes Bild. Laut „Dream jobs" (Mann et al. 2020) ist das Spektrum der Berufe, die

Jugendliche für sich in Betracht ziehen, schmal und in Anbetracht der vielen neuen Möglichkeiten, die der Arbeits- und Ausbildungsmarkt in High- und Green-Tech-Branchen bietet, wenig innovativ. Nach wie vor können sich Schülerinnen weniger für den MINT-Bereich begeistern als Schüler. In einer Studie von Spitzer (2017) zur Berufsorientierung bewertete das Gros der befragten 1113 Schüler*innen das Schulfach Chemie als nur wenig relevant für ihren Berufswunsch. Der prozentuale Anteil derer, die sich bewusst für ein Chemiestudium entscheiden wollten, war dementsprechend äußerst gering (<1 %) (ebd., S. 96). Auffällig ist, dass Jungen Chemie(-unterricht) signifikant positiver beurteilten als Mädchen (ebd., S. 112 ff.).

Der Befund geht konform mit den Angaben der Fünfzehnjährigen in der PISA-Studie 2015, die wenig Freude und Interesse an den Naturwissenschaften zeigten. Auch hier wurde eine ausgeprägte Geschlechterdifferenz zuungunsten von Schülerinnen verzeichnet (vgl. Schiepe-Tiska et al. 2016; Suchań und Breit 2016). Die Ursachen sind vielschichtig. Jedoch ist das Image der Prototypen, die in einem Arbeitsfeld tätig sind, für Jugendliche in der Berufsorientierung von besonderer Relevanz (Cheryan et al. 2017; Hannover und Kessels 2002). Es ist anzunehmen, dass sich die Jugendlichen von Chemieberufen abwenden, wenn ihre Vorstellung von dem Chemieprototyp und ihre Selbstbeschreibung auseinanderdriften. Spitzer (2017) hat diesbezüglich ein Self-to-prototype-Matching mit Schüler*innen durchgeführt. Die Mittelwerte zu den einzelnen Attributen der Prototypen- und der Selbstbeschreibung wurden nach Geschlecht differenziert ausgewertet. Es zeigte sich, dass der Abstand zwischen Prototyp- und Selbstbeschreibung bei den Schülerinnen im Vergleich zu den Schülern größer ist. Ist dies der Grund, warum Schülerinnen seltener angeben, später in einem chemiebezogenen Beruf tätig sein zu wollen? Gut möglich. In Anbetracht dieser Tatsache ist jedenfalls Überzeugungsarbeit zu leisten, wie es bereits in Industriepraktika, durch Mitmachlabore und Berufsorientierungskurse geschieht. Auch hierzu kann die Lehrer*innenbildung einen Beitrag leisten, indem Probleme angesprochen und intervenierende Lernangebote erarbeitet werden. Wichtig ist, dass Angebote diversitätssensibel konzipiert werden, wie es im Beispiel des Projekts DiSenSu der Fall ist (vgl. Prechtl 2022). Ebenso bedeutsam ist, ob Institutionen, die um Frauen werben, jene Systemstrukturen aufbrechen, welche die Karrierewege von Frauen blockieren. Hierzu zählen der maskuline Habitus, der Ausschluss aus Netzwerken und alltägliche Doing-Gender-Mechanismen im Berufsfeld. Auch diesbezüglich sollten im Lehramtsstudium für das Fach Chemie Reflexionsanlässe für die Studierenden geschaffen werden.

Anhand der darlegten Fokusse wird deutlich, dass naturwissenschaftliche Bildung ein komplexes Unterfangen ist, das im Chemieunterricht deutlich über die rein fachlichen Ansprüche der Chemie hinausgehen muss. Es geht darum, Schüler*innen die Entwicklung einer naturwissenschaftlichen Grundbildung (Scientific Literacy) zu ermöglichen, damit sie informierte, verantwortungsvolle Urteile und Entscheidungen in einer von Naturwissenschaften und Technologie geprägten Welt treffen können. Ob dies gelingt, hängt davon ab, welche Vorstellungen die einzelne Lehrperson von (inklusiven) Lehr-Lern-Prozessen hat.

2 Professionalisierung von Lehrer*innen im Fach Chemie

Unterrichtshandlungen sind nicht ausschließlich durch explizit im Studium vermittelte Inhalte (Fachwissen, Fachdidaktik, Pädagogik) bestimmt, sondern werden von Subjektiven Theorien der Lehrer*innen über Chemieunterricht und Geschlecht geleitet (Bartosch et al., eingereicht). In der Gestaltung von Unterricht durch die Lehrperson zeigt sich folglich, welche individuellen Werte handlungsleitend sind. Die Lerngelegenheiten, die von Lehrer*innen geplant und umgesetzt werden, sind als Angebote an Schüler*innen zu verstehen. Die Akzeptanz oder Reaktanz ihnen gegenüber hängt davon ab, ob sie förderlich und motivierend sind, Partizipationsmöglichkeiten bieten, Schüler*innen kognitiv aktivieren und wie Feedback gegeben und Unterstützungsangebote bereitgestellt werden (vgl. Helmke 2017). Erfolgt die Planung von Lernangeboten auf der Basis der Didaktischen Rekonstruktion (Kattmann et al. 1997), so werden dabei die Perspektiven Diversität und Individualität dezidiert berücksichtigt, da den Lernvoraussetzungen von Schüler*innen ein hoher Stellenwert eingeräumt wird. Damit ist die Frage, wie Professionswissen bei Lehrer*innen aufgebaut ist, angesprochen.

2.1 Professionswissen von Lehrer*innen

Als Professionswissen von Lehrer*innen wird die Kompetenz verstanden, Fachinhalte in Lerninhalte zu transformieren und dabei die Lernvoraussetzungen von Schüler*innen sowie die für den jeweiligen Lerninhalt spezifischen Herausforderungen des Lernens zu berücksichtigen. Das Konsensmodell des Professionswissens (Gess-Newsome 2015, Abb. 1) verdeutlicht, wie vielschichtig die Struktur und der Erwerb von Professionswissen sind. Das Modell beschreibt auf einer ersten Ebene die in Lehramtscurricula verankerten Bestände generalisierten Wissens der Fachdisziplin – das Wissen über Lehrpläne, Schüler*innen und

Leistungsbeurteilungen sowie pädagogisches Wissen, worunter auch die Maßgabe einer geschlechtersensiblen Unterrichtsgestaltung zu zählen ist. Eine zweite Ebene umfasst das themenspezifische Wissen (z. B. zum Aufbau der Materie, zu Struktur-Eigenschafts- und Donator-Akzeptor-Beziehungen), verknüpft mit fachdidaktischem Wissen (Repräsentationen, Lehrstrategien, Zugriffsmodi des Fachs etc.).

Auf dem Weg zur performativen Ebene des unterrichtlichen Handelns werden diese Wissenselemente auf der Basis persönlicher Haltungen, die als Verstärker oder Filter wirken, von Lehrer*innen individuell transformiert. Als Subjektive Theorien sind sie unbewusst handlungsleitend für das Planen und Gestalten von Unterricht. Die darauf fußenden Entscheidungen und Handlungen wirken sich unmittelbar auf die Gestaltung von Unterricht und somit auf die Lernchancen von Schüler*innen aus. Daher gilt es in der Lehrer*innenbildung Methoden zu empfehlen, die geeignet sind, allen Schüler*innen gerechte Lernchancen zu eröffnen, und diese vor dem Hintergrund zweifelhafter Vorstellungen, z. B.

Abb. 1 Konsensmodell des Professionswissens. (Quelle: Gess-Newsome 2015, S. 31, leicht verändert)

über geschlechtstypische Fähigkeiten und Interessen, zu reflektieren und weiterzuentwickeln. Aufbau und Ausdifferenzierung von Gender-Kompetenz der Studierenden im Lehramt Chemie werden auf diese Weise angestrebt.

2.2 Lerngelegenheiten für die Entwicklung von Gender-Kompetenz bei Lehrer*innen

Gender-Kompetenz wird als Facette didaktischer Reflexionskompetenz von Lehrer*innen aufgefasst. Im Allgemeinen wird sie als Dreiklang aus Wissen, Können und Wollen beschrieben (vgl. Winheller 2015, S. 468 ff.). Eine genderkompetente Lehrperson zeichnet sich dadurch aus, dass sie sich mit Konzepten und Befunden bezogen auf die Kategorie Geschlecht vertraut gemacht hat (Wissen/Reflexion), dass sie auf Chancengerechtigkeit abzielende und Geschlechterdifferenzen dekonstruierende Interventionen einsetzt (Können/pädagogische Praxis), und dass sie sich für den Abbau von Chancenungleichheiten sowie für die Sicherung humanistischer, demokratischer Werte engagiert (Wollen/pädagogische Haltung). Entsprechende Professionalisierungsangebote wie z. B. Unterrichtsbeobachtungen, Blended Learning mit „GenderingMINTdigital" (vgl. Both et al. in diesem Band) und Analysen von Videos und Vignetten sind in der Lehrer*innenbildung vielerorts verankert. Tab. 1 bietet eine Übersicht zu Lerngelegenheiten, die für die Lehrer*innenbildung im Fach Chemie bestimmt sind. Sie wurden von den Autor*innen mit Studierenden in Seminaren erprobt.

Tab. 1 Lerngelegenheiten bezüglich „Geschlecht" für die Lehrer*innenbildung im Fach Chemie. (Quelle: eigene Darstellung)

Schwerpunkt	Beschreibung mit Quellenangaben
Analyse von nicht-reflektierten Analogierelationen in historischen Quellen	Heinsohns (2005, 1999) Betrachtung des Kirchhoff-Gutachtens (1897) legt offen, wie Ende des 19. Jahrhunderts um die Zulassung von Frauen zu Hochschulen, unter Rekurs auf Gesetze der Thermodynamik, gestritten wurde. Einige Professoren, die um eine Stellungnahme zum Frauenstudium gebeten wurden, schlussfolgerten, in Anbetracht der begrenzten Energieressource eines jeden Individuums, büßten Frauen, die Energie für Bildung aufbringen, Energie ein, die für die Versorgung des Kindes im Mutterleib vorgesehen sei. Folglich wurde vom Frauenstudium abgeraten, zum Schutz des Nachwuchses vor Ermangelung dieser Energie aufgrund der Gelehrsamkeit der Mutter. Für Diskussionen in Seminaren im Lehramt Chemie eignen sich Aussagen von Fresenius (vgl. Kirchhoff 1897, S. 267), Stohmann (ebd., S. 274) und Planck (ebd., S. 257). Planck: „Im Allgemeinen kann man aber nicht stark genug betonen, dass die Natur selbst der Frau ihren Beruf als Mutter und als Hausfrau vorgeschrieben hat, und dass Naturgesetze unter keinen Umständen ohne schwere Schädigungen, welche sich im vorliegenden Fall besonders an dem nachwachsenden Geschlecht zeigen würden, ignoriert werden können."
Analyse von Bild-Analogien	Analogien sind charakteristisch für das Kommunizieren naturwissenschaftlicher Inhalte. Eine Sammlung chemiebezogener Bild-Analogien für die geschlechtersensible Analyse in der Lehrer*innenbildung bietet Prechtl (2006, S. 148 ff.). Sie wurden aus (inter-) nationalen Fachzeitschriften zur Didaktik der Chemie, aus populärwissenschaftlichen Werken und Handreichungen für Chemielehrer*innen zusammengetragen. Darin findet sich u. a. eine Analogie zur Erklärung des Aufbaus eines Ionengitters, in der die Anziehung zwischen Ionen mit der zwischen Männern und Frauen verglichen, also heteronormativ kontextualisiert wird. Eine weitere Bild-Analogie zeigt eine Frau, die mit der Nähmaschine Monomere zu Polymeren verbindet. Als Grundlage für die Analyse im Seminar sollten sich die Studierenden vorab mit dem Konzept der „Nötigung durch Systematizität" nach Bourdieu auseinandersetzen (vgl. ebd.).

(Fortsetzung)

Tab. 1 (Fortsetzung)

Schwerpunkt	Beschreibung mit Quellenangaben
Analyse von Transkripten aus teilnehmender Beobachtung von Chemieunterricht	Zur Erfassung der Interaktionen von Schüler*innen während der Durchführung von Versuchen im Chemieunterricht bieten sich ethnografische Analysen an, die in seminaristisch begleiteten Schulpraxisphasen der Studierenden durchgeführt werden können. In den bis dato publizierten Unterrichtsbeobachtungen wurden wiederholt die Konstellation Experimentator/Protokollantin im Lerntandem, Dialoge über die Minderung physischer Attraktivität durch das Tragen von Schutzbrillen und Laborkitteln sowie misslungene Gesprächsführungen von Lehrer*innen („Jungs, was ist denn heute mit euch los? Die Mädchen geben heute richtig Gas.") beobachtet und kritisch-konstruktiv besprochen (vgl. Freese 2008; Krätzig und Prechtl 2015). Damit das in Unterrichtsinteraktionen unterschwellig mitlaufende Doing Gender der Reflexion zugänglich gemacht werden kann, erarbeiten die Studierenden am transkribierten Unterricht dessen Charakteristika. Die folgenden Fragen dienen als Stützen für die Auswertung durch die Studierenden: *Vom wem geht in Interaktionen die Thematisierung der Geschlechtszugehörigkeit aus?*, *Wie wird die eigene Geschlechtszugehörigkeit in Interaktionen inszeniert?* und *Welche gegenständlichen und ideellen Hilfsmittel werden dafür verwendet?*
Analyse videografierten szenischen Spiels mit Gliederpuppen	Kommen die teilnehmende Beobachtung oder das Filmen von Personen im Chemieunterricht nicht infrage, bieten Videos von szenischem Spiel Eindrücke von der Inszenierung des Zusammenarbeitens von Frauen und Männern. So bat Ortwein (2017) Siebtklässler*innen eine Gefahrensituation bei chemischen Versuchen mit hölzernen Gliederpuppen darzustellen und die Szenen zu filmen. Das Sprechen einer Figur signalisierten die Schüler*innen durch Auflegen eines Fingers auf den Puppenkopf. Die Filmszenen zeigen, wie Figuren (inter-)agieren, wer die Führung übernimmt, das technische Gerät bedient, sich der Gefahr stellt usw. Danach wurde mit den Schüler*innen besprochen, ob Frauen und Männer in den Szenen gleichberechtigt waren und fair miteinander arbeiteten. Im Anschluss daran filmten die Schüler*innen ihre Szenen erneut ab – im zweiten Anlauf nun oft geschlechtersensibler als zuvor.

(Fortsetzung)

Tab. 1 (Fortsetzung)

Schwerpunkt	Beschreibung mit Quellenangaben
Entwicklung proaktiver Strategien zur Vorbeugung der Inszenierung maskuliner und femininer Verhaltensskripte	Versuche in Lerntandems oder Gruppenarbeit führen oft zur Reproduktion stereotyper Geschlechterverhältnisse durch Schüler*innen, etwa in der Ausprägung: die Protokollantin assistiert dem Experimentator. Lehramtsstudierende sollten diesbezüglich proaktive Strategien erproben. Einen geeigneten Rahmen bietet der eigene Unterricht in der Schulpraxisphase des Studiums. Im Unterricht könnte die Gruppe der Schüler*innen geteilt werden. Eine Gruppenhälfte führt Versuche durch, während die andere Hälfte das Geschehen beobachtet. Die Beobachter*innen erhalten Beobachtungsaufträge, mit denen sie zum einen das Vorgehen beim Inquiry-based Learning, zum anderen geschlechterstereotype Interaktionen in den Blick nehmen: Wie wurde geplant? Wie wurden die Aufgaben verteilt? Wer hat welche Aufgabe übernommen? Welche Verhaltensmuster können als geschlechtskonnotiert aufgefasst werden? Welche Formen von Diversität sind wahrnehmbar? Nach der sich anschließenden Auswertung sollten die Studierenden, gemeinsam mit den Schüler*innen, gerechte Beteiligungschancen für zukünftige Unterrichtsstunden im Fach Chemie ausloten. Das Schema ist auch sehr gut im Rahmen fachdidaktischer Seminare umsetzbar, wobei in diesem Fall Studierende ihre eigenen Interaktionen während der Durchführung von Versuchen wahrnehmen und reflektieren lernen.

(Fortsetzung)

Tab. 1 (Fortsetzung)

Schwerpunkt	Beschreibung mit Quellenangaben
Analyse von Biografien von Naturwissenschaftler*innen	Albert Einstein und Marie Curie sind die prominentesten Naturwissenschaftler*innen weltweit. Anhand von 31 Biografien, die zwischen 1939 bis 2005 verfasst wurden, zeigt Owens (2009), wie sich Frauen- und Männerbilder der jeweiligen Zeit darin widerspiegeln. Biografien jüngeren Datums pointieren Curies Situation als Frau unter Männern sowie Einsteins Gattin Mileva Marić. Für Lehramtsstudierende dürften die Berichte, die sich auf die Schulzeit der beiden Wissenschaftler*innen beziehen, aufschlussreich sein. Während Curie als braves, regelkonformes Mädchen dargestellt wird, erscheint Einstein als Rebell, dessen Kreativität zügellos ist. Interessanterweise wird der spätere wissenschaftliche Erfolg jeweils an diesen Charakterisierungen festgemacht. Am Vergleich beider Biografien entlarven die Studierenden geschlechtskonnotierte Subtexte und prüfen, unter welchen Bedingungen sich Darbietungen von weiblichen Role Models als „zweischneidiges Schwert“ entpuppen (vgl. Prechtl 2014).
Kritisch-konstruktive Bewertung der Aussagekraft von Studien zum Einfluss von Spielzeugwerbung und zur Neuroplastizität des Gehirns	Wiederholt konnte gezeigt werden, jüngst durch Rippon (2019), dass Mädchen und Jungen in unserer Gesellschaft schon früh Erfahrungen mit nach Genusgruppen differenzierendem Spielzeug und unterschiedlichen Freizeitaktivitäten machen. Daran können Mechanismen von Doing Gender festgemacht werden. Auch Geschlechterdifferenzen in Chemie wurden hierauf zurückgeführt (vgl. Barke und Harsch 2001, S. 272 ff., kritisch hierzu Prechtl 2006 S. 36 ff.). Die Argumentation bedarf einer kritisch-konstruktiven Bewertung im Rahmen der Lehrer*innenbildung. Zur Einführung erstellen Studierende Collagen mit Spielzeugwerbung und arbeiten Dichotomien heraus (konstruieren/kommunizieren, blau/rosa etc.). Anhand von Auszügen aus der Publikation von Rippon sowie rekurrierend auf Konzepte der Neuroplastizität des Gehirns, werden Argumentationen daraufhin untersucht, inwiefern verlässliche Aussagen über das Ausmaß unterschiedlicher (frühkindlicher) Erfahrungen von Jungen und Mädchen und zu Kausalbeziehungen zwischen Geschlecht und der Ausbildung von Kompetenzen und Interessen getroffen werden können.

(Fortsetzung)

Tab. 1 (Fortsetzung)

Schwerpunkt	Beschreibung mit Quellenangaben
Analyse von Strategien zum Umgang mit Aufgaben zu räumlichen Fähigkeiten	Räumliche Fähigkeiten sind für das Verstehen von Molekül- und Gitterstrukturen, von großtechnischen Anlagen und Versuchsaufbauten notwendig. Der mentalen Rotation von Objekten ist besondere Beachtung zu schenken, da in entsprechenden Tests Geschlechterdifferenzen zugunsten von Jungen und Männern ermittelt wurden. Eine Seminarsitzung zur Bewertung dieser Befunde kann als Blended Learning mit der Open Educational Resource „GenderingMINTdigital" (Lerneinheit Chemiedidaktik: https://www2.hu-berlin.de/genderingmintdigital/lerneinheit/chemie-didaktik/) arrangiert werden. Dabei sollten die Einflüsse von Testkonstruktionen auf die Performanz von Teilnehmer*innen in Leistungsstudien und die Problematik des *Stereotype Threat* angesprochen werden. Als Ergänzung hierzu lassen sich Strategien, die in den Tests angewendet werden, erarbeiten (vgl. Prechtl 2016). Sie können für Lehramtsstudierende eine Hilfe sein, die Integration individualisierter Fördermaßnahmen im zukünftigen Chemieunterricht zu antizipieren.
Analyse des Kommunikationsstils von Teilnehmer*innen einer Fishbowl-Diskussion	In der Fishbowl-Diskussion (vgl. Mattes 2011, S. 72) debattiert eine Gruppe in der Mitte von Zuhörer*innen miteinander, während Letztere die Gruppe beobachten. Nur in der Diskussionsrunde darf gesprochen werden, allerdings ist es den Zuhörer*innen nach Absprache erlaubt, auf einen Diskussionsplatz zu wechseln. Als Basis bietet sich z. B. die Frage an, ob die geschlechtergerechte Sprache in allen Lebensbereichen strikt umgesetzt werden soll. Die Methode ermöglicht es allen Diskutant*innen, sich im Debattieren zu üben, und die Beobachter*innen lernen, Stile einer Diskussion zu bewerten. Nach der Fishbowl-Diskussion folgt eine Feedbackrunde, in der besprochen wird, ob Frauen und Männer gleichermaßen zu Wort kamen, ob fair argumentiert wurde und ob gegenseitige Wertschätzung gegeben war.

(Fortsetzung)

Tab. 1 (Fortsetzung)

Schwerpunkt	Beschreibung mit Quellenangaben
Schreibgespräch zu thematischen Grenzgängen im Chemieunterricht	Die Methode Schreibgespräch (vgl. Mattes 2011, S. 69) bietet insbesondere schüchternen Teilnehmer*innen die Möglichkeit, sich in Diskussionen einzubringen. Im Schreibgespräch wird ausschließlich schriftlich miteinander kommuniziert. Auf einem großen Bogen Papier werden still Gedanken notiert. Der Schreibanlass wird mittig positioniert. Als Anregung dient z. B. die Frage: *Wie reagiere ich als Lehrer*in auf sexuelle Anspielungen und auf Abwertungen von Schwulen und Lesben durch Schüler*innen?* Impulse bieten zuweilen das Akronym HOMO (Highest Occupied Molecular Orbital) und Hinweise auf homopolare Bindungen.
Analyse von Werbestrategien zu (chemischen) Produkten	Geschlechterstereotypen sind für die Werbebranche einträglich. Viele Produkte werden auf der Grundlage dualistisch ausgelegter Charakteristika von Frauen und Männern feilgeboten und wirken so katalytisch auf die Konstruktion von Geschlechterdifferenzen. Ein populäres Beispiel stellt die Vermarktung der feminin konnotierten Cola *light* und der maskulin konnotierten Cola *zero* dar. Ein weiteres Beispiel ist die Vermarktung von Depilatorien in der Farbe Rosa für Konsumentinnen und in Dunkelblau für Konsumenten. Im Lernarrangement zur Depilation von Prechtl et al. (2016) gehen die theoretische und experimentelle Dekonstruktion geschlechterstereotyper Werbung Hand in Hand.
Biografische Selbstreflexion im Kontext von Chemieunterricht	Im Rahmen eines Workshops zur Biografiearbeit (Winheller 2015) kann bei (angehenden) Lehrer*innen eine selbstreflexive Haltung gegenüber ihren beruflichen Funktionen und ihrem professionellen Umgang mit Geschlecht/Diversität aufgebaut werden. Mit Schreibübungen, Rollenspielen, Fotocollagen etc. und in wechselnden Sozialformen werden eigene Ideale und Haltungen auf ihre Tragfähigkeit hin überprüft, Handlungsmuster hinterfragt und Antinomien benannt, die als Spannungsverhältnis in Handlungsstrukturen eingebunden sind, wie etwa Heterogenität versus Homogenität oder Fachsystematik versus Lebensweltbezug.

(Fortsetzung)

Tab. 1 (Fortsetzung)

Schwerpunkt	Beschreibung mit Quellenangaben
Gestaltung diversitätssensibler Sachcomics mit adäquaten Role Models für den Chemieunterricht	Wenn Role Models in Medien Stereotype reproduzieren, Role Models Diversitätsdimensionen (Geschlecht, Ethnie, sexuelle Orientierung etc.) nicht repräsentieren oder Role Models gegenwärtig, real oder medial, nicht verfügbar sind, bietet es sich an, eigene diversitätssensible Illustrationen von Role Models zu schaffen. Die Aufgabe können Lehramtsstudierende gut übernehmen, da im Rahmen der kollaborativen Planung, Gestaltung und Bewertung von Sachcomics Fähigkeiten geschult werden, die für Unterrichtsplanungen essenziell sind (vgl. Prechtl 2021). Exemplarisch sei auf den Sachcomic eines Lehramtsstudenten mit dem Titel „Auf die Probe gestellt – Leylas erster Tag im Labor" (www.disensu.de/comics/) verwiesen. Im Sachcomic wird eine Schülerin mit Migrationshintergrund von einer Wissenschaftlerin darin bestärkt, sich einem Berufsfeld im naturwissenschaftlichen Bereich zuzuwenden.
Sammeln von Orientierungshilfen für den Aufbau von Unterrichtsroutinen im Referendariat in Form einer Dos-and-Don´ts-Liste	Wenn Lehramtsstudierende Orientierungshilfen für den Aufbau von Unterrichtsroutinen für ihr Referendariat erbitten, bieten sich Dos-and-Don´ts-Listen als Ergänzung zu den wissenschaftlichen Auseinandersetzungen mit Geschlecht im Seminar an Zu den **Dos**, die häufig in Seminaren der Autor*innen angeführt wurden, zählen: bei Angabe von Berufen die geschlechterinklusive Form aufführen (Chemiker*in, Laborant*in, Forschende); auf MINT-Mentorings/-Coachings hinweisen; Selbstwirksamkeitserwartungen aller Schüler*innen durch Feedback fördern; Inquiry-based Learning organisieren; Doing Gender thematisieren, wenn dadurch das Bewusstsein für Geschlechtergerechtigkeit gefördert werden kann; Aufklärungsarbeit zum *Stereotype Threat* leisten Als **Don'ts** gelten: Reproduktion von Klischees durch Mädchen-Curricula mit Themen wie Kosmetik; im Unterricht Gruppen als Ganzes ansprechen („Wie sieht es bei den Mädels aus?"); im Unterricht durchsetzungsstarken Akteur*innen unverhältnismäßig viel Raum überlassen; Spaß („homo", „bi") auf Kosten anderer machen; ausschließlich Bilder berühmter Männer im Chemieraum aufhängen.

3 Fazit

Die Didaktik der Chemie hat sich bislang primär mit Geschlechterdifferenzen und dem sozialkonstruktivistischen Konzept Doing Gender befasst. Zudem wurden stereotype Fach- und Prototypenimages untersucht, die ein wesentlicher Baustein des multifaktoriellen Bedingungsgefüges sind, das verantwortlich für die Entwicklung von Geschlechterdifferenzen im Chemieunterricht und für die Berufswahlentscheidungen Jugendlicher ist. Intersektionale, dekonstruktivistische sowie queere Lesarten von Geschlecht sind ein Desiderat chemiedidaktischer Forschung und Lehre. Es ist anzunehmen, dass unterschiedliche Fachsprachen und Methoden der Erkenntnisgewinnung in den Naturwissenschaften und Gender Studies dabei eine Rolle spielen. Argumentationen auf textimmanenter Ebene und Metakommentare, wie sie in den Gender Studies erfolgen, sind in der Didaktik der Chemie üblich, doch momentan ist dort eine stärkere Orientierung am naturwissenschaftlichen Schema der Beurteilung von Aussagen über Empirie zu verzeichnen. Es wäre wünschenswert, mehr Vermittlung zwischen den Fachkulturen anzubahnen und zu etablieren. Vielversprechend in dieser Hinsicht sind die Lernangebote der Open Educational Resource „GenderingMINTdigital". Insbesondere das Studium des Lehramts im Fach Chemie ist hierfür ein geeigneter Ort und Zeitpunkt, da die Lehrer*innenbildung einen Beitrag zur Enkulturation in verschiedene Fachdisziplinen leistet. Außerdem können die spezifischen Zugriffsmodi der unterschiedlichen Fachdisziplinen differenziert herausgearbeitet und Brücken zwischen Fachkulturen gebaut werden. Vielleicht gelingt es der nächsten Generation Didaktiker*innen und Lehrer*innen, auf diesem eingeschlagenen Pfad Chemieunterricht hinsichtlich Diversität, Chancengleichheit und Humanität auf ein noch deutlich höheres Level zu heben.

Literatur

Abrams, E., S. Southerland, und C. Evans. 2008. Introduction: Inquiry in the Classroom: Identifying Necessary Components of a Useful Definition. In *Inquiry in the Classroom: Realities and Opportunities,* Hrsg. E. Abrams, S. Southerland und P. Silva, xi–xiii. Charlotte: Information Age Publishing.

Adolphy, U. 1997. *„Wir haben uns das so vorgestellt: ...": Konstruktivistische didaktische Prinzipien als Möglichkeit, Chemieunterricht mädchenorientierter zu gestalten?* Frankfurt a.M.: Lang.

Atit, K., D. Uttal, und M. Stieff. 2020. Situating space: using a discipline-focused lens to examine spatial thinking skills. *Cognitive Research: Principles and Implications* 5(1): 19.

Barke, H.-D., und G. Harsch. 2001. *Chemiedidaktik Heute. Lernprozesse in Theorie und Praxis.* Berlin: Springer.

Bartosch, I., A. Lembens, B. Müllner, und A. Turner. (eingereicht). Subjektive Theorien und professionelles Handeln – Rekonstruktion des Einflusses Subjektiver Theorien zu Geschlecht und Fach auf das unterrichtliche Handeln einer Biologielehrerin. *inter- und transdisziplinäre Bildung.*

Bartosch, I., A. Lembens, und M. Prechtl. 2017. How to teach Gender? Theorie und Praxis für die LehrerInnenbildung. In *Implementation fachdidaktischer Innovation im Spiegel von Forschung und Praxis,* Hrsg. C. Maurer, 47–50. GDCP-Tagungsband. Regensburg: Univ. Regensburg.

Blonder, R., S. Rap, R. Mamlok-Naaman, und A. Hofstein. 2015. Questioning behaviour of students in the inquiry chemistry laboratory. Differences between sectors and genders in the israeli context. *International Journal of Science and Mathematics Education 13*(4): 705–732.

Cheryan, S., S. Ziegler, A. Montoya, und L. Jiang. 2017. Why are some STEM fields more gender balanced than others? *Psychological Bulletin 143*(1): 1–35.

Freese, U. 2008. Geschlechtergerechte Experimente im Chemieunterricht? In *Genus – geschlechtergerechter naturwissenschaftlicher Unterricht in der Sekundarstufe I,* Hrsg. H. Faulstich-Wieland, K. Willems, N. Feltz, U. Freese und K. Läzer, 61–70. Bad Heilbrunn: Klinkhardt.

Gess-Newsome, J. 2015. A model of teacher professional knowledge and skill including PCK. Results of the thinking from the PCK Summit. In *Re-examining pedagogical content knowledge in science education,* Hrsg. A. Berry, P. Friedrichsen und J. Loughran, 28–42. New York: Routledge.

Gildemeister, R., und A. Wetterer. 1992. Wie Geschlechter gemacht werden. Die soziale Konstruktion der Zweigeschlechtlichkeit und ihre Reifizierung in der Frauenforschung. In *Traditionen Brüche. Entwicklungen feministischer Theorie,* Hrsg. G.-A. Knapp und A. Wetterer, 201–254. Freiburg: Kore.

Hannover, B., und U. Kessels. 2002. Challenge the science-stereotype. Der Einfluss von Technik-Freizeitkursen auf das Naturwissenschaften-Stereotyp von Schülerinnen und Schülern. *Zeitschrift für Pädagogik Beiheft* 45: 341–358.

Heinsohn, D. 2005. *Physikalisches Wissen im Geschlechterdiskurs: Thermodynamik und Frauenstudium um 1900.* Frankfurt a.M.: Campus.

Heinsohn, D. 1999. Energie, Entropie und die Frauenfrage in der Wissenschaft um 1900. In *Das Geschlecht der Bildung – Die Bildung der Geschlechter,* Hrsg. B. Behm, G. Heinrichs und H. Tiedemann, 95–111. Opladen: Leske + Budrich.

Helmke, A. 2017. *Unterrichtsqualität und Lehrerprofessionalität. Diagnose, Evaluation und Verbesserung des Unterrichts.* Seelze-Velber: Klett.

Herzog, W., E. Makarova, und F. Fanger. 2019. Darstellung der Geschlechter in einem Physik- und in einem Chemieschulbuch für die Sekundarstufe II. In *Gendersensible Berufsorientierung und Berufswahl. Beiträge aus der Forschung und Praxis,* Hrsg. E. Makarova, 108–127. Bern: hep.

Johnstone, A. 1991. Why is science difficult to learn? Things are seldom what they seem. *Journal of Computer Assisted Learning* 7(2): 75–83.

Kattmann, U., R. Duit, H. Gropengießer, und M. Komorek. 1997. Das Modell der Didaktischen Rekonstruktion – Ein Rahmen für naturwissenschaftsdidaktische Forschung und Entwicklung. *Zeitschrift für Didaktik der Naturwissenschaften 3*(3): 3–18.

Kirchhoff, A., Hrsg. 1897. *Die akademische Frau. Gutachten hervorragender Universitätsprofessoren, Frauenlehrer und Schriftsteller über die Befähigung der Frau zum wissenschaftlichen Studium und Berufe.* Berlin: Steinitz.

Krätzig, A., und M. Prechtl. 2015. Doing Gender im Chemieunterricht. Ein Element in der Ausbildung von Lehrerinnen und Lehrern. In *Soziale Konstruktionen in Schule und Unterricht,* Hrsg. K. Bräu und C. Schlickum, 195–206. Opladen: Budrich.

Lembens, A., M. Meier, und F. Lumesberger-Loisl. 2022. Geschlechter(un)gerechte Darstellungen in österreichischen Chemieschulbüchern? In *Naturwissenschaftlicher Unterricht und Lehrerbildung im Umbruch?*, Hrsg. S. Habig und H. van Vorst, 288–291. Essen: Gesellschaft für die Didaktik der Chemie und Physik.

Lembens, A. 2012. Chemielernen und Gender – Zugänge für ALLE ermöglichen. In *Gender_Diversity-Kompetenz im naturwissenschaftlichen Unterricht. Fachdidaktische Anregungen für Lehrerinnen und Lehrer,* Hrsg. IMST Gender_Diversitäten Netzwerk, 39–54. Klagenfurt: Institut für Unterrichts- und Schulentwicklung.

Lembens, A., und S. Abels. 2015. *Sondernummer TEMI – Teaching Enquiry with Mysteries incorporated* 30. http://hp.vcoe.or.at/web/images/artikel/aktuelles/sonderheft_2015.pdf. Zugegriffen: 30.1.2021.

Lembens, A., und S. Abels. 2018. Lerngelegenheiten gestalten, die der Diversität der Lernenden Rechnung tragen. In *Wirksamer Chemieunterricht,* Hrsg. V. Reinhardt, M. Rehm und M. Wilhelm, 65–77. Baltmannsweiler: Schneider Hohengehren.

Lembens, A., und I. Bartosch. 2012. Genderforschung in der Chemie- und Physikdidaktik. In *Handbuch Geschlechterforschung und Fachdidaktik,* Hrsg. M. Kampshoff und C. Wiepcke, 83–97. Wiesbaden: VS Verlag für Sozialwissenschaften.

Mann, A., V. Denis, A. Schleicher, H. Ekhtiari, T. Forsyth, E. Liu, und N. Chambers. 2020. *Dream jobs: Teenagers' career aspirations and the future of work.* https://www.oecd.org/education/dream-jobs-teenagers-career-aspirations-and-the-future-of-work.htm. Zugegriffen: 30.1.2023.

Mattes, W. 2011. *Methoden für den Unterricht. Das Schülerheft.* Paderborn: Schöningh.

MINT Nachwuchsbarometer. 2020. www.acatech.de/projekt/mint-nachwuchsbarometer. Zugegriffen: 3.5.2022.

Ortwein, L. 2017. *Entwicklung und Erprobung eines innovativen ethnologischen Methodenwerkzeugs zur Erfassung von Doing Gender im szenischen Spiel von Schülerinnen und Schülern zu Experimenten im Chemieunterricht.* Pädagogische Hochschule Weingarten, unveröffentl. wiss. Hausarbeit.

Owens, T. 2009. Going to school with Madame Curie and Mr. Einstein: gender roles in children´s science biographies. *Cultural Studies of Science Education 4*(4): 929–943.

Prechtl, M., Hrsg. 2022. *Diversitätssensible Berufsorientierung in den Naturwissenschaften. Einblicke in DiSenSu.* Darmstadt: TU Prints. DOI: https://doi.org/10.26083/tuprints-00020646. Zugegriffen: 29.12.2022.

Prechtl, M. 2021. Sachcomicgestaltung mit der Paper-Cut-Out-Technik im Lehramt der Naturwissenschaften. In *Lehrkräftebildung neu gedacht. Ein Praxishandbuch für die Lehre in den Naturwissenschaften und deren Didaktiken*, Hrsg. M. Kubsch, S. Sorge, J. Arnold und N. Graulich, 145–149. Münster: Waxmann.

Prechtl, M. 2016. Moleküle mental konstruieren. Förderung räumlicher Fähigkeiten im Chemieunterricht. *Unterricht Chemie 27*(151): 24–34.

Prechtl, M. 2014. Vorbilder für junge Frauen in den Naturwissenschaften – revisited. Teil A: Kritikpunkte, Teil B: Ansatzpunkte. In *Geschlecht und Vielfalt in Schule und Lehrerbildung,* Hrsg. V. Eisenbraun und S. Uhl, 131–146 und 147–162. Münster: Waxmann.

Prechtl, M. 2006. *'Doing Gender' im Chemieunterricht. Zum Problem der Konstruktion von Geschlechterdifferenz – Analyse, Reflexion und mögliche Konsequenzen für die Lehre von Chemie.* Universität zu Köln, Dissertation. https://kups.ub.uni-koeln.de/1825/. Zugegriffen: 3.5.2022.

Prechtl, M., V. Haben, und W. Wüscher. 2016. Haarentfernung als Thema im Chemieunterricht. Verknüpfung von Gender-Aspekten und chemischen Inhalten. *Unterricht Chemie 151*(27): 10–23.

Prechtl, M., und B. Sieve, Hrsg. 2016. *Unterricht Chemie,* Themenheft *Boys & Girls 151(27).*

Rehm, M., Hrsg. 2018. *Wirksamer Chemieunterricht.* Baltmannsweiler: Schneider Hohengehren.

Reiss, K., M. Weis, E. Klieme, und O. Köller, Hrsg. 2019. *PISA 2018. Grundbildung im internationalen Vergleich. Zusammenfassung.* Münster: Waxmann.

Rippon, G. 2019. *The gendered Brain. The new neuroscience that shatters the myth of the female brain.* London: The Bodley Head.

Schiepe-Tiska, A., I. Simm, und S. Schmidtner. 2016. Motivationale Orientierungen, Selbstbilder und Berufserwartungen in den Naturwissenschaften in PISA 2015. In *PISA 2015 – Eine Studie zwischen Kontinuität und Innovation,* Hrsg. K. Reiss, C. Sälzer, A. Schiepe-Tiska, E. Klieme und O. Köller, 99–132. Münster: Waxmann.

Scruggs, T., M. Mastropieri, und R. Boon. 1998. Science Education for Students with Disabilities: a Review of Recent Research. *Studies in Science Education 32*(1): 21–44.

Sgoff, M. 1999. Die Situation von Mädchen im naturwissenschaftlichen Unterricht. In *Frankfurter Beiträge zur Didaktik der Chemie,* Hrsg. H. J. Bader und A. Flint, 33–64. Frankfurt a.M.: Deutsch.

Spitzer, P. 2017. *Untersuchungen zur Berufsorientierung als Baustein eines relevanten Chemieunterrichts im Ver-gleich zwischen Mittel- und Oberstufe sowie Darstellung des Chem-Trucking-Projekts als daraus ab-geleitete Interventionsmaßnahme für den Chemieunterricht.* Universität Siegen, Dissertation.

Statistisches Bundesamt. 2020. Bildung und Kultur. Studierende an Hochschulen. https://www.destatis.de/DE/Themen/Gesellschaft-Umwelt/Bildung-Forschung-Kultur/Hochschulen/Publikationen/Downloads-Hochschulen/studierende-hochschulen-ss-2110410207314.html;jsessionid=93AA504D03B64B4E84D4BAE64447425C.internet711. Zugegriffen: 30.1.2023.

Statistik Austria. 2020. Statistiken. Bevölkerung und Soziales. Bildung. https://www.statistik.at/statistiken/bevoelkerung-und-soziales/bildung. Zugegriffen: 10.8.2023.

Suchań, B., und S. Breit, Hrsg. 2016. *PISA 2015. Grundkompetenzen am Ende der Pflichtschulzeit im internationalen Vergleich.* Graz: Leykam.

Suchań, B., I. Höller, und C. Wallner-Paschon, Hrsg. 2020. *PISA 2018. Grundkompetenzen am Ende der Pflichtschulzeit im internationalen Vergleich.* Graz: Leykam.

Töscher, A. 2019. *Inwieweit kann ein Denkprozess in Bezug auf gendergerechten Chemieunterricht durch die Handreichung Gender_Diversity-Kompetenz im naturwissenschaftlichen Unterricht angeregt werden?* Universität Wien, unveröffentl. wiss. Hausarbeit.

Walford, G. 1981. Do chemistry textbooks present a sex-biased image? *Education in Chemistry 18*(1), 18–19.

Weller, I. 2012. Geschlechterverhältnisse der Chemie in Deutschland: Un/Gleichheiten, Paradoxien, Leerstellen. *Blätter für Technikgeschichte 74*(12), 115–134.

Wienekamp, H. 1990. *Mädchen im Chemieunterricht: Unbewusstes Lehrerverhalten und rollenspezifische Einstellungen als Ursache für das Desinteresse und die schlechteren Leistungen der Mädchen im Chemieunterricht*. Hohenwarsleben: Westarp Wissenschaften.

Winheller, S. 2007. *Geschlechtsspezifische Auswirkungen der Lehrer-Schüler-Interaktion im Chemieanfangsunterricht*. Berlin: Logos.

Winheller, S. 2015. Biographische Selbstreflexion und Gender-Kompetenz. Ein Seminarkonzept für die universitäre Lehramtsausbildung zum Umgang mit geschlechterbedingter Heterogenität in der Schule. In *Teaching Gender? Zum reflektierten Umgang mit Geschlecht im Schulunterricht und in der Lehramtsausbildung*, Hrsg. J. Wedl und A. Bartsch, 461–516. Bielefeld: Transcript.

Zeyer, A. 2017. Gender, complexity, and science for all: Systemizing and its impact on motivation to learn science for different science subjects. *Journal of Research in Science Teaching 55*(2), 147–171.

Zocher, U. 2000. Lernen entdecken – vom Entdeckenden Lernen und der Bedeutung der eigenen Frage. In *Subjektsein in der Schule?*, Hrsg. E. Funke und T. Rihm, 155–180. Bad Heilbrunn: Klinkhardt.

Anja Lembens, Prof. Dr., ist Professorin für Didaktik der Chemie an der Universität Wien und leitet dort das Österreichische Kompetenzzentrum für Didaktik der Chemie. Sie engagiert sich intensiv in der Lehrer*innenfortbildung und war wissenschaftliche Leiterin des Universitätslehrgangs Pädagogik und Fachdidaktik für LehrerInnen Naturwissenschaften (PFL Nawi). Zuvor war sie Juniorprofessorin für Chemie und ihre Didaktik an der Pädagogischen Hochschule Heidelberg und Studienrätin für die Fächer Chemie und Biologie in Bammental.

Markus Prechtl, Prof. Dr., hat die Professur für Didaktik der Chemie am Fachbereich Chemie der Technischen Universität Darmstadt inne. Zuvor war er Professor an der Pädagogischen Hochschule Weingarten, Gastprofessor mit der Denomination Gender/MINT/Didaktik an der TU Darmstadt, Gastprofessor für Gender & Diversity an der Leibniz Universität Hannover, Studienrat im Hochschuldienst an der Universität Siegen und Lehrer für die Fächer Chemie und Biologie in Frechen und Oberhausen.

Diversity/Diversität und Migration in der Physikdidaktik

Tanja Tajmel

1 Einleitung

Im vierten Kapitel ihres Buches „Whose Science? Whose Knowledge?" beschreibt Sandra Harding, „[w]hy ‚Physics' is a bad model for physics".

„[N]atural scientists have the wrong set of professional skills for the project of providing causal accounts of science. What is needed are people trained in critical social theory: that is, in locating the social contexts – psychological, historical, sociological, political, economic – that give meaning and power to historical actors, their ideas, and their audiences. Natural scientists are trained in context-stripping; the science of science, like other social sciences, requires training in context-seeking." (Harding 1991, S. 95).

Harding verweist hier auf die Entkontextualisierung als wesentliche Fähigkeit von Naturwissenschaftler*innen. Diese seien darin geübt, naturwissenschaftliche Inhalte aus dem sozialen Kontext zu lösen, nicht aber, soziale Kontexte zu begreifen. Die Tatsache, dass Physiklehrkräfte und Physikdidaktiker*innen in der Bundesrepublik Deutschland und in Österreich einen großen Teil ihrer Hochschulsozialisation in der Fachkultur der Physik absolvieren, lässt erahnen, warum Physikunterricht und Physikdidaktik sich mit Fragen zu Diversität eher schwertun. In diesem Beitrag wird davon ausgegangen, dass soziale Diversität/Diversity der Normalfall ist und dass sie intrinsisch als sozialer Kontext zu begreifen ist, dass Diversität über soziale Zugehörigkeitszuschreibungen bestimmt wird (dem Befund, dass eine Schüler*innengruppe „divers" ist, geht die Feststellung voraus,

T. Tajmel (✉)
Concordia University, Montreal, Québec, Kanada
E-Mail: tanja.tajmel@concordia.ca

S. Huch und M. Erlemann (Hrsg.), *Gender & Diversity Studies in MINT meets Naturwissenschaftsdidaktik*, Edition Fachdidaktiken,
https://doi.org/10.1007/978-3-658-43616-2_9

dass sich die Schüler*innen in verschiedenen sozialen Aspekten unterscheiden). Vor diesem Hintergrund stellt sich nicht nur die Frage nach dem Gelingen von Physikunterricht unter Bedingungen von Diversität, sondern auch nach dem kulturellen Selbstverständnis der Physikdidaktik: Welche Rolle können und dürfen soziale Kontexte in der Physikdidaktik spielen, ohne dass die Fachkultur Physik damit infrage gestellt wird? Ist ein Physikunterricht, der sich mit Diversität beschäftigt, noch „richtiger" Physikunterricht?

Diesem Beitrag liegt ein kritischer, nicht-essenzialisierender Diversitätsbegriff zugrunde, der sich am Konzept sozialer Differenz und Differenzverhältnissen orientiert und damit berücksichtigt, dass Differenz mit sozialer Ungleichheit und Machtverhältnissen zu tun hat (Gomolla und Radtke 2009; Eggers 2012; Messerschmidt 2016). Es geht also hierbei weniger um das Konzept der individuellen Verschiedenheit aller Menschen (und Schüler*innen), sondern darum, wie Differenz – insbesondere im Kontext von Migration – erzeugt und aufrechterhalten wird, und welchen Beitrag der Physikunterricht[1] dazu leistet.

Ich werde mich auf Studien beziehen, die Physikunterricht als Fachkultur und Physiklehrkräfte als Sozialisationsagent*innen betrachten, und eigene Arbeiten zum Diversitätsdiskurs im Kontext von Physikunterricht und physikdidaktischer Forschung zitieren. Es werden verschiedene Rahmungen des Physikunterrichts beleuchtet, die als fachliche, kulturelle und institutionalisierte Deutungshoheiten für den Physikunterricht, seine Inhalte, seine Normen und seine Ziele eine wesentliche Rolle spielen. Dazu zählt die physikdidaktische Forschung, die eng verwoben ist mit der Lehrer*innenausbildung[2] und Positionen der Deutschen Physikalischen Gesellschaft zum Lehramt Physik. Anschließend wird die Kultur des Physikunterrichts betrachtet und gefragt, wie der Physikunterricht selbst zur Herstellung von Differenz beiträgt. Abschließend wird mit der kritisch-reflexiven Physikdidaktik ein Denkansatz vorgestellt, der sich als Alternative zu Förderansätzen versteht, welche in der Rhetorik der Vielfalt die Kompetenzen von Schüler*innen als Chance und wirtschaftliche Ressource fokussieren.

---

[1] Dieser Beitrag konzentriert sich auf den Physikunterricht sowie die physikdidaktische Forschung und Lehrer*innenbildung vorranging im deutschsprachigen Raum (A, CH, D). Viele wertvolle Untersuchungen von Diversität und Gender im MINT-Unterricht bleiben daher unerwähnt.

[2] Um in Deutschland oder Österreich das Fach Physik unterrichten zu dürfen, ist ein Physiklehramtsstudium erforderlich.

2 Interessen an naturwissenschaftlicher Bildung

Ein wesentlicher Motor zur Beschäftigung mit den Unterschieden sozialer Gruppen im Zusammenhang mit naturwissenschaftlicher und physikalischer Bildung sind nationale und wirtschaftliche Interessen. In den 2000er Jahren war insbesondere PISA (Programme for International Student Assessment) (OECD 1999; Deutsches PISA-Konsortium 2001) der Trigger für die Beforschung naturwissenschaftlicher Leistungen (bzw. „Kompetenzen" – ein Begriff, der insbesondere im Zusammenhang mit PISA an Bedeutung gewann) unterschiedlicher sozialer Gruppen. Bei PISA geht es um Wettbewerbsfähigkeit und um die Nutzbarmachung brachliegender Bildungsreserven. Ziel der OECD, die PISA organisiert, ist die Steigerung der Wettbewerbsfähigkeit der nationalen Volkswirtschaften und ihrer Mitgliedstaaten. Im Mittelpunkt steht Effizienzsteigerung im Sinne einer „performance-oriented culture". Damit zusammen hängt auch die Einführung des Begriffs „Kompetenz" in den deutschen Bildungsdiskurs, welcher durch PISA zu einem zentralen Begriff der deutschen Bildungspolitik und in weiterer Folge auch der didaktischen Forschung wurde.

In Deutschland mischten sich Verwertbarkeitsaspekte naturwissenschaftlicher Bildung mit dem Migrationsdiskurs und dem an sich monokulturell-monolingualen Habitus der deutschen Schule (Gogolin 1994). Die Gruppe der Schüler*innen „mit Migrationshintergrund" wurde durch PISA als besonders förderbedürftig eingestuft. Die im Vergleich erheblich schlechteren Leistungen dieser Gruppe wurden maßgeblich auf die „mangelnde Sprachkompetenz" zurückgeführt (vgl. Stanat 2006). Damit rückten Sprache und Sprachförderung in nie zuvor dagewesener Weise ins Zentrum pädagogischer und fachdidaktischer Aufmerksamkeit.

3 Erklärungsansätze für Bildungsdisparitäten

Die Erklärungen für die Schieflagen in der naturwissenschaftlichen Bildung sind vielschichtig. Die einen sehen die Einwanderungspolitik, konkret die mangelhafte Steuerung von Migration nach Qualifikation und Bildungshintergrund, für die Bildungsungleichverteilung verantwortlich (Cattaneo und Wolter 2012). Andere Erklärungsansätze ziehen bildungsstrukturelle Gründe heran, wie etwa, dass es Mechanismen innerhalb des deutschen Schulsystems gibt, „die den Bildungserfolg von Kindern mit Migrationshintergrund behindern" (Solga und Dobrowski 2009, S. 30). Zum Beispiel spielt im deutschen Schulsystem das Beherrschen der Unterrichtssprache eine weit größere Rolle als in anderen Ländern (ebd., S. 26).

Für Geschlechterdisparitäten wird häufig auf personenbezogene Gründe wie etwa Interesse oder Begabung rekurriert.

Grundsätzlich ist eine Unterscheidung in fremdselektive versus selbstselektive Erklärungsansätze zu erkennen (Radtke 2008). Fremdselektive Erklärungsansätze verorten das Versagen im Kontext schulischer Bildung aufseiten der Institution und institutionalisierter Strukturen (Schule, Struktur, Fachkultur, standardisierte Normen), während selbstselektive Ansätze die Ungleichverteilung in den Defiziten der Schüler*innen selbst begründet sehen (mangelnde Sprachkenntnisse oder Begabung, fehlendes Interesse) (vgl. Radtke 2013; Tajmel 2017).

4 Physikdidaktische Forschung

Wie verhält sich die physikdidaktische Forschung zu den Schieflagen naturwissenschaftlicher Bildung? Wo verortet sie Defizite und welches Gewicht haben Themen sozialer Ungleichheit? Hinweise darauf gibt eine diskursanalytische Sichtung von physikdidaktischen Tagungsbeiträgen der letzten Jahrzehnte, die ich 2017 durchführte. Die verwendeten Schlag- und Schlüsselwörter ermöglichen eine Rekonstruktion der zugrunde liegenden Perspektive (Selbst- vs. Fremdselektion). Die im Folgenden vorgestellte explorative Forschung (Tajmel 2017) bezieht sowohl physik- als auch chemiedidaktische Forschung im deutschsprachigen Raum ein. Beide Fachdidaktiken arbeiten traditionell eng zusammen, was sich in der 1973 gemeinsam gegründeten Gesellschaft für Didaktik der Chemie und Physik (GDCP) widerspiegelt. Jährliche GDCP-Tagungen sind zentraler Bestandteil der deutschsprachigen naturwissenschaftsdidaktischen Forschung.

Für die Exploration der fremd- und selbstselektiven Perspektive wurden 4463 Titel sowie 1533 Kurzfassungen von GDCP-Tagungsbeiträgen aus den Jahren 1973 bis 2015 hinsichtlich ihrer Schlag- und Schlüsselwörter analysiert (Tajmel 2017). Es zeigte sich, dass sich bei Weitem die meisten Publikationen zu dem Schlagwort „Kompetenzen“ (538-mal) fanden, gefolgt von „Förderung“ (301) und „Interesse“ (253). Die relative Anzahl der Beiträge zu den drei letztgenannten Schlagwörtern ist seit 2000 deutlich angestiegen, was auf einen engen Zusammenhang mit dem Diskursereignis PISA verweist. Zwischen 2008 und 2015 behandelte ungefähr jede dritte Forschungsarbeit der Fachdidaktik Physik oder Chemie das Thema Kompetenzen.

4.1 Migration

Zur Schlagwortkategorie „Migration“ wurden insgesamt 19 Beiträge gefunden. Von diesen 19 behandeln 14 Beiträge das Thema Migration unter dem Aspekt der Sprache, wobei Migrationshintergrund und Sprachförderbedarf teilweise gleichgesetzt werden. Interessanterweise treten vor dem Publikationsjahr 2007 die Begriffe Migration, Migrant*in oder Migrationshintergrund kein Mal auf.

4.2 Sprache

Zur Schlagwortkategorie „Sprache“ erschienen 175 Beiträge, davon allein 122 von 2008 bis 2015, was ein deutliches Indiz für die Intensivierung des Diskurses zu Sprache ist. Auffallend ist dabei eine Diskursverlagerung nach 2010: Während vor 2010 der Schwerpunkt eher auf der Diskrepanz zwischen Alltags- und Fachsprache lag (eine Herausforderung für alle Schüler*innen), thematisieren Publikationen, die nach 2010 zum Thema Sprache entstanden, Sprachförderung im Zusammenhang mit Migrationshintergrund und markieren damit Sprache als neue Differenzlinie. Es wird zudem pauschalisiert, dass deutschsprachige keinen, nicht-deutschsprachige Schüler*innen immer einen Förderbedarf haben.

4.3 Geschlecht

Der Diskurs zu Geschlecht existierte bereits in den Jahren 1985–1990 und trat wieder nach 1997 und verstärkt nach 2005 auf. Während in den 1980er Jahren der Geschlechterdiskurs vorranging durch das Schlagwort „Frauen“ indiziert war, wird das Thema Geschlecht ab 2010 durch die Schlagwörter „Mädchen“ und „Gender“ indiziert und vorrangig als pädagogische, nicht als gesellschaftspolitische Herausforderung geführt.

Zu Schlagwörtern, die gesellschaftskritische Diskurse markieren, wie z. B. „Diskriminierung“ oder „Rassismus“, wurden keine Beiträge im Rahmen der GDCP präsentiert, zu den Themen „Krieg“ und „Rüstung“ gab es bis zum Jahr 1985 vereinzelte Beiträge, seither wurde kein weiterer Beitrag zu diesem Themenbereich publiziert. Einen ebenfalls gesellschaftsbezogenen Diskurs stellt das Thema Ökologie dar. Obwohl das Thema naturwissenschaftsspezifischer einzuordnen ist als Migration, ergaben sich kaum Treffer zum Ökologiediskurs, somit auch deutlich weniger als zum Migrationsdiskurs.

Die Analyse zeigt deutlich eine Orientierung am Paradigma der Verwertbarkeit naturwissenschaftlicher Bildung (Kompetenzen) mit Rekurs auf selbstselektive Erklärungsansätze, die auf die Förderung der Kompetenzen der Schüler*innen abzielen. Dieser Befund ist aus zumindest zwei Gründen bedeutsam für das Verständnis von Physikdidaktik und Diversität: Erstens ist universitäre Forschung, so auch fachdidaktische Forschung, an sich unabhängig und frei von wirtschaftlichen sowie politischen Interessen (es kann also prinzipiell geforscht werden, was auch immer Forschungsinteresse ist). Zweitens gibt es andere Paradigmen, die gleichermaßen leitend für naturwissenschaftliche Bildungsforschung sein könnten, wie etwa Paradigmen sozialer Gerechtigkeit, und menschenrechtsbasierte Ansätze, wie etwa das Recht auf Bildung. Diese Ansätze sind ebenfalls im engen Zusammenhang mit Diversität bzw. sozialer Differenz zu sehen.

5 Deutsche Physikalische Gesellschaft (DPG) und Physikunterricht

Wie verhält sich die DPG zu Diversität und Physikunterricht? In der 2014 veröffentlichten „Studie zur fachlichen und fachdidaktischen Ausbildung für das Lehramt Physik“ (DPG 2014) sind nur wenige und auch nur indirekte Hinweise auf den Migrations- und Heterogenitätsdiskurs zu finden:

„Als äußerst problematisch sehen wir darüber hinaus die zu beobachtenden Tendenzen an, neue Lehrinhalte wie etwa Inklusion und Sprachförderung teilweise aus dem LP-Kontingent [LP ist hier die Abkürzung für Leistungspunkt, T.T.] der Fachwissenschaften zu bedienen: Wie am Beginn dieser Studie dokumentiert, sind die für jedes Fach, insbesondere für das Fach Physik vorgesehenen LP bereits jetzt so knapp bemessen, dass jede weitere Reduktion die Qualität der Lehramtsausbildung deutlich verschlechtern wird.“ (DPG 2014, S. 53).

Die Einführung von Maßnahmen wie Inklusion oder Sprachförderung und die entsprechende Ausbildung von Lehramtsstudierenden wird äußerst kritisch betrachtet. Sprachbildung und Inklusion werden nicht im Zuständigkeitsbereich des Physikunterrichts verortet; eine Ausweitung dieser Bereiche im Lehramtsstudium wird als Gefährdung der Qualität der physikdidaktischen Ausbildung angehender Lehrkräfte angesehen. Physikunterricht und Sprachbildung bzw. Inklusion werden als voneinander unabhängige pädagogische Felder betrachtet, die gegeneinander um Ausbildungskontingente kämpfen müssen. Die Fachausbildung ist in dieser Logik ohne Inhalte wie Sprachbildung und Inklusion denkbar. Die Qualität der Lehramtsausbildung wird nur von einem Zuviel an Sprachbildung bedroht, ein Zuwenig an Sprachbildung oder Inklusion wird nicht als

Bedrohung erkannt. Dass Inklusion und Sprachbildung nicht als Grundprinzipien des Physikunterrichts aufgefasst werden, verdeutlicht die Benennung ihrer Zielgruppe als „bedürftige Schüler" (ebd.).

Zur Legitimation der Forderung nach mehr naturwissenschaftlicher Bildung werden ökonomische Argumente angeführt, welche die Nutzung des „Humankapitals" als unabdingbar für Innovationen in Industrie und Wirtschaft feststellen (DPG 2014, S. 1). Dementsprechend wird das geringe Interesse an Physik ebenfalls aus ökonomischer Sicht problematisiert und unter Rekurs auf die gesellschaftliche Überlebensfähigkeit als Bedrohungsszenario gezeichnet.

Das Thema der Geschlechterdisparitäten wird in den Empfehlungen der Studie als optionales Thema behandelt, etwa unter dem Inhalt „Ergebnisse fachdidaktischer Interessensforschung" (DPG 2014, S. 81). Inhalte oder Qualifikationsziele wie „Physikunterricht aus der Genderperspektive beurteilen [zu] können", werden als „mögliche Erweiterung" angeführt und es wird auf mögliche Vernetzung mit Modulen der Bildungswissenschaften hingewiesen (ebd.). Ähnlich wie beim Thema der Sprachbildung ist das Thema Geschlecht additiv zu behandeln und Physikunterricht unabhängig davon genauso denkbar. Eine Adressierung der sozioökonomischen oder migrationsbedingten Disparitäten findet sich an keiner Stelle der Studie. Hinweise auf die Zielgruppen des Unterrichts bleiben generell vage und sind nur ansatzweise zu finden, wie etwa an dieser Stelle: „Sie [die Physiklehramtsstudierenden, T.T.] sind auf die Ausbildung von durchschnittlich begabten und motivierten Schülern genauso vorbereitet wie auf die Förderung von naturwissenschaftlich besonders Begabten" (DPG 2014, S. 99).

Dies kann so gelesen werden, dass sich die Zielgruppe des Physikunterrichts aus besonders begabten und aus durchschnittlich begabten Schüler*innen zusammensetzt. Diese Beschreibung ist aus mehreren Gründen problematisch. So muss insbesondere in den Naturwissenschaften davon ausgegangen werden, dass Begabungen aufgrund stereotyper Merkmale identifiziert werden, welche den Jungen als Norm und das Mädchen als Abweichung etikettieren (Stamm 2007). Lehrer*innenurteile zur Identifikation von Begabung heranzuziehen, wird generell problematisiert, da davon ausgegangen wird, dass diese Urteile vorurteilsbehaftet bezüglich Geschlecht, Herkunft, sozialer Klasse und Behinderung sind. Abgesehen von der Problematik des Konstrukts „Begabung", das schwer zu operationalisieren ist, kann man auf Basis der PISA-Daten davon ausgehen, dass all jene Schüler*innen, die in diesen Studien hohe Leistungsrückstände aufweisen, nämlich Mädchen und Schüler*innen „mit Migrationshintergrund", zu den unterdurchschnittlich begabten Schüler*innen gezählt werden. Damit geraten sie als Zielgruppe des Physikunterrichts aus dem Fokus.

Aus pädagogischer Perspektive ist das Bild von Unterricht und Schule, dass die Deutsche Physikalische Gesellschaft zeichnet, ein düsteres:

„Ein Physiklehrer ist sofort der gesamten Härte des Berufs ausgesetzt, hat sofort die volle Bandbreite der Aufgaben zu bewältigen, die der Beruf mit sich bringt. Auch wird er durch Schüler oft deutlich mehr belastet, als es die erfahrenen Kollegen erleben – es wird erst einmal ausprobiert, wie weit man gehen kann." (DPG 2014, S. 55).

Der Lehrberuf wird als „hart" dargestellt und ein*e Lehrer*in wird durch Schüler*innen „belastet". Diese erproben, „wie weit man gehen kann". Die Autor*innen appellieren, auch in der Lehrer*innenausbildung jenen Grundsätzen zu folgen, die 2001 in einer Denkschrift formuliert wurden.

„Die Physik ist grundlegend, fruchtbar und weit umfassend. Die Gesetze der Natur werden in der Physik mit der größtmöglichen methodischen Strenge erforscht. Dabei bedient sich die Physik des Experiments und der Mathematik. Beide sind zeitlos und universell gültig wie die physikalischen Gesetze selbst. [...] Die Naturgesetze lehren uns: Die Welt hat eine innere Ordnung. Diese ist, soweit wir sie bisher erkannt haben, von übergeordneter Gültigkeit, nichts kann sich ihr entziehen. Während alles Materielle in dieser Welt stetigem Wandel unterworfen ist, ist die naturgesetzliche Ordnung nach unserem besten Wissen zeitlos, jenseits des zeitlichen Wandels. Es ist diese Ordnung, die das Beständige in unserer Welt darstellt. Menschlichen Eingriffen ist diese Ordnung vollkommen entzogen, sie ist unantastbar. [...] Wir können ihr an jedem Ort und zu jeder Zeit, unser volles Vertrauen schenken. [...] Das ist die Botschaft. (DPG 2001, zitiert nach DPG 2014, S. 56).

Physik wird in diesem Textausschnitt als sozial und kulturell unabhängig dargestellt. Der religiöse Stil unterstreicht dies, und es wird ersichtlich, warum die Erforschung der Bildungsdisparitäten und anderer gesellschaftlich relevanter Themen kein bzw. kaum Bestandteil des fachkulturellen Verständnisses von Physikunterricht sind. Es kann angenommen werden, dass die normativen Grundlagen – welche Physik per se als gesetzt annimmt und deren Ordnung von Physiker*innen zwar entdeckt, nicht jedoch verändert werden kann, – nicht geeignet sind, um plausibel zu begründen, warum Diversität und soziale Disparitäten in der naturwissenschaftlichen Bildung einen bedeutenden Gegenstand physikdidaktischer Forschung darstellen sollten. Die Position der DPG kann als Beispiel für das von Harding im Eingangszitat beschriebene „context-stripping" gelesen werden. Aus der dargestellten DPG-Perspektive muss die Frage, ob ein Physikunterricht, der sich mit Diversität beschäftigt, ein „guter" Physikunterricht ist, klar mit Nein beantwortet werden.

6 Physikunterricht und Geschlecht

Physik ist männlich konnotiert, hat ein männliches Image, das Interesse an Physik ist bei Jungen stärker ausgeprägt als bei Mädchen und es gibt viel mehr Physiker als Physikerinnen (Häußler und Hoffmann 1998; Kessels 2002; Faulstich-Wieland 2004; Willems 2007; Sjøberg und Schreiner 2010; Steurer 2015). Wie Medien zur Vergeschlechtlichung der Physik beitragen, zeigen Studien aus der Geschlechterforschung (Erlemann 2009). Demgegenüber verdeutlichen Ergebnisse der Schulbuchforschung, welches vergeschlechtlichte Bild der Naturwissenschaft durch ihre Akteur*innen selbst reproduziert wird (Strahl et al. 2014). Physik wird nicht nur als männlich wahrgenommen (Image, Konnotation), darüber hinaus ist Physik als Forschungsgegenstand und Praxis vergeschlechtlicht (u. a. Danielsson 2012; Erlemann 2015; Hasse und Trentemøller 2008; Pettersson 2011; Traweek 1988). Für diesen Beitrag ist von Interesse, ob die Vergeschlechtlichung der Physik als fachimmanenter Exklusionsmechanismus verstanden werden kann, der zu Differenzbildung und -aufrechterhaltung beiträgt.

In ihrer Studie zu den Fachkulturen der Unterrichtsfächer Physik und Deutsch ging Katharina Willems (2007) der Frage nach, inwieweit Fachkulturen an den Gendering-Prozessen der Unterrichtsfächer Deutsch und Physik[3] beteiligt sind. Die Unterrichtsfächer Deutsch und Physik werden von Willems als Felder gefasst, innerhalb derer sich Akteur*innen gemäß einem entsprechenden Habitus und entsprechender fachkultureller Spielregeln bewegen. Den Lehrkräften kommt in der Reproduktion gesellschaftlicher Strukturen eine Schlüsselrolle zu. Sie sind „Sozialisationsagenten" (Alfermann 1996, S. 24), die einerseits als Vertreter*innen einer Geschlechtergruppe, aber gleichzeitig als Vertreter*innen ihrer Unterrichtsfächer auftreten. Dabei vermitteln sie in alltäglichen Interaktionen Geschlechterhabitus, ebenso entsprechende Erwartungen an den Geschlechterhabitus anderer, was aber als gleichsam „Natürliches" gesehen und damit nicht reflektiert wird. Die Repräsentation des Faches und der Fachkultur wird, so Willems, jedoch stärker reflektiert. Sie vermutet die Ursache darin, dass Fachkultur angeeignet werden muss. Lehrkräfte als „Träger und Trägerinnen" der Geschlechter- und der Fachkulturen geben den Schüler*innen sowohl für die Geschlechterrolle als auch für die Fachkultur des eigenen Unterrichtsfaches ein Orientierungssystem vor, „welches für diese sinnstiftend ist und ihnen sagt, wie

[3] Die Studie von Willems ist für die Beleuchtung von Diversität im Physikunterricht im Kontext von Migration insbesondere aufgrund der kontrastiven Betrachtung der Unterrichtsfachkulturen Deutsch und Physik interessant, da das Paradigma der „Sprachbildung im Physikunterricht" gewissermaßen eine Zusammenführung beider Fachkulturen bedeuten würde.

sie etwas zu sehen, zu interpretieren und wie sie sich zu verhalten haben." (Willems 2007, S. 166).

Physik stellt sich als Feld mit exklusivem Zugang dar und für Lernende wie für Lehrende ist es „normal", dass nur wenige Zugang zum Fach finden. Eigene Einflussmöglichkeiten auf diesen Zustand werden nicht gesehen. Die Zielgruppe des Physikunterrichts zeichne sich dadurch aus, dass sie über intrinsische Motivation und ein schulunabhängiges Interesse für die Inhalte des Physikunterrichts verfüge (ebd., S. 169). Willems kann zeigen, dass sich der Deutschunterricht als vermeintliches „Mädchenfach" verstärkt an den Jungen orientiert, womit die „Weiblichkeit" des Faches verstärkt wird, während der Physikunterricht als „Jungenfach" aufgrund vermeintlicher Objektivität und Ungeschlechtlichkeit von Physik sich nicht anders ausrichtet. Der Physikunterricht ist exklusiv, wobei die nach eigener Auffassung geringen Einflussmöglichkeiten der Lehrkräfte auf das Interesse der Schüler*innen als Exklusionsmechanismus funktionieren.

Die Entwicklung des fachspezifischen Habitus in der Physik sieht Willems (2007) eng verbunden mit der Einführung von Physik als Schulfach im Gymnasium und dem damit neuen Beruf des Physiklehrers. Ursprünglich gab es Physik nur in Jungenschulen, die Lerninteressen von Jungen standen auch nach Einführung der Koedukation im Vordergrund. „Physik hat den Status eines zu verschiedenen Zeitpunkten abwählbaren Nebenfaches mit vergleichsweise niedrigem Stundenkontingent" (ebd., S. 256 f.). Das Fach Physik galt und gilt als schwierig.

In ihrer Analyse rekurriert Willems auf Bourdieu (vgl. auch Erlemann 2014, 2015) und dessen Vergleich der Praxis eines Feldes mit einem Spiel, das nach bestimmten Regeln verläuft, welche von den Akteur*innen stillschweigend akzeptiert werden. Diese Akzeptanz der Spielregeln bezeichnet Bourdieu als Illusio.

„Jedes Feld erzeugt seine eigene Form von illusio im Sinne eines Sich-Investierens, Sich-Einbringens in das Spiel, das die Akteure der Gleichgültigkeit entreißt und sie dazu bewegt und disponiert, die von der Logik des Feldes her gesehen relevanten Entscheidungen zu treffen. (Bourdieu 1999, S. 360).

Zur Illusio des Faches Physik zählt, dass es als schwierig und als Fach gilt, für das nicht alle geeignet sind, als ein „Faktenfach" mit vermeintlich objektiven Wahrheiten und nur einem richtigen Lösungsansatz. Damit gilt Physik auch als rational, was männlich konnotiert ist; es ist jedoch zugleich sowohl bei Jungen als auch bei Mädchen ein sehr unbeliebtes Fach. Für Lehrkräfte gilt es als normal, die Lernenden mit der Thematik nicht zu erreichen, wobei der eigene Einfluss darauf als gering eingeschätzt wird. Es wird davon ausgegangen, dass Jungen über Faktenwissen verfügen und Mädchen über Diskussionswissen. Da in der Physik subjektive Positionierungen, für die Diskussionswissen erforderlich wäre, selten sind, werden Mädchen aufgrund des ihnen zugeschriebenen besseren Diskussionswissens ausgeschlossen. Die Zielsetzungen des Faches sind auf allen Ebenen erkennbar und gelten als „exklusives Wissensfeld". Willems fasst zusammen, dass Physik sich in seinem exklusiven Verständnis generell nur an wenige Lernende richtet, dabei vorranging an Jungen (ebd., S. 259).

Dass die Unterrichtsinhalte nicht auf die Interessen abgestimmt werden, ist ihr zufolge letztlich eine logische Konsequenz des fachlichen Selbstverständnisses, denn dies würde das „streng abgesteckte Wissensspektrum" aufweichen (ebd., S. 262). Im Gegensatz dazu attestieren Lehrkräfte im Fach Deutsch und im Literaturunterricht den Mädchen ein quasi natürliches Interesse, während die Jungen gleichermaßen von sich aus wenig interessiert seien. Nach Willems kommt das Gendering von Fachkulturen durch „doxische Denk-, Wert- und Handlungsmuster" zustande. Diese stellen die dem Fach zugrunde liegende Illusio dar (ebd., S. 255), nach der sich die Akteur*innen im Feld richten. Geschlechterstereotype werden bestätigt und fortgeführt, indem in Physik „männliches Verhalten" und in Deutsch „weibliches Verhalten" honoriert wird. Dies basiert nicht nur auf den Herstellungsprozessen der Akteur*innen, sondern wird vonseiten der institutionellen Ebene gestützt. Nach Willems funktioniert die klar gegenderte Einteilung der Fächer Physik und Deutsch nur über die „Dramatisierung von Geschlecht" (ebd.).

7 Physiklehrkräfte und Habitus

Ebenfalls auf Bourdieus Habituskonzept rekurriert eine Studie von Engström und Carlhed (2014). Sie untersuchten den kollektiven Habitus von Physiklehrkräften und dessen Einfluss auf unterrichtliche Entscheidungsprozesse. Ihre Untersuchung war von der Beobachtung motiviert, dass in Physikschulbüchern im Themenbereich Energie kaum Fragen der Nachhaltigkeit thematisiert werden, obwohl der bildungspolitische Rahmen dafür vorhanden ist. Die Entscheidungsprozesse der Lehrkräfte modellieren die Forscher*innen nach Bourdieus Habituskonzept und stellen diese als von zweierlei Faktoren beeinflusst dar: (1) welchem Ideal des Physikunterrichts gefolgt wird und (2) über welches individuelles soziales Kapital die Physiklehrkräfte verfügen. Hinsichtlich des ersten Faktors benennen Engström und Carlhed als kontrastierende Ideale einerseits den politischen Willen zur Vermittlung von Fähigkeiten, die ermöglichen, Änderungen herbeizuführen, andererseits den wissenschaftlichen Willen zur Vermittlung von Kompetenzen, um physikalische Phänomene erklären zu können. Dabei gehen sie davon aus, dass alle Physiklehrkräfte über vergleichbares Bildungskapital verfügen, sich jedoch in anderen Kapitalsorten, wie etwa dem ökonomischen, sozialen oder kulturellen Kapital unterscheiden (Engström und Carlhed 2014).

In der Studie rekonstruieren Engström und Carlhed unter den untersuchten Lehrkräften drei Habitustypen:

Typ 1: The Manager of the Traditional
Typ 2: The Challenger of Technology
Typ 3: The Challenger for Citizenship

Der Großteil der untersuchten Lehrkräfte kann zum Habitustyp 1 (Traditional) gezählt werden. Lehrkräfte dieses Typs verfügen in der Regel über geringes „vererbtes" Bildungskapital und zeigen hohen Respekt vor mathematischen Fähigkeiten und vor der Physik an sich. Sie sind der Auffassung, dass Physik das schwierigste Fach ist, dass es nicht für jede*n wichtig sein muss, aber dass es Schüler*innen gibt, welche die entsprechende Begabung mitbringen. Lehrkräfte vom Habitustyp 2 (Technology) sind vom ökonomischen Nutzen von Physik und des technologischen Fortschritts überzeugt und argumentieren weitestgehend utilitaristisch. Der Habitustyp 3 (Citizenship) fordert angestammte Übereinkünfte des Faches Physik mit demokratischem und/oder intellektuellem Impetus und kann damit als gesellschaftlich und politisch engagiert bezeichnet werden. Lehrkräfte dieses Typs wählen ihren Beruf fast durchgängig nicht nur aus Interesse am Fach Physik, sondern ebenfalls aus Interesse am Lehrer*in-Sein selbst. Das Kapital dieser Lehrkräfte setzt sich sowohl aus geerbtem (Eltern sind Lehrer*innen oder Akademiker*innen) als auch aus selbstakquiriertem Bildungskapital zusammen.

Die oben gezeigten Befunde verdeutlichen, dass die Fachkultur des Physikunterrichts (sowie deren kulturelle/institutionalisierte Rahmung), die Lehrer*innenausbildung und die physikdidaktische Forschung Physik mehrheitlich als quasi-wertneutrales Fach konstruieren, für das vor allem Eignungen wie Begabung und mitgebrachtes Interesse erforderlich sind. Dies sind Bedingungen, welche die Bildung und Verstärkung von Differenz (wie z. B. Geschlecht) eher begünstigen als diesen entgegenzuwirken. Es stellt sich daher die Frage, welche Merkmale physikdidaktische Ansätze tragen müssten, um der fachimmanenten und diskriminierungsrelevanten Differenzbildung und -verstärkung aktiv entgegenzuwirken.

8 Kritisch-reflexive Physikdidaktik

Abschließend soll der Ansatz der kritisch-reflexiven Physikdidaktik vorgestellt werden. Im Gegensatz zu verwertungsorientierten Ansätzen, welche die Notwendigkeit einer breiten naturwissenschaftlichen Bildungsbeteiligung mit Fortschritt und Wettbewerbsfähigkeit begründen, orientiert sich dieser Ansatz am Recht auf Bildung und setzt dies als Norm. Demnach haben alle Schüler*innen ein Recht auf diskriminierungsfreie naturwissenschaftliche Bildung (Tajmel und Starl 2009; Berlin Declaration 2018; Tajmel et al. 2021). Diskriminierungsfreiheit zeichnet sich demzufolge durch vier Strukturmerkmale aus: 1) naturwissenschaftliche Bildung muss allgemein verfügbar sein, 2) was einen (physisch, sprachlich etc.) diskriminierungsfreien Zugang dazu beinhaltet, 3) naturwissenschaftliche Bildung muss sich gesellschaftlichen Veränderungen anpassen und 4) naturwissenschaftliche Bildung muss für Lernende akzeptabel sein, was aktuelle Bezüge und Präsentationsformen im Unterrichts beinhaltet. Zudem gelten naturwissenschaftliche Bildungsprozesse, welche zu sozialer Differenzbildung beitragen und bestimmte Lernende diskriminieren, ausschließen oder stigmatisieren, als nicht akzeptabel.

„Science education must be acceptable to learners. It needs to be up-to-date and presented in a way that learners can get full benefit of learning, as well as using science for their own benefit. Acceptability includes the knowledge content and research. Knowledge and research which reproduce inequality are therefore regarded as not acceptable. The identities that are co-constructed and reproduced through science and STEM education and the manner in which individuals are identified, addressed, tokenized and positioned within science education, must be acceptable to the individuals and may not harm the individuals' dignity. Acceptability of science education excludes any form of stigmatization by its content, its methodologies, its didactics or its applications. (Berlin Declaration 2018, S. 13).

Da der Ansatz der kritisch-reflexiven Physikdidaktik im Zusammenhang mit und motiviert durch Maßnahmen zur Sprachförderung in allen Unterrichtsfächern (Sprachbildungsmodule für Physik-Lehramtsstudierende, Sprachbildung in den Lehrplänen etc.) entwickelt wurde, wird hier das Augenmerk besonders auf Differenzbildungsprozesse entlang der Differenzlinien Sprache und Herkunft gelegt. Aus dieser Perspektive stellt sich ein Unterricht, der sprachliche Normsetzungen und entsprechende Sanktionen gegen Normabweichungen nicht infrage stellt, als problematisch dar, da ein solcher Unterricht vor allem Schüler*innen benachteiligt, die nicht deutschsprachig aufwachsen. So konnte etwa gezeigt werden, dass fachlich-physikalisch korrekte Schüler*innenantworten, die sprachliche Normverletzungen („sprachliche Fehler“) aufweisen, von Lehrkräften als „fachlich nicht korrekt“ beurteilt werden (Tajmel 2017, S. 233 ff.). Dies kann dramatische Auswirkungen auf die weiteren Bildungsverläufe dieser Schüler*innen haben. Eine kritisch-reflexive Sprachbewusstheit ist daher unabdingbar für einen möglichst diskriminierungsfreien Physikunterricht in einer von Migration geprägten Gesellschaft. Physiklehrkräfte sollten demnach über ein solches Bewusstsein verfügen, um der (Ko-)Konstruktion von Differenz – Schüler*innen mit/ohne sogenannten Sprachförderbedarf, mit/ohne sogenannten Migrationshintergrund – im Physikunterricht entgegenzuwirken.

Das in Tab. 1 dargestellte Modell der kritisch-reflexiven Sprachbewusstheit (Tajmel 2017; Tajmel und Hägi-Mead 2017) besteht im Wesentlichen aus vier Ebenen:

- Auf der ***affektiven Ebene*** ist Betroffenheit und empathische Anteilnahme der Lehrenden anzusiedeln, die sich gegen ungerechte Lernbedingungen von Schüler*innen richtet. Dazu zählt, dass Lehrkräfte sich mit der Vermeidung von Benachteiligung und der Verbesserung von Lernbedingungen beschäftigen wollen und sich dazu bereit zeigen.

Tab. 1 Kritische-reflexive Sprachbewusstheit im Kontext von naturwissenschaftlichem Fachunterricht. (Quelle: eigene Darstellung, siehe auch Tajmel 2017)

Kritisch-reflexive Sprachbewusstheit im Kontext von Fachunterricht							
Ebenen der Sprachbewusstheit	Affektive Ebene	Kognitiv-linguistische Ebene	Rechtlich-soziale Ebene	Hegemoniale Machtebene			
				kognitiv	formal	prozedural	persönlich-emotional
Deskription	Sich im Sinne eines pädagogischen Anliegens mit Bildungsdisparitäten im eigenen Unterrichtsfach beschäftigen wollen	Über Sprache, sprachliche Strukturen und die Vermittlung von Sprache Bescheid wissen	Sich der eigenen Rolle bewusst sein; die Rechte und Würde der Schüler_innen wahren	Über gesellschaftliche, schulische und fachkulturelle hegemoniale Strukturen und hegemoniale Reproduktionsformen Bescheid wissen	Fachliche und sprachliche Normen als sachlich-formalisierte Macht reflektieren	Herstellung von Differenzen als Selektions- und Exklusionsmechanismen reflektieren	Machtinformierte Angst und Scham, Positionierung, Habitus reflektieren
Inhalte und Leitfragen	***„Ich interessiere mich“*** *Betroffenheit, Anteilnahme*	***„Ich weiß“*** *Linguistik, Sprachregister, Fach-, Alltags-, Bildungssprache, Sprachdiagnose, Sprachdidaktik*	***„Ich bin zuständig“*** *Recht auf Bildung, auf Sprache, auf Nicht-Diskriminierung, auf nicht-inferiorisierende Positionierungsangebote*	***„Ich weiß“*** *Differenzkategorien, Zuschreibungen Fachkultur, Postkoloniale Aspekte, Othering, Diskriminierung*	***„Ich reflektiere“*** *Was gilt als richtig/falsch, passend/unpassend, gut/schlecht?*	***„Ich reflektiere“*** *Welche Unterscheidungen werden getroffen? Wem kommen diese zugute? (begabt/unbegabt, DaZ/nicht-DaZ)*	***„Ich reflektiere“*** *Wodurch fühlen sich Schüler_innen wohl/unwohl, sicher/unsicher, passend/unpassend?*

- Die ***kognitiv-linguistische Ebene*** beinhaltet, dass Lehrer*innen vertiefte Kenntnisse über Sprache besitzen, so etwa über die Unterschiede von mündlicher und schriftlicher Sprache sowie über die jeweiligen Besonderheiten von Alltags-, Bildungs- und Fachsprache, um sprachdidaktisch handeln zu können. Im Vordergrund steht dabei die sprachliche Ermächtigung der Schüler*innen durch einen Unterricht, der das Ausbauen individueller sprachlicher Ressourcen fördert, wobei die normgerechte An- bzw. Verwendung („Fehler") explizit keine Rolle spielt.
- Auf der ***rechtlich-sozialen Ebene*** sind Lehrer*innen sich ihrer sozialen Rolle bewusst, die zum einen ein pädagogisches Machtverhältnis beinhaltet, zum anderen von Lehrkräften erwartet, dass sie ihre Zuständigkeit für eine diskriminierungsfreie Umsetzung des Rechts auf Bildung kennen und wahrnehmen. Dazu zählt, sich im Zweifelsfall einem diskriminierungsfreien Bildungszugang der Schüler*innen gegenüber verpflichteter zu fühlen als der Tradierung fachlicher und fachkultureller Normen.
- Die ***hegemoniale Machtebene*** beinhaltet vier Aspekte: den kognitiven (das Bescheidwissen über schulische Differenzbildungsprozesse), den formalen (fachliche und sprachliche Normen als formalisierte Macht zu erkennen), den prozeduralen (die Herstellung von Differenz durch Unterrichtsprozesse) und den persönlich-emotionalen Aspekt (machtinformierte Angst und Scham antizipieren können):

1. Kognitiver Aspekt: *Was ist Differenz?* Dieser Aspekt beinhaltet das Wissen über Erzeugung von Differenz im Sinne sozialer Machtverhältnisse sowie über die Reproduktion hegemonialer Strukturen durch Schule. Dazu zählen historische und bildungspolitische Hintergründe sowie Zusammenhänge von naturwissenschaftlicher Bildung und politischen Interessen, wie etwa Verwertbarkeitsmotive der Förderung unterrepräsentierter Gruppen.
2. Formaler Aspekt: *Wie wird Differenz legitimiert?* Bei diesem Aspekt geht es um Normen als formalisierte Macht. Das beinhaltet die Reflexion sachlich-formaler Zusammenhänge, durch welche Exklusion und Selektion im Bildungssystem legitimiert werden. Beispiele dafür sind etwa Bildungsstandards und ihre Funktion, fachkulturelle Normen, welche Aussagen über eine „Nähe" bzw. „Distanz" zur Fachkultur ermöglichen, ebenso Normalitätskonstruktionen in Bezug auf „günstige Bildungsvoraussetzungen", auf eine Passung der Lernausgangslage und des Interesses, sowie bezüglich eines „normalen" Alltags und entsprechend „normalem" Alltagswissen.

3. Prozeduraler Aspekt: *Wie wird Differenz konstruiert?* Dieser Aspekt beinhaltet die Reflexion von Zuschreibungsprozessen, die es ermöglichen, Differenz diskursiv zu konstruieren. Dazu zählen etwa Attribute wie „Deutsch als Zweitsprache", „Migrationshintergrund", „Begabung", „Interesse".
4. Persönlich-emotionaler Aspekt: *Wie wird Differenz erlebt?* Diese Ebene beinhaltet die Reflexion der Komponente des Erlebens, des Sich-un/passend-Fühlens sowie den Zusammenhang von Positionierungsangeboten und machtinformierter Angst und Scham.

9 Zusammenfassung

In diesem Beitrag wurde gezeigt, dass Diversität im Sinne sozialer Differenzverhältnisse ein Thema ist, welches eine grundsätzliche Auseinandersetzung mit der Fachkultur des Physikunterrichts und dessen Rahmungen – der physikdidaktischen Forschung, der Lehrer*innenausbildung, den fachkulturelle Deutungshoheit beanspruchenden Fachgesellschaften – erfordert. Die vorgestellten Analysen zur Output- und Kompetenzorientierung der physikdidaktischen Forschung aus tendenziell fremdselektiver Perspektive, zur Vergeschlechtlichung des Physikunterrichts und zum Habitus von Physiklehrkräften veranschaulichen nicht nur die Verwobenheit von Physikunterricht mit dem sozialen Kontext, sondern auch, dass Physikunterricht ganz wesentlich zu gesellschaftlicher Differenzbildung beiträgt. Mit dem Ansatz einer kritisch-reflexiven Physikdidaktik, der im Kontext des Migrationsdiskurses entwickelt wurde und der gezielt Diversität und zugleich Differenzbildungsprozesse entlang von Sprache sowie Herkunft berücksichtigt, wird eine differenzbewusste, nicht-essenzialisierende, machtkritische Alternative zu Output- und kompetenzorientierten Ansätzen vorgestellt. Prozesse der Differenzbildung verstärkt wie kritisch zu beleuchten und in die Lehrer*innenbildung zu integrieren, könnte nicht nur zu dem im Eingangszitat beschriebenen „context-seeking" im Gegensatz zu „context-stripping" (Harding 1991, S. 95) beitragen, sondern auch kritische und diversitätsfreundliche Handlungsspielräume eröffnen.

Literatur

Alfermann, D. 1996. *Geschlechterrollen und geschlechtstypisches Verhalten*. Stuttgart: Kohlhammer.

Berlin Declaration. 2018. Declaration on the Right to Science Education. 1st International Symposium on human rights and equality in STEM education. 1. Oktober 2018, Berlin. In *The Human Rights-Based Approach to STEM Education*, Hrsg. T. Tajmel, K. Starl und S. Spintig, 13–14. Münster: Waxmann.

Bourdieu, P. 1999. *Die Regeln der Kunst. Genese und Struktur des literarischen Feldes.* Frankfurt a.M.: Suhrkamp.

Cattaneo, M.A., und S.C. Wolter. 2012. Migration Policy Can Boost PISA Results – Findings from a Natural Experiment. IZA Discussion Paper No. 6300, January 2012. https://docs.iza.org/dp6300.pdf. Zugegriffen: 12.4.2023.

Danielsson, A. 2012. Exploring woman university physics students 'doing gender' and 'doing physics'. *Gender and Education* 24(1): 25–39. DOI: https://doi.org/10.1080/09540253.2011.565040.

Deutsches PISA-Konsortium. 2001. *PISA 2000. Basiskompetenzen von Schülerinnen und Schülern im internationalen Vergleich.* Opladen: Leske + Budrich.

DPG. 2014. *Zur fachlichen und fachdidaktischen Ausbildung für das Lehramt Physik.* Bad Honnef/Berlin: Deutsche Physikalische Gesellschaft e.V.

Eggers, M.M. 2012. Diversität und Intersektionalität – Thematisierungen von Gleichheit und Differenz in der rassismuskritischen Jugend- und Bildungsarbeit. In *Diversität bewusst wahrnehmen und mitdenken, aber wie? Reader für Multiplikator_innen in der Jugend- und Bildungsarbeit*, Hrsg. K. Benbrahim, 38–36. Bonn: IDA-NRW e.V. https://www.idaev.de/fileadmin/user_upload/pdf/publikationen/Reader/2012_IDA_Diversitaet.pdf. Zugegriffen: 3.5.2022.

Engström, S., und C. Carlhed. 2014. Different habitus: different strategies in teaching physics? Relationships between teachers' social, economic and cultural capital and strategies in teaching physics in upper secondary school. *Cultural Studies of Science Education* 9: 699–728.

Erlemann, M. 2009. *Menschenscheue Genies und suspekte Exotinnen. Die Ko-Konstruktion von Physik und Geschlecht in öffentlichen Diskursen.* Universität Wien, Dissertation. http://othes.univie.ac.at/7427/. Zugegriffen: 3.5.2022.

Erlemann, M. 2014. genderDynamiken in der außeruniversitären Forschung der Physik. In *Strukturen, Kulturen und Spielregeln. Faktoren erfolgreicher Berufsverläufe von Frauen und Männern in MINT*. Hrsg. B. Langfeldt und A. Mischau, 13–35. Baden-Baden: Nomos.

Erlemann, M. 2015. Geschlecht in physikalischen Fachkulturen: Ethnographische Sondierungen. In Hrsg. T. Paulitz, B. Hey, S. Kink und B. Prietl, Forum Frauen- und Geschlechterforschung (Bd. 42), 156–174. Münster: Westfälisches Dampfboot.

Faulstich-Wieland, H. 2004. *Mädchen und Naturwissenschaften in der Schule. Expertise für das Landesinstitut für Lehrerbildung und Schulentwicklung Hamburg.* https://www.ew.uni- hamburg.de/ueber- die- fakultaet/personen/ faulstich- wieland/files/expertise-pdf. Zugegriffen: 3.5.2022.

Gogolin, I. 1994. *Der monolinguale Habitus der multilingualen Schule.* Münster: Waxmann.

Gomolla, M., und F.-O. Radtke. 2009. Institutionelle Diskriminierung. In *Institutionelle Diskriminierung. Die Herstellung ethnischer Differenz in der Schule*, Hrsg. dies., 35–58. Wiesbaden: VS Verlag für Sozialwissenschaften.

Gonsalves, A., Danielsson, A., und H. Pettersson. 2016. Masculinities and experimental practices in physics: the view from three case studies. *Physical Review Special Topics: Physics Education Research.* American Physical Society 12(2): 020120.

Harding, S. 1991. *Whose Science? Whose Knowledge? Thinking from Women's Lives.* Ithaca: Cornell University Press.

Hasse, C. und S. Trentemøller. 2008. *Break the Pattern. A critical enquiry into three scientific workplace cultures: Hercules, Caretakers and Worker Bees.* Tartu: Tartu University Press.

Hasse, C., und S. Trentemøller. 2011. Cultural work place patterns in academia. *Science Studies* 24(1): 6–23.

Häußler, P., und L. Hoffmann. 1998. Chancengleichheit für Mädchen im Physikunterricht – Ergebnisse eines erweiterten BLK-Modellversuchs. *Zeitschrift für Didaktik der Naturwissenschaften* 4(1): 51–67.

Kessels, U. 2002. *Undoing Gender in der Schule. Eine empirische Studie über Koedukation und Geschlechtsidentität im Physikunterricht.* Weinheim: Juventa.

Messerschmidt, A. 2016. Differenzreflexive Kritik machtkonformer Bildung. In *Differenz und Identität. Konstellationen der Kritik,* Hrsg. S. Müller und J. Mende, 166–180. Weinheim: Juventa.

OECD. 1999. *Measuring students' knowledge and skills: A new framework for assessment.* Paris: OECD.

Pettersson, H. 2011. Making masculinity in plasma physics: machines, labour and experiments. *Science Studies* 24(1): 47–65.

Radtke, F.-O. 2008. Intelligenter Umgang mit Heterogenität? (Vortragsmanuskript). http://www.network-migration.org/Konferenz2008/docs/Radtke_Manuskript.pdf. Zugegriffen: 13.3.2023.

Radtke, F.-O. 2013. Schulversagen – Migrantenkinder als Objekt der Politik, der Wissenschaft und der Publikumsmedien. Mediendienst Integration. http://mediendienst-integration.de/fileadmin/Dateien/Essay_FOR_Schulversagen_MDI_final.pdf. Zugegriffen: 3.5.2022.

Sjøberg, S., und C. Schreiner. 2010. The ROSE project. An overview and key findings. http://roseproject.no/network/countries/norway/eng/nor-Sjoberg-Schreiner-overview-2010.pdf. Zugegriffen: 3.5.2022.

Solga, H., und R. Dombrowski. 2009. *Soziale Ungleichheiten in schulischer und außerschulischer Bildung. Stand der Forschung und Forschungsbedarf*. Arbeitspapier (Bd. 171). Düsseldorf: Setzkasten GmbH.

Stamm, M. 2007. Begabung, Leistung und Geschlecht. Neue Dimensionen erziehungswissenschaftlicher Forschung im Lichte eines alten Diskurses. *International Review of Education* 53(4): 417–437.

Stanat, P. 2006. Schulleistungen von Jugendlichen mit Migrationshintergrund: Die Rolle der Zusammensetzung der Schülerschaft. In *Herkunftsbedingte Disparitäten im Bildungswesen: Differenzielle Bildungsprozesse und Probleme der Verteilungsgerechtigkeit*, Hrsg. J. Baumert, P. Stanat und R. Watermann, 189–219. Wiesbaden: VS Verlag für Sozialwissenschaften.

Steurer, L. 2015. *Gender und Diversity in MINT-Fächern. Eine Analyse der Ursachen des Diversity-Mangels.* Best Masters. Wiesbaden: Springer.

Strahl, A., J. Jaromin, und R. Müller. 2014. Gender in Physik-Schulbüchern – Entwicklung eines Codierschemas und Anwendung auf zehn Schulbücher. *PhyDid B – Didaktik der Physik – Beiträge zur DPG-Frühjahrstagung.* http:// phydid.physik.fu-berlin.de/index.php/phydid-b/article/view/535/683. Zugegriffen: 3.5.2022.

Tajmel, T. 2017. *Naturwissenschaftliche Bildung in der Migrationsgesellschaft. Grundzüge einer Reflexiven Physikdidaktik und kritisch-sprachbewusste Praxis.* Dissertation. Wiesbaden: Springer VS.

Tajmel, T., und S. Hägi-Mead. 2017. *Sprachbewusste Unterrichtsplanung – Prinzipien, Methoden und Beispiele für die Umsetzung.* Förmig-Material (Bd. 9). Münster: Waxmann.

Tajmel, T., und K. Starl, Hrsg. 2009. *Science education unlimited. Equal opportunities in learning science.* Münster: Waxmann.

Tajmel, T., K. Starl, und S. Spintig. 2021. *The Human Rights-Based Approach to STEM Education.* Münster: Waxmann.

Traweek, S. 1988. *Beamtimes and lifetimes. The world of high energy physicists.* London: Harvard University Press.

Willems, K. 2007. *Schulische Fachkulturen und Geschlecht. Physik und Deutsch – natürliche Gegenpole?* Bielefeld: Transcript.

Tanja Tajmel, Prof. Dr., Inhaberin des Forschungslehrstuhls für Equity, Diversity, Inclusion (EDI) in Science, Technology, Engineering and Mathematics (STEM) am Centre for Engineering in Society der Concordia University in Montréal (Kanada). Lehr- und Forschungsschwerpunkte: EDI in STEM; Politiken der naturwissenschaftlichen Bildung; Sprachbewusstheit im Physikunterricht; verantwortungsvolle Forschung und Entwicklung; Diskurse zu Diversität und Inklusion; Technik und Naturwissenschaften aus post- und dekolonialer Perspektive.

Unconscious Bias: Unbewusste Vorurteile erkennen und verändern

Hanna Völkle

Alle Menschen nutzen kognitive Abkürzungen, um die Komplexität ihrer Umwelt zu reduzieren. Dies vereinfacht den Alltag, beinhaltet jedoch unbewusste Wahrnehmungsverzerrungen und Vorurteile bzw. *Unconscious Bias*. Diese Denkmuster und Zuschreibungen beeinflussen Entscheidungen und Beurteilungen, sie haben Auswirkungen auf die Vielfalt und Inklusion in Organisationen. Das dadurch mitbedingte Fehlen von Chancengerechtigkeit hat die Beschäftigung mit Unconscious Bias unabdingbar gemacht. In der praktischen Arbeit als Diversity-Trainerin erlebe ich, dass sich viele Entscheider*innen damit auseinandersetzen und in ihren Organisationen entsprechende Prozesse und Instrumente installieren oder Angebote schaffen: in Form von Leitsätzen oder Organisationsgrundsätzen, indem Führungskräften Weiterbildungen zur Sensibilisierung in diesem Feld ermöglicht werden oder durch eine vielfaltssensible (Um-)Gestaltung der Strukturen und Organisationsprozesse. Die Gründe dafür sind – auch im Hochschul- und Wissenschaftskontext – unterschiedlich. Einige der Engagierten sind davon überzeugt, dass es schlicht das normativ Richtige ist, sich für Diversität stark zu machen. Andere möchten der gesellschaftlichen Verantwortung als Hochschule gerecht werden (Buitendijk et al. 2019) und passen deshalb z. B. ihre interne und externe Kommunikation in Sprache und Bild an. Und wiederum andere möchten als Lehrstuhlinhaber*innen, Professor*innen oder Forschungsleiter*innen ihre

H. Völkle (✉)
Hochschule für Wirtschaft und Recht Berlin, Berlin, Deutschland
E-Mail: hanna.voelkle@hwr-berlin.de

S. Huch und M. Erlemann (Hrsg.), *Gender & Diversity Studies in MINT meets Naturwissenschaftsdidaktik*, Edition Fachdidaktiken,
https://doi.org/10.1007/978-3-658-43616-2_10

Team- und Arbeitskultur ganz praktisch verändern und gestalten Bewerbungs- und Beförderungsstrukturen vielfaltsorientiert um.

Die Auseinandersetzung mit Unconscious Bias kann neue Zugänge zum Umgang mit Vielfalt eröffnen. Der Beitrag soll Impulse geben, wie in der naturwissenschaftlichen Lehre, aber auch in Lehre insgesamt, Gender- und andere Bias vermieden oder wenigstens vermindert werden können. Das impliziert konkrete Handlungsempfehlungen oder Praxistipps für eine gender- und diversitätssensible Forschung und Lehre. Dabei wird im Folgenden der Fokus zunächst recht allgemein auf die Personalentwicklung und Nachwuchsförderung in der Wissenschaft gerichtet (1). Anschließend soll vertieft werden, was in diesem Beitrag unter Unconscious Bias verstanden wird, welche Auswirkungen diese unbewussten Denkmuster auf die Wissenschaft haben (2), und entlang von Beispielen dargestellt, wie diese methodisch adressiert werden können (3). Ausblickend werden praktische Handlungsempfehlungen für vielfaltssensible Forschung und Lehre formuliert (4).

1 Wissenschaft und Lehre: Auf der Suche nach den klügsten Köpfen

Vielfalt und Inklusion sind Begriffe, die im gesamtgesellschaftlichen Kontext von verschiedenen Akteur*innen diskutiert werden. Das umfasst etwa Fragen wie: Wer hat welche Zugänge zu materiellen Ressourcen? Wer kann Mitgestaltungsmöglichkeiten in Zivilgesellschaft und Politik nutzen? Und: Welche Macht-, Herrschafts- und Ungleichverhältnisse bestehen? Vielfalt bzw. Diversity ist zudem relevant in der Personal- und Organisationsentwicklung. Hier werden (komplexe) Entscheidungen für, über oder mit anderen Menschen getroffen – und das nicht nur formal und bewusst, sondern häufig informell und unbewusst. Dementsprechend wird in Organisationen im wissenschaftlichen, aber auch im politischen und wirtschaftlichen Bereich immer wieder die Erfahrung gemacht, dass es mehr als schriftlicher Vereinbarungen oder Leitsätze bedarf, um vielfältige Organisations- und Arbeitskulturen zu etablieren (Gedamu und Mahler Walther 2020).

In vielen Wissenschaftsorganisationen – sei es an Universitäten, Hochschulen oder (außeruniversitären) Forschungseinrichtungen – setzen sich einzelne Akteur*innen für mehr Vielfalt ein. Die Bedeutung des Zwischenmenschlichen und der wissenschaftlichen Organisationskultur wird auch im Kontext gesamtgesellschaftlicher Verantwortlichkeit thematisiert. Für das internationale

Universitätsnetzwerk LERU (League of European Research Universities) skizzieren Buitendijk et al. (2019), dass die universitäre Zukunftsfähigkeit und Relevanz von Vielfaltssensibilisierung abhängt: „If universities themselves realise that catering to a diverse population of staff and students and to changing local and global communities requires innovating research and teaching and adapting the institutional culture, they will maintain their relevance.“ (Buitendijk et al. 2019, S. 10).

Wissenschaftsorganisationen müssen sich im internationalen Wettbewerb sowie in zahlreichen Exzellenzinitiativen beweisen. Exzellente Forschung und Chancengerechtigkeit bedingen einander, denn der wissenschaftliche Nachwuchs beeinflusst zukünftige Forschung. „When we limit diversity in our lab and networks, we end up limiting our science“, konstatieren Asplund und Welle (2018, S. 653). Wissenschaftler*innen für die eigene Organisation zu gewinnen, sie zu halten und ihre Entwicklung zu fördern, lässt Wissenschaftsorganisationen auch als Arbeitgeber*innen in einen Wettstreit um die attraktivsten Arbeitsplatz- und Forschungsbedingungen treten. Ein Faktor kann dabei die Teamzusammensetzung sein. So konnte Laufenberg (2018, S. 292f.) in einer teilnehmenden Beobachtung herausfinden, dass sowohl männliche als auch weibliche Physiker*innen heterogene Arbeitszusammenhänge gegenüber homosozialen und asymmetrischen Konstellationen präferieren. Um also nicht irgendwelche, sondern die besten Forscher*innen zu gewinnen, müssen Wissenschaftsorganisationen sich selbst und ihre eigenen Praxen kritisch hinsichtlich Fehlertoleranz, Arbeitsatmosphäre und Vielfaltssensitivität reflektieren.

Gesetzliche Rahmenbedingungen zur allgemeinen Gleichbehandlung sowie öffentliche Forschungsförderung richten die Aufmerksamkeit auch in der Wissenschaft nicht nur auf den Nachwuchs, sondern auch auf Entscheidungs- und Führungsebenen. Wie durch undichte Rohre *(leaky pipelines)* gehen im Verlauf der wissenschaftlichen Karriere viele (weibliche) Wissenschaftstalente zu verloren: „Leaky pipeline bezeichnet das Phänomen, dass sich die Zahl der Wissenschaftlerinnen mit jeder Stufe auf der wissenschaftlichen Karriereleiter verringert und sie aus dem Wissenschaftssystem ‚heraus sickern‘.“ (Riegraf 2018, S. 249). Diese *leaky pipeline* kann an vielen Stellen der wissenschaftlichen Karriere strukturell „abgedichtet“ werden. Bereits in den 1970er Jahren wies die erstarkende Frauenhochschulbewegung auf die komplexen Machtstrukturen in Universitäten hin. „Mit der Frauenhochschulbewegung sind Hochschule und Wissenschaft als Arena der Auseinandersetzungen und Veränderung bestimmt.“ (Metz-Göckel 2019, S. 1034). Vieles hat sich seitdem gewiss verändert. Die Auseinandersetzung um Chancengerechtigkeit, auch über binäre Geschlechtergrenzen hinweg, hält bis heute an. In der Beschäftigung mit eigenen Schubladen und

Denkmustern – die vorerst menschlich sind und wenig mit dem individuellen beruflichen, fachlichen Anspruch zu tun haben – zu der Erkenntnis zu gelangen, auch als Wissenschaftler*in nicht aus der eigenen Haut zu können, keinen Schalter zu haben, Unbewusstes bewusst zu steuern, ist häufig nicht einfach.

In Wissenschaftsorganisationen haben Einzelne neben ihrer eigenen Forschung auch Management-Aufgaben. „Neuere Gleichstellungsstrategien wie das Gender Mainstreaming und das Diversity Management können an organisationale und ökonomische Steuerungsprinzipien anknüpfen.“ (Binner und Weber 2018, S. 28). Professor*innen oder Teamleitungen haushalten nicht nur mit materiellen Ressourcen, sondern sind als Führungskräfte für die Entwicklung ihrer Mitarbeiter*innen verantwortlich. Sie treffen Personalentscheidungen und verfügen, wer operative Aufgaben erledigt, wer sich prestigeträchtigen Projekten und Publikationen widmet, wer im Talentpool schwimmt, wer als Speaker*in empfohlen wird oder wem besondere Aufmerksamkeit etwa als Forschungsgruppenleitung zuteilwird. Betrachtet man die getroffenen Entscheidungen genauer oder fragt sich, weshalb es immer noch weniger Frauen im MINT-Bereich gibt als Männer, dann erkennt man in der Wissenschaft ein erstaunlich hohes Beharrungsvermögen von Sexismus (Bocher et al. 2020) und der Auswirkungen von Gender Bias. Bocher et al. (2020) analysieren drei Ebenen, bei denen sich Diskriminierung und geschlechtsspezifische Vorurteile erkennen lassen: Recruiting und personelle Leistungsbeurteilungen, Unterschätzung wissenschaftlicher Erfolge und Leistungen sowie ein sexistisches Arbeitsumfeld (ebd., S. 15f.). Auch Handley et al. (2015) unterstreichen die vielschichtige Wirkung des Gender Bias in den MINT-Fächern. „In fact, the evidence for a gender bias in STEM suggests that our scientific community is not living up to its potential, because homogenous workforces (including the academic workplace) can deplete the creativity, discovery, and satisfaction of workers, faculty, and students.“ (Handley et al. 2015, S. 13201). Zu erkennen, wie Entscheidungen – jeglicher Art – im Wissenschaftsbetrieb zustande kommen, kann ein wichtiger Baustein hin zu innovativer, exzellenter Forschung sein. Die dazu ergriffenen Maßnahmen müssen allerdings über die Etablierung von kaskadenförmigen Frauenförderplänen für Nachwuchswissenschaftlerinnen hinausreichen und Vielfalt mit Blick auf unterschiedliche Diskriminierungserfahrungen intersektional begreifen. Wer wird im Wissenschaftsbetrieb sichtbar?

> „[J]üngste Versuche, die universitäre Institution in Hinblick auf Diversität zu öffnen, haben bisher zur Folge, dass in erster Linie weiße Frauen eingestellt werden. Wahre intersektionale Diversity an deutschen Hochschulen im Sinne des Vorkommens von

mehr Menschen mit Migrationsbiografie, gestalten sich bislang anscheinend schwierig." (Sahin 2019, S. 243).

Wer vor- und ankommt, hängt damit zusammen, wer gesehen wird. Sich unbewusster Entscheidungsmechanismen und impliziter Denkmuster bewusst zu werden, kann ein wichtiger Schritt zu einer vielfaltssensibleren Wissenschaftsgemeinschaft sein.

2 Die Bedeutung von Unconscious Bias für eine vielfältige Wissenschaft

Hinter dem Begriff Unconscious Bias verbirgt sich die empirische Erkenntnis, dass Menschen gar nicht anders können, als in Mustern zu denken und im Denken auf unbewusste Vorurteile, Rollenklischees und Stereotype zurückzugreifen. Das Gehirn wendet gelernte Muster immer wieder auf neue Situationen an, um die Komplexität des Alltags zu reduzieren (Kahneman 2012). Im Ergebnis entstehen viele sozial und kulturell geprägte Schubladen. Neben dem oben genannten Gender Bias, führt das deutsche Online-Lexikon Wikipedia weitere 40 kognitive Verzerrungen an, in der wissenschaftlichen Fachliteratur finden sich um die 200 davon.

„Bias is at play in many everyday situations, it affects all of us, and there are many issues that are in specific situations influenced by bias, among them ethnic and regional identity, race, age, sexual and religious orientation and gender effects, for which intersectionality effects may occur." (Gvozdanović und Maes 2018, S. 3).

Aus verschiedenen Gründen denken Menschen (unbewusst) in Schubladen: Sei es, um Energie zu sparen, sei es, um dem Bedürfnis nach Heuristik nachzukommen oder um ein möglichst geringes Risiko einzugehen. Eine der wirkmächtigsten Schubladen ist die Dimension Geschlecht. Im Alter von sechs Monaten können Babys bereits männliche von weiblichen Stimmen unterscheiden. „Da Stereotypisierung die Verfügbarkeit von entsprechenden kognitiven Kategorien (männlich, weiblich) und die Zuordnung von anderen Personen zu der einen oder anderen Kategorie notwendig voraussetzt, ist schon bei Einjährigen die Grundlage für die Ausbildung von Stereotypen und für Prozesse der Stereotypisierung gegeben." (Eckes 2010, S. 181).

Im Alter von drei Jahren ordnen Kinder sich und andere in geschlechtsspezifische Gruppen ein. Geschlechterstereotype sind u.a. Ergebnis unserer Sozialisation. Menschen sortieren ihr Gegenüber dem ersten Eindruck nach auf einer Vier-Felder-Tafel mit zwei Achsen ein: Wärme und Kompetenz (Fiske et al. 2007). Dabei entstehen sogenannte Substereotype wie etwa die „Karrierefrau", die als sozial kalt, aber hoch kompetent gelesen wird. Oder der „Professor", dem soziale Wärme und zugleich hochgradige Kompetenz zugeschreiben wird (ebd., S. 182f.). Die stereotype wie positive Korrelation von Männlichkeit und Kompetenz ist in der Wissenschaft besonders ausgeprägt.

Angelehnt an die Arbeit der US-amerikanischen Suffragette und Feministin Matilda J. Gage benennt die Wissenschaftshistorikerin Margaret W. Rossiter (1993) den Matilda-Effekt. Dieser beschreibt die Kehrseite des aus der Bibel stammenden Matthäus-Effekts: Wer hat, dem wird gegeben. „Dieser sogenannte Matilda-Effekt spielt demnach eine wichtige Rolle bei der Verdrängung und Leugnung der Leistung von Wissenschaftlerinnen in der Forschung." (Riegraf 2018, S. 244). Jene, die auf den Publikations- und Zitationslisten ganz oben stehen, werden, der Logik von Wissenschafts- und Reputationssystematiken entsprechend, wieder publizieren und (am häufigsten) zitiert. Für weiblich gelesene Wissenschaftler*innen bedeutet das: Die im Wissenschaftskontext marginalisierten Autorinnen werden systematisch verdrängt und ihre Beiträge zur Forschung geleugnet, indem ihre Arbeiten männlichen Kollegen zugerechnet werden. Zwei historische Beispiele: Harriet Taylor Mill und ihr Einfluss auf die sozioökonomischen Theorien und Publikation ihres Ehemanns John Stuart Mill oder Mileva Marić und ihre wertvollen Beiträge zur Relativitätstheorie ihres berühmten Ehemanns Albert Einstein. Beide Wissenschaftlerinnen standen im Schatten ihrer männlichen Kollegen; ihre Leistungen für die Weiterentwicklung der Forschung wurden ihren Ehemännern zugerechnet. Zwar mögen diese beiden Beispiele aus dem zwanzigsten Jahrhundert weit weg erscheinen, sie zeigen allerdings zweierlei: zum einen, dass der Geschlechterbias in der Wissenschaft historisch gewachsen ist, zum anderen, dass individuelle wie strukturelle Ebene adressiert werden müssen, um zukünftige Veränderungen anzustoßen und zu verankern. „It is true that the structures of social and economic life shape us as individuals, but it is also true that as individuals and as people working together we, over time, in turn shape the structures." (Nelson 2006, S. 123).

Mit Blick auf die historischen (institutionellen) Forderungen der Frauenhochschulbewegung, lässt sich feststellen, dass noch viel für eine chancengerechte Wissenschaft zu tun bleibt. Die Situation von Wissenschaftler*innen hat sich zwar verbessert, aber die Wissenschaftsstrukturen insgesamt haben sich kaum verändert oder bewegt (Metz-Göckel 2019). Heute ist es mehr denn je an der Zeit, weiterzudenken – auch für (revolutionäre) feministische Wissenschaftskritiker*innen. Deren Selbstvergewisserung beschreibt Metz-Göckel als „nicht frei von trügerischer Hegemonie, die sich gegenwärtig als Heteronormativitätskritik in queeren Ansätzen äußert." (ebd., S. 1040).

In der wissenschaftlichen Lehre begegnen sich Wissenschaftler*innen und Studierende. Vormals Unbekannte sind kontextbedingt dazu aufgefordert, zu interagieren. Neben den fachlichen Inhalten ist die soziale Interaktion ein zentraler Prozess beim Lehren und Lernen. Der erste Eindruck voneinander sowie die Fähigkeit, diesen selbstkritisch zu reflektieren, kann hier entscheidend sein. Im Folgenden sollen einige Herangehensweisen und Methoden vorgestellt werden, die sich in der Praxis als geeignet dafür herauskristallisiert haben, den oben beschriebenen Reflexionsprozess anzuregen.

3 Beispiele für unbewusste Wahrnehmungs- und Entscheidungsprozesse

Einen möglichen ersten Zugang zu der Auseinandersetzung mit Unconscious Bias in Workshops oder in Vorträgen stellen kognitionswissenschaftliche Erkenntnisse dar, zusammen mit der Einsicht, dass menschliche Entscheidungen immer von kulturellen und persönlichen Denkmustern beeinflusst werden. So kann der Einstieg über die Wirkungsweise des menschlichen Gehirns und die Art und Weise, wie Menschen Entscheidungen treffen, einen Zugang zur gemeinsamen Diskussion zum Thema Vielfalt eröffnen (Völkle und Mahler Walther 2020). Der Verhaltensökonom Daniel Kahneman (2012) unterscheidet zwei Denksysteme im menschlichen Gehirn. Hintergrund seiner Forschung zu menschlichen Denkmustern ist die Erkenntnis, dass Menschen in der Theorie ziemlich viel wissen und kognitiv verstanden haben, diese Erkenntnisse jedoch nicht in ihr praktisches Handeln übersetzen – beispielsweise theoretisches Wissen zum Klimawandel bei gleichzeitiger individueller Verhaltensstarre. Kahneman sieht dafür – in Anlehnung an Mlodinow – zwei grundsätzlich voneinander zu unterscheidende Denkprozesse verantwortlich (Mlodinow 2012): System 1 und System 2, die man sich ähnlich wie den impliziten und den expliziten Prozessor in einem Computer vorstellen kann. System 1 steht prototypisch für das Bauchgefühl oder die Intuition. System 1 kann als schnell, aber zugleich als faul und sozialaffin beschrieben werden. Das Denksystem 2 ist im Gegensatz dazu eher langsam, bewusst und abwägend. System 2 ist für die menschliche Fähigkeit verantwortlich, komplexe Zusammenhänge verstehen und analysieren zu können. Hier ein Beispiel für das Zusammenspiel von System 1 und 2:

Schläger und Ball kosten zusammen 1,10 EUR. Der Schläger kostet einen Euro mehr als der Ball. Wie viel kostet der Ball? Blitzschnell übernimmt System 1 und gibt uns die vermeintliche Antwort: zehn Cent. Dies passiert aufgrund des Prinzips des geringsten Aufwands. Dieser zentrale Mechanismus ist dafür verantwortlich, dass unser Verstand blitzschnell entscheidet, welches der Systeme zuständig ist. Im Zweifelsfall übernimmt immer erst einmal System 1. Dies bedeutet einen geringeren Energieaufwand für unser Gehirn und wir bewegen uns im Modus sogenannter kognitiver Leichtigkeit. Bei genauerem Hinsehen wird deutlich, dass zehn Cent hier allerdings nicht die richtige Lösung ist. Der Energiesparmodus hat manch eine*n Lesende*n auf die falsche Fährte gelockt. Der Ball muss fünf Cent kosten, damit der Schläger mit 1,05 EUR einen Euro teurer sein kann als der Ball und gleichzeitig beide zusammen 1,10 EUR kosten.

Während System 2 unter unserer Kontrolle ist, operiert System 1 weitestgehend unbewusst. Unser impliziter Prozessor ist machtvoll. Nicht nur, weil er uns dabei hilft, zu laufen oder Fahrrad zu fahren, sondern auch, weil er uns dabei unterstützt, komplexe Entscheidungen zu treffen. Es operiert dann, wenn unser Bauchgefühl stimmt, ohne dass wir die darunterliegenden Gründe analysieren können. Gleichzeitig trifft der implizite Prozessor häufig subjektive und unreflektierte Entscheidungen. Woran liegt das? Neben der Energieeffizienz, die sich teilweise damit begründen lässt, dass unseren Kopf pro Sekunde über elf Millionen Einzelinformationen erreichen und wir lediglich vierzig bis fünfzig davon überhaupt verarbeiten können, lässt sich eine weitere Eigenheit menschlicher Denkprozesse beobachten. Unser Gehirn möchte uns Geschichten erzählen. Diese sollen möglichst stimmig und kongruent sein. Dafür schließen wir von einer verfügbaren Teilinformation auf das Ganze, wobei wir die Teilinformation einer Erfahrung, einem Muster oder einer Schublade zuordnen, die wir schon kennen. Das hilft, uns die gewünschte runde Geschichte zu erzählen, ohne weitere Informationen einzuholen. Die Perspektive, die wir dabei einnehmen, ist entscheidend dafür, welche Schublade wir intuitiv öffnen. Häufig verpassen wir die Chance, einen ersten Eindruck bewusst wahrzunehmen und dann zu reflektieren, d.h., zu hinterfragen oder zu überlegen, welche Leerstellen wir noch haben, welche weiteren Informationen wir für unsere Einschätzung oder Entscheidung noch brauchen. Um zwei mögliche Gründe für das Verpassen dieser Chance zu beleuchten, sollen im Folgenden zwei zentrale Verzerrungsmuster vorgestellt werden.

3.1 Confirmation Bias: Wir sehen (nur), was wir wissen

Der erste Denkfehler, der erklärt werden soll, passt zum einen gut zum Wissenschaftskontext, zum anderen aber auch zur oben beschriebenen Beschränkung der Perspektiven. Der Confirmation Bias, im Deutschen auch Bestätigungsfehler genannt, besagt, dass wir verleitet sind, Informationen überzubewerten, die einer bereits vorhandenen eigenen Meinung oder inneren Haltung entsprechen (Plous 1993). Gleichzeitig tendieren Menschen dazu, Informationen oder Fakten, die nicht zu einer bereits gebildeten Meinung passen, wenn möglich zu widerlegen, sie abzuwerten bzw. ihre Relevanz unterzubewerten. Die Auswirkungen dieser Verzerrungen können wir sehr gut am eigenen Medienkonsum beobachten. Welche Tageszeitung haben Sie abonniert oder an welcher Überschrift bleiben Sie in der Nachrichtenapp auf Ihrem Smartphone hängen? Welche Artikel lesen Sie und bei welchen mischen Sie sich gar in die Diskussion auf sozialen Plattformen ein? Der Confirmation Bias selektiert die menschliche Wahrnehmung. Er bewirkt bei Entscheidungen, dass nur nach jenen Gründen oder Argumenten gesucht wird, die die eigene Haltung bestätigen (Nickerson 1998). Es entstehen – vor allem in sozialen Medien – sogenannte Echokammern oder Filterblasen, die Ergebnis davon sind, dass wir uns bevorzugt Informationen aussetzen, die unsere eigene Haltung bestätigen. Oder anders ausgedrückt: Wir sehen das, was wir wissen. Wie eingangs bereits angedeutet, brauchen wir Sprache und Bilder, um uns auszudrücken. Haben wir keine Worte für eine Erfahrung oder ein Ereignis, sind wir buchstäblich sprachlos. Die Ökonomin Julie Nelson hat die Bedeutung von Metaphern für die Wissenschaft exemplarisch am Beispiel der Physik, konkret hinsichtlich der Newtonschen Gesetze zusammengefasst.

> „The 'law of motion' that Newton laid out work reasonably well at describing force and movement at the level we experience in our daily lives. The movements of billiard balls, pendulums, and clock can be closely predicted by his models and formulas. But when scientists began to look at very small or very large phenomena, the old metaphor became inadequate. The subatomic particles that make up atoms don't act like billiard balls. Black holes and the evolution of galaxies can't be explained using metaphors of gears and levers. The development of quantum theory, the theory of relativity, and the theory of complex system has expanded physics far beyond the original Newtonian images and theories." (Nelson 2006, S. 46).

Erst wenn wir wiederholt die Erfahrung machen, dass unsere Sprache und die verwendeten Bilder nicht mehr passen, nicht mehr hinreichend sind, gehen wir das Wagnis ein, neue Perspektiven zuzulassen und unseren Blick zu weiten. Unser

Umgang mit Dingen, die wir als Wagnis oder Risiko empfinden, ist auch eine mögliche Erklärung für einen zweiten Bias, der erläutert werden soll.

3.2 Like-Me Bias: Weshalb Hans sein Hänschen sucht

Ein mögliches Risiko, das wissen wir aus der Verhaltensökonomie, wiegt schwerer als ein möglicher Gewinn. Die Gefahren zu scheitern, falsch zu liegen oder einen Fehler zu machen, wiegen in der direkten Abwägung schwerer als die Möglichkeiten, zu gewinnen, richtig zu liegen oder Lösungen zu finden. Die AllBright Stiftung (2017) hat die soziale Zusammensetzung der Vorstände von Unternehmen, die an der Frankfurter Börse notiert sind, untersucht und festgestellt, dass sich diese hinsichtlich Geschlecht, Alter, Herkunft und Ausbildung stark gleichen. Sie nennt dieses Phänomen den Thomas-Kreislauf (ebd.), da der Anteil von Personen mit den Vornamen Thomas (ebenso wie Michael oder Stefan) besonders hoch ist. Der Anteil derjenigen, die Thomas oder Michael heißen, ist in deutschen Vorständen sogar größer als der Anteil weiblicher Vorstandsmitglieder. Das kann – zumindest teilweise – damit begründet werden, dass Menschen dazu tendieren, Menschen, die ihnen selbst ähnlich sind, zu bevorzugen. Ähnlichkeit kann dabei an vielem festgemacht werden: am Äußeren, dem Geschlecht und Alter, an Herkunft, Religion, Bildungsstand, sexueller Orientierung, gemeinsamen (Freizeit-)Interessen oder eben demselben Vornamen. Thomas, Michael oder Stefan können die Idee von vielfältigen Organisations- und Führungskulturen gut und normativ richtig finden – und tendieren bei der Auswahl anderer Führungskräfte womöglich dennoch dazu, einen Thomas, Michael oder Stefan zu empfehlen, also zum Like-Me Bias. Ausgehend von der heuristischen Annahme, dass einzelne ähnliche Eigenschaften Aufschluss über das (zukünftige) Verhalten von (ansonsten fremden) Personen geben, spielt die menschliche Risikoaversion dabei eine Rolle. Das Verharren im Status quo ist dafür in vielerlei Hinsicht angenehm. Zugespitzt formuliert: Dass Menschen mit Blick auf ihre ausgebildete Risikoaversion überhaupt Entscheidungen treffen – und nicht in Verhaltensstarre verfallen –, ist eigentlich ein Wunder. Wie es zustande kommt, soll ein Beispiel veranschaulichen. Ausgangspunkt: „Dieser Mann kandiert. Ist er fähig?" Unsere gedankliche Heuristik münzt die Frage blitzschnell um: „Sieht der Kandidat so aus, als wäre er ein guter Kandidat?" Diese Frage kann System 1 ohne große Mühe beantworten. Was bedeutet das für Hans und sein Hänschen oder auch Liesel und ihr Lieschen – und für die Organisationen, in denen sie arbeiten? Verlernen können Individuen diese beispielhaft skizzierten Denkmuster nicht.

Sie können jedoch dafür sensibilisiert werden, diese Muster (selbst-)kritisch zu reflektieren und neue Wege finden, damit umzugehen. Das allein reicht aber nicht.

> „If you give individual people with all their personality quirks too much freedom in making hiring and promotion choices, their unconscious prejudices are given free rein. They'll tend to choose people who are good – but not so good that they make the decision-maker look bad by comparison – and who fit in with them, both socially and in terms of work styles and priorities.“ (Nelson 2006, S. 110).

Was bedeutet das wiederum für Organisationen, die fachliche Kompetenz als Grundvoraussetzung für exzellente und innovative Forschung benötigen? Wenn Einzelne nicht aus ihrer Haut können, müssen Standards wie Prozesse gefunden und etabliert werden, die chancengerechtes Entscheiden ermöglichen.

4 Transfer: Handlungsempfehlungen für vielfaltssensible Forschung und Lehre

Die nachfolgenden Handlungsempfehlungen für Forschende und Lehrende versuchen diese Perspektiverweiterung auf verschiedenen Ebenen mitzudenken, um so auch den Kreis zum oben vorgestellten Unconscious-Bias-Ansatz zu schließen. Die ausgewählten Impulse für eine gender- und vielfaltssensible Forschung und Lehre beziehen sich auf die individuelle wie auf die institutionell-strukturelle Ebene und werden als Merksätze zusammengefasst.

Zunächst kann es hilfreich sein, die eigene Subjektivität zu akzeptieren. Die Akzeptanz der eigenen Subjektivität kann zu einem erweiterten Verständnis von **Fairness** beitragen. Denn die eigene limitierte Perspektive anzunehmen, steht im Gegensatz zum wissenschaftlichen Berufsethos von unzweifelhafter Sachlichkeit und neutraler Objektivität, muss aber von der individuellen Begrenztheit klar unterschieden werden (vgl. Uhlmann und Cohen 2007). So kann etwa die Überzeugung, dass der Gender Bias keinen Einfluss auf eigene oder institutionelle Entscheidungen hat, dazu führen, dass er umso stärker Entscheidungen beeinflusst. „Ignoring gender bias does not make it disappear.“ (Bocher et al. 2020, S. 16). Aus dieser Position heraus kann es z. B. sinnvoll sein, in sozial- und geisteswissenschaftlichen Studiengängen Literatur oder Quellenverweise in Lehrveranstaltungen kritisch zu hinterfragen: Wessen Texte empfehle ich Studierenden? Gibt es vielleicht auch Alternativen, an die ich bisher noch nicht gedacht habe, da sie a) meiner eigenen Haltung oder Überzeugung widersprechen (also den Confirmation Bias unterlaufen)? Oder nehmen b) in meiner Literatur- und

Quellenauswahl der Matthäus-Effekt und/oder der Gender Bias Einfluss? Das kritische Hinterfragen eigener Entscheidungen kann die Reflexionskompetenz im Rahmen der Lehre stärken und zum **Perspektivwechsel** anregen: Wie reagiere ich als Lehrende*r und wo habe ich gelernt, so zu reagieren? Welche kulturellen Werte und Normen sind mit meiner Bewertung verbunden? Welche Normen und Werte haben andere Personen? Zusammenfassend können dazu folgende Merksätze formuliert werden:

- **Fairness:** Alle sind von unbewussten Denkmustern betroffen – auch ich.
- **Perspektivwechsel:** Wenn ich meine Komfortzone verlasse, kann ich von anderen lernen (auch als Lehrende*r).

Ein weiterer Ansatz ist es, nicht nur Theorien und Konzepte vorzustellen und zu besprechen, sondern Studierenden auch die Biografie der entsprechenden Wissenschaftler*innen vorzustellen. Derart werden wissenschaftliche **Vorbilder** (im Rahmen der Lehre) sichtbar. Der Fokus kann sich dabei zum einen auf eine einzelne Theorie richten: Wie ist dieser Ansatz eingebettet? In welchen Gesamtzusammenhang ist er zu setzen? Zum anderen kann so auf den wissenschaftlichen (Forschungs-)Kontext insgesamt verwiesen werden: Welche Akteur*innen gibt/gab es in der Fachrichtung bzw. dem Forschungsumfeld? Wie gestalten sich wissenschaftliche Werdegänge? Durch dieses Einbetten von Forschung kann verdeutlicht werden, dass für erfolgreiche Wissenschaft auch eine entsprechende **Fehlerkultur** notwendig ist: Ein Umfeld, in dem ausprobiert, getestet und justiert werden kann. So kann aus vorangegangen Fehlern gelernt und Weiterentwicklungen (z. B. durch Nachwuchswissenschaftler*innen) vorangetrieben werden. Merken lassen sich dazu folgende zwei Aspekte:

- **Vorbilder:** Insbesondere in der Lehre ist es sinnvoll, Wissenschaft in ihrer Vielfalt sichtbar und zugänglich machen.
- **Fehlerkultur:** Ein Umfeld angstfreien Ausprobierens und Fehlerfreundlichkeit ist wichtig für (zukünftige) Wissenschaftler*innen.

Als Lehrende*r selbst als Vorbild zu agieren bzw. sich als solches zu verstehen, kann ebenfalls hilfreich sein, um Lehre vielfalts- und geschlechtersensibel zu gestalten. So kann es beispielsweise sinnvoll sein, die eigene Sprache in Bezug auf Geschlechterstereotype zu überprüfen. Vielfaltsorientierte Sprache und **Kommunikation** in Präsentationen oder Transkripten kann hilfreich sein, inklusive Zugänge zu den Inhalten der eigenen Lehre zu eröffnen. Gleichzeitig ist es eine vorgelebte Empfehlung, die Studierende freiwillig für die eigene Arbeit übernehmen können. Ein möglicher Merksatz lautet also wie folgt.

- **Kommunikation:** Die eigene Sprache und genutzte (Sprach-)Bilder kritisch zu reflektieren, kann zur vielfalts- und geschlechtersensiblen Kommunikation beitragen.

Gute Beispiele und Ideen für vielfalts- und geschlechtersensible Lehre sichtbar zu machen und als Lehrende an einem Institut, Lehrstuhl oder sogar hochschulintern oder -übergreifend darüber in den **Austausch** zu gehen, erweitert das Wissen über gute Praktiken. Darüber hinaus kann in einem gemeinsamen Prozess freiwilliger Multiplikator*innen ein **Aktionsplan** entstehen, der gute Beispiele auf individueller Ebene (Lehrende*r, Studierende etc.), auf institutioneller (Institut, Lehrstuhl, Studiengang) oder struktureller Ebene (Universität, Hochschule, allgemein Wissenschaft) zusammenträgt und allgemein zugänglich macht.

- **Austausch:** Um gemeinsames Lernen zu ermöglichen, müssen (sichere) Räume für offenen Diskurs gestaltet werden (z. B. in der Lehre).
- **Aktionsplan:** Gemeinsam mit anderen Verbündeten (etwa Lehrenden) werden nächste (machbare) Schritte hin zu mehr Vielfalt (z. B. in der Lehre) formuliert.

Dass Veränderungen mit Wachstumsschmerzen verbunden sind und dafür Komfortzonen verlassen werden müssen, ist unumstritten. Gleichermaßen gilt, dass exzellente Wissenschaft gerade dann entsteht, wenn alte Antworten und Bilder nicht mehr ausreichen, und sich dort entwickelt, wo dazulernen unerlässlich ist, um Zukunft zu gestalten, statt bestehende Schubladen zu reproduzieren.

Literatur

AllBright Stiftung (2017): Ein ewiger Thomas-Kreislauf? Wie deutsche Börsenunternehmen ihre Vorstände rekrutieren. AllBright Bericht März 2017. https://www.allbright-stiftung.de/s/Allbright-Bericht-2017-Thomas.pdf. Zugegriffen: 3.6.2023.

Asplund, M., und C.G. Welle. 2018. Advancing Science: How Bias Holds Us Back. *Neuron* 99(4): 635–639.

Binner, K., und L. Weber. 2018. Prekäre Gleichstellungspolitiken in der unternehmerischen Universität im europäischen Vergleich. In *Prekäre Gleichstellung. Geschlechtergerechtigkeit, soziale Ungleichheit und unsichere Arbeitsverhältnisse in der Wissenschaft,* Hrsg.

M. Laufenberg, M. Erlemann, M. Norkus und G. Petschick, 27–48. Wiesbaden: Springer VS.

Bocher, M., M. Ulvrova, M. Arnould, N. Coltice, C. Mallard, M. Gérault, und A. Adenis. 2020. Drawing everyday sexism in academia: observations and analysis of a community-based initiative. *Advances in Geosciences* 53: 15–31.

Buitendijk, S., S. Curry, und K. Maes. 2019. Equality, diversity and inclusion at universities: the power of a systemic approach. LERU Position Paper. https://www.leru.org/publications/equality-diversity-and-inclusion-at-universities. Zugegriffen: 10.1.2023.

Eckes, T. 2010. Geschlechterstereotype: Von Rollen, Identitäten und Vorurteilen. In *Handbuch Frauen- und Geschlechterforschung: Theorie, Methoden, Empirie*, Hrsg. R. Becker und B. Kortendiek, 178–189. Wiesbaden: Verlag für Sozialwissenschaften.

Fiske, S.T., A.J. Cuddy, und P. Glick. 2007. Universal dimensions of social perception: Warmth and competence. *Trends in cognitive science* 11(2): 77–83.

Gedamu, J., und K. Mahler Walther. 2020. Das neue Erfolgsrezept? Oder nur heiße Luft? Was Unconscious-Bias-Workshops bewirken können – und was eben auch nicht. In *Vorurteile im Arbeitsleben. Unconscious Bias erkennen, vermeiden und abbauen,* Hrsg. M.E. Domsch, D.H. Ladwig und F.C. Weber, 287–295. Wiesbaden: Springer Gabler.

Gvozdanović, J., und K. Maes. 2018. Implicit bias in academia: A challenge to the meritocratic principle and to women's careers – And what to do about it. LERU Advice Paper (23). https://www.leru.org/publications/implicit-bias-in-academia-a-challenge-to-the-meritocratic-principle-and-to-womens-careers-and-what-to-do-about-it. Zugegriffen: 10.1.2023.

Handley, I.M., E.R. Brown, C.A. Moss-Racusin, und J.L. Smith. 2015. Quality of evidence revealing subtle gender biases in science is in the eye of the beholder. *Proceedings of the National Academy of Sciences* 112(43): 13201–13206.

Kahneman, D. 2012. *Schnelles Denken, langsames Denken.* München: Siedler Verlag.

Laufenberg, M. 2018. ‚Feminisierung' der Wissenschaft? Affektive Arbeit, Geschlecht und Prekarität in wissenschaftlichen Arbeitsgruppen. In *Prekäre Gleichstellung. Geschlechtergerechtigkeit, soziale Ungleichheit und unsichere Arbeitsverhältnisse in der Wissenschaft,* Hrsg. M. Laufenberg, M. Erlemann, M. Norkus und G. Petschick, 279–307. Wiesbaden: Springer VS.

Metz-Göckel, S. 2019. Frauenhochschulbewegung: Selbstermächtigung und Wissenschaftskritik. In *Handbuch Interdisziplinäre Geschlechterforschung, Geschlecht und Gesellschaft*, Hrsg. B. Kortendiek, B. Riegraf und K. Sabisch, 1033–1042. Wiesbaden: Springer Verlag.

Mlodinow, L. 2012. *Subliminal: How your unconscious mind rules your behavior*. New York: Pantheon Books.

Nelson, J.A. 2006. *Economics for Humans.* Chicago: University of Chicago Press.

Nickerson, R.S. 1998. Confirmation bias: A ubiquitous phenomenon in many guises. *Review of general psychology* 2(2): 175–220.

Plous, S. 1993. *The psychology of judgement and decision making.* New York: McGraw-Hill Book Company.

Riegraf, B. 2018. Zwischen Exzellenz und Prekarität. Über den Wettbewerb und die bedingte Öffnung der Universitäten für Wissenschaftlerinnen. In *Prekäre Gleichstellung. Geschlechtergerechtigkeit, soziale Ungleichheit und unsichere Arbeitsverhältnisse in der Wissenschaft*, Hrsg. M. Laufenberg, M. Erlemann, M. Norkus, und G. Petschick, 241–256. Wiesbaden: Springer VS.

Rossiter, M.W. 1993. The ~~Matthew~~-Matilda Effect in Science. *Social Studies of Science* 23: 325–341.

Sahin, R. 2019. *Yalla, Feminismus!* Stuttgart: Tropen.

Uhlmann, E.L., und G.L. Cohen. 2007. „I think it, therefore it's true": Effects of self-perceived objectivity on hiring discrimination. *Organizational Behavior & Human Decision Processes* 104(2): 207–223.

Völkle, H., und K. Mahler Walther. 2020. Wie Schubladen neben Ordnung auch für Stillstand sorgen. Der Unconscious Bias Ansatz als Brückenelement auf dem Weg hin zu inklusiven Organisationskulturen. *ZDfM – Zeitschrift für Diversitätsforschung und -management* 5(2): 177–181.

Hanna Völkle, M.A., wissenschaftliche Mitarbeiterin am Harriet Taylor Mill-Institut für Ökonomie und Geschlechterforschung der Hochschule für Wirtschaft und Recht Berlin und ehrenamtliche Vorständin der Europäische Akademie für Frauen in Politik und Wirtschaft Berlin e.V. – Diversity in Leadership. Lehr- und Forschungsschwerpunkte: Gender & Diversity, digitale Transformation, politische Ökonomie und feministisch-ökologische Zeitpolitik.

FSC
www.fsc.org
MIX
Papier | Fördert gute Waldnutzung
FSC® C083411

Kolibri 360 GmbH
Ferdinand-Jühlke-Straße 7
99095 Erfurt, Deutschland
produktsicherheit@kolibri360.de